鄱阳湖湿地复合生态系统研究

谢冬明　周杨明　钱海燕　著

本书的出版获得国家自然科学基金项目“鄱阳湖湿地维管束植物景观对湖泊水位变化的响应研究”（编号：31360120）和“基于生态系统服务的鄱阳湖湿地渔业生产与生物多样性保护的权衡关系研究”（编号：41561105）的支持。

科学出版社

北　京

内 容 简 介

本书以鄱阳湖湿地的自然、社会、经济复合生态系统为研究对象，通过野外调查和室内分析，从微观—宏观和短期—长期的时空多尺度和角度，探讨鄱阳湖湿地植被、土壤、水文三者之间的耦合关系，揭示水位驱动下的湿地维管束植物特征、土壤性质，以及景观格局的响应过程与演变规律，进而阐述基于生态系统服务的鄱阳湖湿地渔业生产、湿地旅游与湿地生态保护之间的相互关系及影响因素，并从渔业生产布局、渔业转型发展、渔民替代生计等角度提出了改善鄱阳湖湿地管理的对策。

本书适合作为湖泊湿地行政管理部门、湿地科研人员及社会相关人士的参考用书。

审图号：赣S（2018）066号

图书在版编目(CIP)数据

鄱阳湖湿地复合生态系统研究/谢冬明，周杨明，钱海燕著. —北京：科学出版社，2018.10

ISBN 978-7-03-055850-3

Ⅰ. ①鄱… Ⅱ. ①谢… ②周… ③钱… Ⅲ. ①鄱阳湖-沼泽化地-生态系-研究 Ⅳ. ①P942.560.78

中国版本图书馆CIP数据核字（2017）第304705号

责任编辑：王彦刚 王 惠 / 责任校对：陶丽荣
责任印制：吕春珉 / 封面设计：图阅盛世

科学出版社 出版

北京东黄城根北街16号
邮政编码：100717
http://www.sciencep.com

北京虎彩文化传播有限公司 印刷

科学出版社发行 各地新华书店经销

*

2018年10月第 一 版 开本：B5（720×1000）
2018年10月第一次印刷 印张：11 3/4
字数：239 000

定价：82.00元

（如有印装质量问题，我社负责调换〈虎彩〉）
销售部电话 010-62136230 编辑部电话 010-62139281

前　言

鄱阳湖是中国第一大淡水湖，早在2000多年前的秦汉时期就有相关史料记载。在气候、地质、水文和人类活动等因素的综合作用下，经历了长期的演变过程，才形成了今天的鄱阳湖湿地。长久以来，鄱阳湖湿地提供了大量的有形的物质性产品和无形的非物质性服务，人们享用了她的恩惠，却忽视了她的健康状况。近几十年来，随着鄱阳湖流域一系列生态环境问题的出现，她的“存在”才逐渐被关注。20世纪80年代初，由江西省政府组织开展的“鄱阳湖区综合科学考察”，是人们第一次主动关心鄱阳湖。据此计算，关于鄱阳湖湿地的认识、研究的历史也不超过40年。对于这样一个有着几千年发育历史的生态系统，研究者要在短时间内认识和发现她的真实面貌和内在规律，得出完整的科学结论，无疑是巨大的挑战。

然而，“不积跬步，无以至千里”。正如鄱阳湖湿地的形成经历了漫长的演变过程，认识和发现鄱阳湖湿地的真实面貌和内在规律也需要一个漫长的探索过程。每一个人或每一代人围绕鄱阳湖湿地所做的每一项或一系列的工作，都将揭开鄱阳湖湿地的真实面纱向前推进了一步。认识和发现鄱阳湖湿地是一项宏伟的系统工程，鄱阳湖湿地本身就是一个复合生态系统。鄱阳湖湿地是由自然生态系统、经济生态系统、社会生态系统构建的一个复合生态系统，从任何单一方面认识和发现鄱阳湖湿地生态系统都是片面的、割裂的做法，达不到揭示鄱阳湖湿地的真实面貌和内在规律的目的。作者希望通过本书抛砖引玉，为人们认识鄱阳湖湿地的真实面貌和发现其内在规律添砖加瓦。

本书是在国家自然科学基金项目“鄱阳湖湿地维管束植物景观对湖泊水位变化的响应研究”（编号：31360120）和“基于生态系统服务的鄱阳湖湿地渔业生产与生物多样性保护的权衡关系研究”（编号：41561105）的资助下完成的。前者以鄱阳湖水位变化和湿地维管束植物景观为研究对象，基于湿地水文数据、野外调查获取的湿地维管束植物物种、种群和群落及生境数据、湿地维管束植物景观高精度遥感影像数据、湿地高精度的数字高程模型数据等，通过多尺度的比较研究，得到了最优的湿地维管束植物景观分析尺度，揭示了水位变化环境下湿地维管束植物景观特征，以及湖泊水位变化与湿地维管束植物景观的响应关系，湿地维管束植物景观在微观、中观、宏观尺度上的表征及湖泊水位变化、湿地维管束植物景观与湿地维管束植物生境三者之间的耦合关系，阐述了湿地维管束植物景观、水位响应的生态过程及其演变规律。后者从鄱阳湖湿地渔业生产与生物多样性保护两类生态系统服务的评估与空间制图入手，筛选出适宜的代表性指标，并对鄱阳湖湿地渔业生产与生物多样性保护的关键区域加以识别，从时间和空间两个层面对渔业生产和生物多样性保护的耦合和权衡进行研究，揭示了两者之间的相互关系及其影响因素，探索了基于生态系统服务权衡的鄱阳湖渔业生产布局与优化调控模式。

全书共 9 章，第 1 章、第 5 章、第 9 章由谢冬明（江西科技师范大学旅游学院）撰写，第 2 章由周杨明（江西师范大学地理与环境学院）、黄灵光（江西省遥感信息系统中心）撰写，第 3 章、第 4 章由钱海燕（江西省遥感信息系统中心）撰写，第 6 章由谢冬明、周杨明撰写，第 7 章由周杨明撰写，第 8 章由徐祥（江西科技师范大学旅游学院）、谢冬明撰写。全书由谢冬明负责统稿。

作者在撰写本书的过程中参考了国内外相关专家的一些研究成果，在此表示感谢！同时，衷心感谢江西省有关部门及科学出版社为本书的出版提供的大力支持和帮助！

由于作者水平有限，书中难免存在不足之处，欢迎广大读者批评指正。

著　者
2017 年 7 月

目　录

第 1 章　鄱阳湖湿地概况

1.1　鄱阳湖湿地自然概况

1.1.1　鄱阳湖湿地自然地理概况

1. 自然地理位置

鄱阳湖位于长江以南，江西省的北部，地理坐标为东经 115°49′～116°46′，北纬 28°24′～29°46′（图 1.1）。鄱阳湖以松门山为界，分为南北两部分，北面为入江水道，长 40km，宽 3～5km，最窄处约 2.8km；南面为主湖体，长 133km，最宽处达 74km。鄱阳湖水系完整，江西省的赣江、抚河、信江、饶河、修河五大河流（即五河）及博阳河、西河的水经鄱阳湖进入长江（王晓鸿等，2006）。

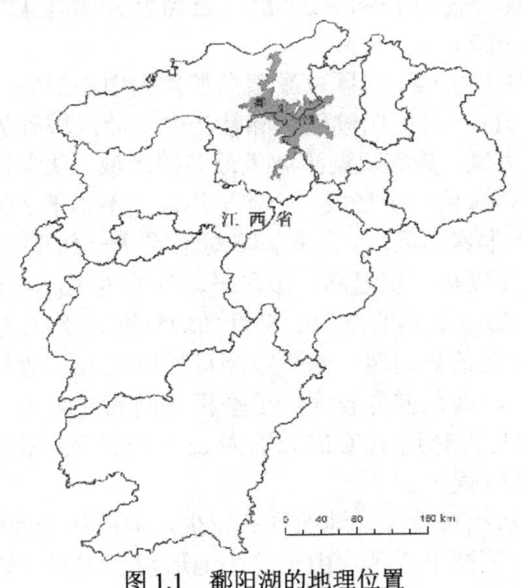

图 1.1　鄱阳湖的地理位置

2. 演变历程

鄱阳湖在古代有过彭蠡湖、彭蠡泽、彭泽、彭湖、扬澜、宫亭湖等多种称谓。其中，彭蠡是很古老的泽薮名，《汉书·地理志》“豫章郡彭泽”中记载：“彭蠡泽在西。”还有另一种说法：“彭者，大也；蠡者，瓠瓢也”，形容鄱阳湖如瓢一样。经过漫长的历史年代，在地质、气象、水文等综合作用及长期发展下，彭蠡泽向南扩展，湖水越过松门山直抵鄱阳县附近，因而易名鄱阳湖。在湖水南侵之前，松门山以南原本是人烟稠密的枭阳平原，随着湖水的不断南侵，鄱阳湖盆地内的枭阳县（今都昌县）和海昏县（今江西省北部，范围大致包括今南昌市新建区北部、永修县、安义县、武宁县、靖安县、奉新县）先后被淹，历史上曾有“沉枭阳起都昌、沉海昏起吴城”之说。烟波浩渺、水域辽阔的鄱阳湖，经过漫长的演变，在距今约 1600 年的时候形成了现代鄱阳湖的雏形（《鄱阳湖研究》编委会，1988；苏守德，1992；江西水文局，2007）。

历史上，鄱阳湖在最高水位时，其湖泊面积超过 5000km^2，在社会经济等人类活动干扰因素和自然因素作用下，鄱阳湖面积逐年萎缩。在改革开放初期，其面积基本控制在 4000km^2 左右（刘信中等，2000）。

3. 气候特征

鄱阳湖属亚热带湿润季风气候，冬季、春季常受西伯利亚冷气流影响，多寒潮，盛行偏西北风，气温低；夏季冷暖气流交错，潮湿多雨，为梅雨季节；秋季受太阳副热带高压控制，晴热干旱，盛行偏南风，偶有台风侵袭。

1）鄱阳湖区[①]日照充足，光能资源丰富。该区是鄱阳湖流域光照条件最优越的气候区，日照时数一般为 1894～2085h，日照百分率为 43%～47%，以鄱阳湖北部最高，达 1900～2085h。

2）鄱阳湖区太阳辐射强。该区以鄱阳湖湖体为中心形成一个年太阳辐射量大于 4400MJ/m^2 的高值区，是鄱阳湖流域除赣江中上游区域外的另一个高值区。

3）鄱阳湖区多大风，是鄱阳湖流域风最多的区域。从湖口起沿湖东面都昌一带，西面庐山、星子、永修一带形成一个年平均风速不小于 3.0m/s 的大风区，是鄱阳湖流域风能资源最丰富的区域，也是鄱阳湖流域唯一有开发价值的风电资源区。

4）鄱阳湖区冬冷夏热，积温高。该区平均气温为 16.6～18.0℃，最冷的 1 月平均气温为 3.6～5.5℃，最热的 7 月、8 月平均气温为 29℃左右，气温总的趋势是南高北低。由于该区地势坦荡，南下寒潮可长驱直入，故冬季寒冷，极端最低温度为-18.9～-8.2℃，南北差异较大；夏季极端最高温度为 39.7～41.2℃，南北差异小。日平均气温稳定超过 10℃的天数为 237～249 天，积温为 5302～5611℃，均高于同纬度的相邻气候区。

5）鄱阳湖区降水相对较少，地面径流较少，但河川径流较多，水资源丰富。该区基本上是滨江、滨湖平原区，由于缺少地形雨，大部分地区平均年降水量为 1400～1600mm，是鄱阳湖流域降水较少的地区；同时因鄱阳湖水面广阔，水面蒸发量大于陆地蒸发量，区内自然植被又较少，风较大，故蒸发量较大，平均年蒸发量为 800～1100mm，干旱指数为 0.5～0.8；平均年径流量为 300～800mm，径

① 鄱阳湖区一般指鄱阳湖周边县（市、区）。

流系数为 0.2～0.5。该区是鄱阳湖流域大河的汇集之地，河川径流较多，加上鄱阳湖，水体面积和水资源在 6 个水文区中是最多的。受五河洪水和长江洪水的双重影响，该区也是鄱阳湖流域洪涝灾害最严重的区域。

1.1.2 鄱阳湖湿地自然地理范围

1. 湿地范围界定的依据

目前，关于湿地的定义仍存在分歧（牛振国等，2009），湿地具有高度变化的特征，甚至人们很难对它的边界进行精确的界定（Turner et al., 2000）。同一块湿地由于在不同季节、不同年份水位波动很大，湿地边界很难根据水分存在来确定。不同学科领域存在不同的湿地定义，同一个时代不同学者对湿地的定义也有不同的侧重点。因此，出于目的的不同，在发展过程中产生了各种不同的湿地定义（崔保山等，2006）。迄今，中国还没有界定湿地边界的指标及标准的案例研究。本书在界定鄱阳湖湿地范围时，除湿地的定义外，参考的依据还有两条，一条是《关于特别是作为水禽栖息地的国际重要湿地公约》（以下简称《湿地公约》），另一条是《全国湿地资源调查技术规程（试行）》（林湿发〔2008〕265 号）。

《湿地公约》第一条第一点："为本公约之目的，湿地系指天然或人造、永久或暂时之死水或流水、淡水、微咸或咸水沼泽地、泥炭地或水域，包括低潮时水深不超过 6 米海水区。"

《湿地公约》第二条第一点："每块湿地的边界应在地图上精确标明和划定，可包括与湿地毗邻的河岸和海岸地区，以及位于湿地内的岛屿或低潮时水深超过 6 米的海洋水体，特别是具有水禽生境意义的地区岛屿或水体。"

《全国湿地资源调查技术规程（试行）》第十九条第三点：

"如果湖泊周围有堤坝的，则将堤坝范围内的水域、洲滩等统计为湖泊湿地。

如果湖泊周围没有堤坝的，将湖泊在调查期内的多年平均最高水位所覆盖的范围统计为湖泊湿地。

如果湖泊内水深不超过 2 米的挺水植物区面积不小于 8 公顷，需单独将其统计为沼泽湿地，并列出其沼泽湿地型；如湖泊周围的沼泽湿地区面积不小于 8 公顷，需单独列出其沼泽湿地型；如沼泽湿地区小于 8 公顷，则统计到湖泊湿地中。"

以上 3 点依据从湿地的功能作用、地理特征等方面强调了湿地边界划定的主要考虑因素。鄱阳湖是典型的湖泊湿地，把这 3 点依据作为鄱阳湖湿地范围界定条件具有科学性、客观性、可操作性和可行性。

2. 湿地范围界定的原则

本书根据鄱阳湖湿地范围界定的主要依据，结合鄱阳湖湿地的实际情况，提出以下原则。

（1）典型性原则

按照典型性原则，鄱阳湖湿地可分为多种类型，包括湖泊、河渠和库塘；景观类型有水域、滩涂、草洲、沙地、河流尾闾、河流三角洲和湖中岛屿。

（2）客观性原则

长期以来，鄱阳湖周边洪涝灾害频繁，当地居民和政府从农业生产和居民生存的利益出发，在鄱阳湖周边修建了许多围堤，这些围堤将鄱阳湖湿地隔离成不同的景观特征，围堤内为湿地景观，围堤外为农田、养殖场、居民区；此外，鄱阳湖周边有不少丘陵，这些丘陵已成为鄱阳湖的天然围堤。因此，由人工围堤和天然围堤组成的区域，已经成为鄱阳湖湿地固有的区域。利用高分辨影像再配合高精度全球定位系统解译出人工堤坝；结合 1∶1 生成的数字高程模型（digital elevation model，DEM）、水文数据（多年平均最高水位数据）和高分辨影像人工目视解译出自然堤坝（主要由高山或小山丘组成）。

（3）景观完整性和连通性原则

在鄱阳湖有大大小小的碟形湖泊，这些湖泊高水位时与鄱阳湖连通，低水位时与鄱阳湖断开（斩秋湖），但是它们与鄱阳湖在水量、能量和生物多样性方面是相互关联、相互影响的。这些湖泊与鄱阳湖在景观上具有同质性，并且物质与能量具有互连通性，应该归为鄱阳湖湿地范围。

3. 湿地范围界定的操作流程

湿地范围界定的操作流程见图 1.2，在 ARC/INFO 下，利用鄱阳湖区 DEM 数据、湿地围堤数据、土地类型数据、遥感影像数据配准，提取湿地边界与遥感数据解译叠加，按照湿地边界不超出围堤范围、不超过历年平均最高水位的原则提取边界，所得范围为鄱阳湖湿地。

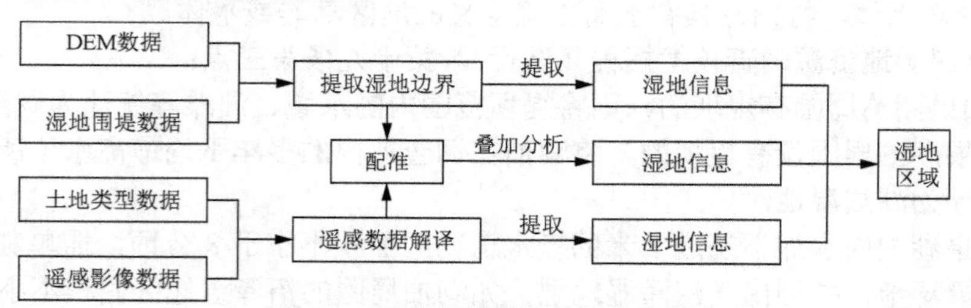

图 1.2　湿地范围界定的操作流程

4. 湿地范围界定的结果

根据上述原则和依据，本书给出的鄱阳湖湿地范围是，位于人工围堤和天然围堤之内的常年积水区域，或间歇性被水淹的泥滩、沙滩、草滩、裸地及湖中的岛屿，包括鄱阳湖主体湖泊和周边人工堤坝阻隔的所有库塘及河流尾闾。

基于鄱阳湖湿地范围，按照上述的操作流程，提取的湿地面积约为 3168km^2。涉及的行政区域有湖口县、都昌县、鄱阳县、余干县、进贤县、南昌县、新建区、永修县、德安县、庐山市、濂溪区 11 个县（市、区）（图 1.3）。

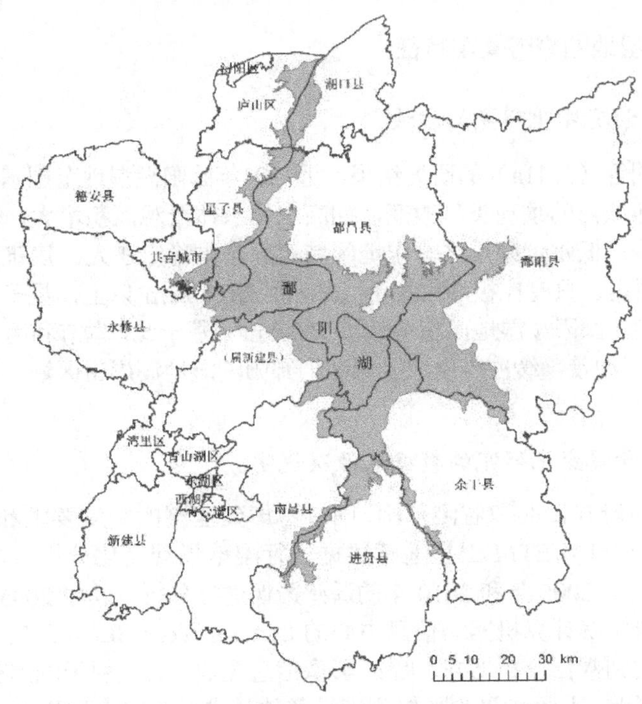

图 1.3　鄱阳湖湿地范围及周边县（市、区）

由于受气候条件和长江流域水文的影响，鄱阳湖湿地非常复杂，在丰水期、平水期、枯水期，鄱阳湖湿地具有不同的组成类型。在丰水期，鄱阳湖湿地主要由湖泊湿地和湖中岛屿组成；在平水期和枯水期，鄱阳湖湿地具有多种类型。利用鄱阳湖平水期、枯水期的遥感影像解译得到的湿地类型表明，鄱阳湖湿地包含湖泊湿地、库塘湿地、河渠湿地等多种类型，湿地景观类型复杂。表 1.1 是不同水位条件下鄱阳湖湿地的主要类型和景观构成情况。

表 1.1　不同水位条件下鄱阳湖湿地的主要类型和景观构成情况

水位变化/m	湿地类型	景观构成	周期	说明
>16	湖泊湿地、库塘湿地、湿地岛屿	水体、裸地、堤坝	5～9 月	水体覆盖大片区域，部分库塘由于堤坝高仍然与鄱阳湖隔开
13～16	湖泊湿地、库塘湿地、河渠湿地、湿地岛屿	水体、裸地、泥滩、河渠、堤坝、草洲	10 月及 4 月	水体为主要湿地类型，由于高水位刚过，泥滩和河渠开始显露，少量草丛出现
10～12.9	湖泊湿地、库塘湿地、河渠湿地、湿地岛屿	水体、裸地、泥滩、河渠、堤坝、草洲	11 月及 3 月	水体比例减少，泥滩大面积出现，湿地草洲增多，河渠数量增加
<10	湖泊湿地、库塘湿地、河渠湿地、湿地岛屿	水体、裸地、沙滩、河渠、草洲、堤坝	12 月、1 月、2 月	水体占湿地的少部分，沙滩和泥滩占地比例明显增大，与草洲组成湖泊的主要景观，大大小小的湖汊星罗棋布，河渠纵横交错

1.1.3 鄱阳湖湿地湖岸带景观特征

1. 湖岸带景观变化研究的方法

根据谢冬明等（2011a）的研究结果，近 30 年鄱阳湖湿地范围基本稳定，水位变化会引起湿地域内的景观类型改变，如高水位水体景观面积增大，其他洲滩、岛屿景观面积减少；低水位则反之。湿地区域边界基本稳定在人工建筑的围堤和自然山体包围的区域内，只有在极端水位下（如水位超过 22m 以上，星子站水位，吴淞高程），围堤被淹，鄱阳湖湿地面积将超过 5000km^2。基于此，本节利用 ArcGIS 软件，以岸线做 1km 缓冲带，缓冲带生成区域即为鄱阳湖湿地湖岸带区域，区域面积约为 1170km^2。

2. 湖岸带景观变化研究的数据来源及说明

根据本书的研究目的和监测范围，同时考虑到监测的精度要求和经济适用性，选择美国 Landsat TM/ETM 卫星遥感数据进行湿地景观变化分析，本节主要选取 1995 年、2000 年、2005 年和 2010 年的遥感影像进行分析，其中 2005 年和 2010 年数据经过中国科学院计算机网络信息中心的 Landsat ETM SLC-off 条带修复模型修正，修正结果达到数据分析要求。遥感影像信息见表 1.2。由于湖岸带景观不受湿地水位变化的影响，因此选取的影像应满足条件是成像时间大致相同，在此基础上，成像时的鄱阳湖湿地水位大致相同。根据影像精度和湿地主要景观类型构成，本节主要将湖岸带景观划分为 3 种类型，鄱阳湖湿地湖岸带景观类型及说明见表 1.3。

表 1.2 遥感影像信息 单位：m

日期	1995-09-02	2000-09-15	2005-09-21	2010-09-19
鄱阳湖湿地水位	16.67	16.93	16.82	16.85

注：水位为星子站水位（吴淞高程，冻结基面以上），水位极差为 0.26m。

表 1.3 鄱阳湖湿地湖岸带景观类型及说明

序号	类型	说明
1	水体	湖泊、河流、水库、池塘等天然或人工水域，影像一般为蓝色、深蓝色、浅蓝色
2	绿地	林地（森林和灌丛）、草地（洲滩和草甸）、庄稼地等有植被覆盖的区域，影像一般为红色、绿色、深绿色
3	建设用地和裸地	道路、广场、堤坝、城镇、乡村、厂房等人造景观，以及沙滩、岩石等无植被覆盖的自然景观，影像一般为灰色、红色、红褐色

3. 湖岸带景观变化研究的数据处理方法

本节主要应用 ENVI 5.0、ArcGIS 10.0 和 Fragstate 4.0 软件。首先在 ArcGIS10.0 软件中，利用已经生成的缓冲区域做掩膜，对不同时期遥感影像进行切割，获得不同时期湖岸带遥感影像图，再对遥感影像进行分析处理和计算。

4. 湖岸带景观变化的特征及分析

（1）湖岸带景观变化的特征

1）湖岸带景观类型及面积。基于遥感影像数据，利用 ENVI 遥感解译软件和 ArcGIS 软件，对 1995 年以来鄱阳湖湿地湖岸带景观特征进行信息提取，3 类景观信息提取结果见表 1.4。从景观类型的面积看，1995 年、2000 年和 2005 年，水体面积的数据大致相同，2010 年水体面积减少较为明显，2010 年比 1995 年减少 60 km^2。绿地面积 1995 年、2000 年、2005 年、2010 年变化趋减，绿地面积 2010 年比 1995 年减少 276km^2，建设用地和裸地面积逐年增加，2010 年比 1995 年增加近 340 km^2。

表 1.4　鄱阳湖湿地湖岸带景观类型分类结果　单位：km^2

景观类型	1995 年	2000 年	2005 年	2010 年
水体	238	236	235	178
绿地	851	729	588	575
建设用地和裸地	81	205	348	417

2）湖岸带景观转移矩阵。基于 4 个时期遥感数据解译分类结果，利用 ENVI 软件对 4 个时期的景观矩阵进行了计算，计算结果见表 1.5。景观转移矩阵表明，4 个时期景观类型的转变主要是 1995 年、2000 年的绿地转变为建设用地和裸地，2005 年的水体、绿地转变为建设用地和裸地。从用地类型转变速度来看，2005～2010 年的景观转变面积最小，2000～2005 年的景观转变面积最大。1995～2000 年，有 145km^2 的绿地转变为建设用地和裸地，有 17km^2 的水体转变为建设用地和裸地；2000～2005 年，有 172km^2 的绿地转变为建设用地和裸地，有 15km^2 的水体转变为建设用地和裸地；2005～2010 年，有 111km^2 的绿地转变为建设用地和裸地，有 44km^2 的水体转变为建设用地和裸地。而由建设用地和裸地转变为水体和绿地的景观面积相对较小。因此，1990 年、2000 年、2005 年和 2010 年 4 个时期的景观转变主要是绿地景观和水体景观转变为建设用地和裸地，表明鄱阳湖湿地湖岸带绿地景观和水体景观在逐步萎缩。

表 1.5　1995～2010 年景观转移矩阵　单位：km^2

类型		1995 年			2000 年			2005 年		
		水体	绿地	建设用地和裸地	水体	绿地	建设用地和裸地	水体	绿地	建设用地和裸地
2000 年	水体	189	20	26						
	绿地	31	686	12						
	建设用地和裸地	17	145	43						
	变化值	−2	−122	124						

续表

类型		1995年			2000年			2005年		
		水体	绿地	建设用地和裸地	水体	绿地	建设用地和裸地	水体	绿地	建设用地和裸地
2005年	水体	158	51	26	181	42	12			
	绿地	48	530	10	40	515	33			
	建设用地和裸地	32	271	44	15	172	160			
	变化值	-4	-263	267	-1	-141	143			
2010年	水体	143	17	19	168	16	4	165	10	4
	绿地	39	523	13	19	488	39	26	467	82
	建设用地和裸地	56	312	49	47	223	165	44	111	263
	变化值	-60	-276	336	-57	-154	212	-56	-13	69

注：变化值是指行的年份对比列的年份的各类景观面积变化量，正值表明该类型景观面积增加，负值表明该类型景观面积减少。例如，2000年中变化值-2说明2000年相比1995年的水体面积减少了$2km^2$，变化值-122说明2000年相比1995年的绿地面积减少了$122km^2$，变化值124说明2000年相比1995年的建设用地和裸地面积增加了$124km^2$，以此类推。

3）湖岸带景观指数。本节选取了景观指数中的斑块总数、最大斑块面积、最大斑块指数、周长面积分形指数、景观类型最大斑块指数（水体最大斑块指数、绿地最大斑块指数、建设用地和裸地最大斑块指数）、多样性指数（香农多样性指数、辛普森多样性指数）和均匀度指数（香农均度指数、辛普森均匀度指数）等，这些指数主要说明景观的完整性和破碎化程度，反映景观受干扰的强度。从表1.6中可以看出，景观指数中的斑块总数明显上升，水体最大斑块指数、绿地最大斑块指数明显下降，表明水体和绿地被干扰的强度越来越大；建设用地和裸地最大斑块指数逐年上升，表明湖岸带用地强度不断增强。景观的最大斑块指数减少，表明景观完整性越来越差。景观多样性指数逐步上升，表明湖岸带景观异质性越来越明显。景观指数变化充分说明，鄱阳湖湿地湖岸带景观破碎化程度逐年加大。

表1.6 景观指数

指数	1995年	2000年	2005年	2010年
斑块总数	6232	6538	8063	8180
最大斑块面积/km^2	144.5	139	61.3	52.4
最大斑块指数	7.2397	6.9646	3.0741	2.6632
周长面积分形指数	1.3844	1.4179	1.4304	1.434
水体最大斑块指数	0.7749	0.5354	0.5105	0.3449
绿地最大斑块指数	7.2397	6.9646	3.0741	2.4871
建设用地和裸地最大斑块指数	0.4337	0.4618	1.3145	2.6632
香农多样性指数	0.7422	0.8924	1.0035	1.0287

续表

指数	1995 年	2000 年	2005 年	2010 年
辛普森多样性指数	0.4236	0.5179	0.6084	0.6192
香农均度指数	0.6756	0.8123	0.9134	0.9364
辛普森均匀度指数	0.6355	0.7769	0.9126	0.9288

（2）湖岸带景观变化的驱动力分析

通过分析表明，2010 年，湖岸带水体面积比上两个时期面积有大幅度的减少，而建设用地和裸地面积则有大幅度的上升，表明人为改变湿地的强度在增加。相关数据分析表明，建设用地和裸地增加的因素包括湖岸带沙化面积增加明显，居民建筑建设用地和道路交通用地面积增加显著。

5. 湖岸带景观的重建

由于受到遥感影像精度的限制，本节仅对鄱阳湖湿地湖岸带景观划分了 3 种类型，目的是确保分类的准确性。绿地景观包括林地、湿地草洲和耕地农作物。建设用地和裸地景观包括沙化地、圩堤、道路和城镇居民建筑等建设用地。水体景观包括湖泊、河流、水库、池塘等天然或人工水域。在景观转换矩阵分析过程中，水体转换为建设用地和裸地及绿地容易辨别，建设用地和裸地及绿地转换为水体亦如此。然而，对于绿地之间的转换，如洲滩草地转换为耕地，我们很难从当前的遥感影像中提取出来，洲滩草地转化为耕地，也是人类活动干扰的方式之一，但是转换面积有多大、强度有多大，现有的研究不能得出明确的结论。对于这些景观类型的变化，特别是景观类型面积及构成的变化，能够更深入地反映湖岸带景观演替的规律，从而对于揭示人类活动如何影响湖岸带景观及响应策略具有重要意义，这需要进一步利用高分辨率遥感影像和实地调查综合分析才能得出准确的科学结论。

近年来，鄱阳湖湿地湖岸带景观变化比较明显。其中，水体面积减少明显，有 $100km^2$ 的水体景观被其他景观类型替代；绿地面积减少显著，有近 $500km^2$ 的绿地景观被其他景观类型替代。而具有人类活动干扰特征的建设用地和裸地面积增幅较大，增加面积超过 $700km^2$，表明人类活动对鄱阳湖湿地湖岸带景观具有明显的重塑作用。湖岸带景观类型的改变，特别是由自然景观改变为人类塑造的人工设施景观，将会影响湖岸带所承担的水陆生态系统交错带的功能，如湖岸带具有的生物多样性栖息地功能、生态廊道功能、污染物的阻控和过滤功能等。因此，加强湖岸带的保护和资源利用规划，对于鄱阳湖湿地保护具有重要意义，本节提出以下几点建议。

（1）建立鄱阳湖湿地湖岸生态控制带

在现有湖岸带基础上，向外延伸 1km，建成湖岸生态控制带，在该控制带内，禁止建设工厂、矿山和具有污染性质的服务业基础设施。

（2）实施生态修复工程

对受到一定破坏和干扰的湖岸带景观，实施生物工程和物理工程措施，进行湖岸带生态修复，尽可能将现有景观恢复到自然生态景观水平。

（3）开展湖岸带开发保护活动

在湖岸带生态保护完善的基础上，开展具有宣传教育和科普功能的湖岸带开发保护活动，加强民众对鄱阳湖湿地保护的认识和理解。

1.1.4 鄱阳湖湿地水文特征

1. 鄱阳湖湿地水文特征的研究方法

本部分主要选择年极端水位（最高水位、最低水位和水位极差）、年区间水位持续时间（水位高于 16m 的天数，水位低于 8m、10m、12m 的天数）、年涨水和退水持续时间（年涨水持续天数、年退水持续天数、年退水至 10m 持续天数）。若同一水位持续多天，即以第一天作为计算的时间节点。

2. 鄱阳湖湿地水文特征的数据来源及说明

本小节数据基于鄱阳湖湿地星子站的日均水位数据（吴淞高程，下同），时间尺度为 60 年，即 1957～2016 年，这 60 年的水位数据没有缺失，确保了数据分析的准确性。星子站位于鄱阳湖中端的星子县境内，南面是鄱阳湖开阔水域，北面是鄱阳湖入江通道，星子站的地理位置决定了其对鄱阳湖湿地水位分析具有较好的代表性。

3. 鄱阳湖湿地水文变化及分析

（1）年极端水位

鄱阳湖湿地年最高水位呈下降趋势，最低水位和水位极差变化不明显（图 1.4）。多年最高水位的最大值为 22.5m，出现在 1998 年 8 月 2 日。多年最高水位的最小值为 15.99m，出现在 1972 年 6 月 8 日。多年最高水位的平均值为 19.09m。多年最低水位的最大值为 9.37m，出现在 2001 年。多年最低水位的最小值为 7.12m，出现在 2004 年 2 月 4 日。多年最低水位的平均值为 7.98m。多年水位极差最大值为 14.15m，出现在 1998 年。多年水位极差最小值为 7.64m，出现在 2001 年。多年水位极差平均值为 11.11m。

（2）年区间水位持续时间

鄱阳湖湿地年水位高于 16m 的天数呈现递减趋势（图 1.5），存在连续性低高水位现象。而水位低于 8m、10m、12m 的天数呈现递增趋势，并且出现连续性的低水位现象（图 1.6）。根据渔民捕捞经验，当星子站水位低至 14m 时，鄱阳湖天然捕捞就受到一定的限制；当星子站水位低于 12m 时，鄱阳湖湿地进入枯水期，不利于天然捕捞作业；水位低于 10m，洲滩完全裸露，湖不能行船，网不能下水，无鱼可捕（刘占昆等，2011）。只有星子站水位高于 16m，才是天然捕捞的理想水位。

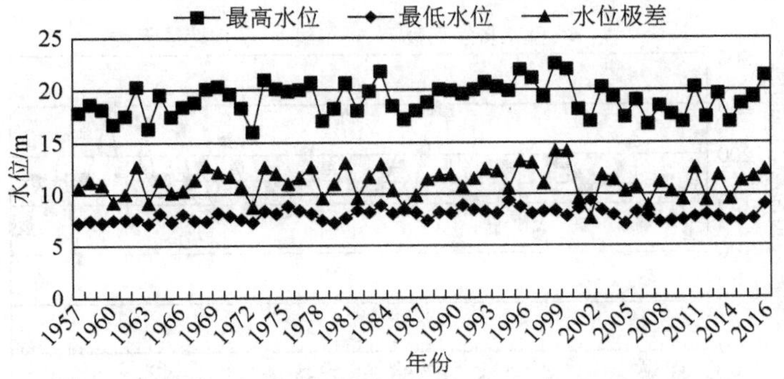

图 1.4　鄱阳湖湿地年极端水位变化

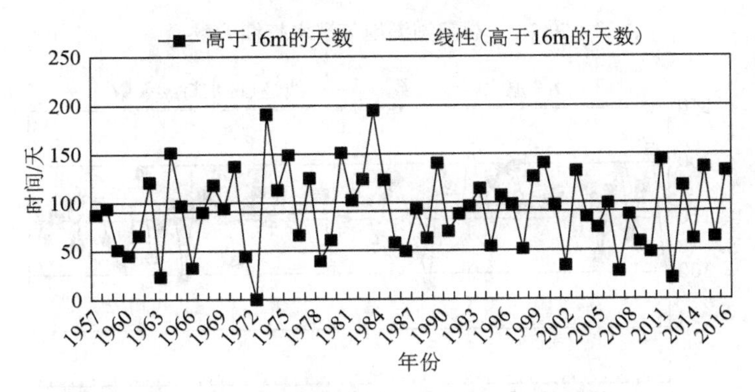

图 1.5　鄱阳湖湿地年水位高于 16m 的天数

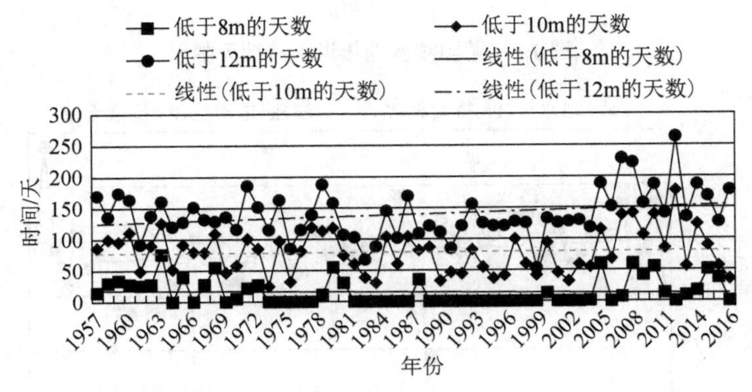

图 1.6　鄱阳湖湿地年水位低于 8m、10m、12m 的天数

（3）年涨水和退水持续时间

鄱阳湖湿地年涨水持续天数变化呈现递增趋势，表明涨水天数越来越多（图 1.7），退水持续天数呈现下降趋势（图 1.8），退水至 10m 持续天数呈现明显下降趋势

（图 1.9），特别是 2000 年以来，退水时间明显缩短。研究认为，湖泊水位消退过快，对湖泊湿地生态系统的影响更为显著（Wantzen et al.，2008）。

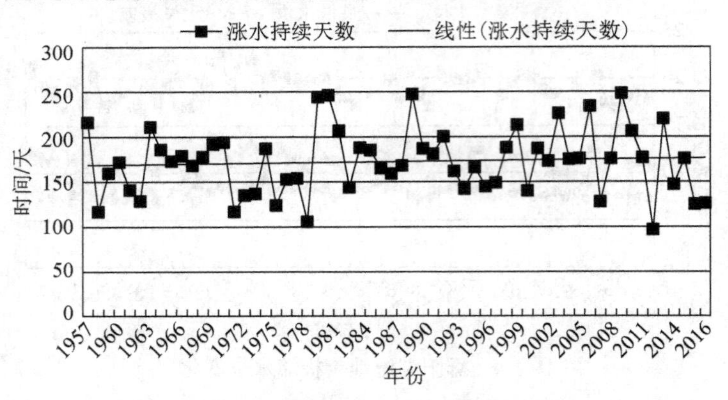

图 1.7　鄱阳湖湿地年涨水持续天数

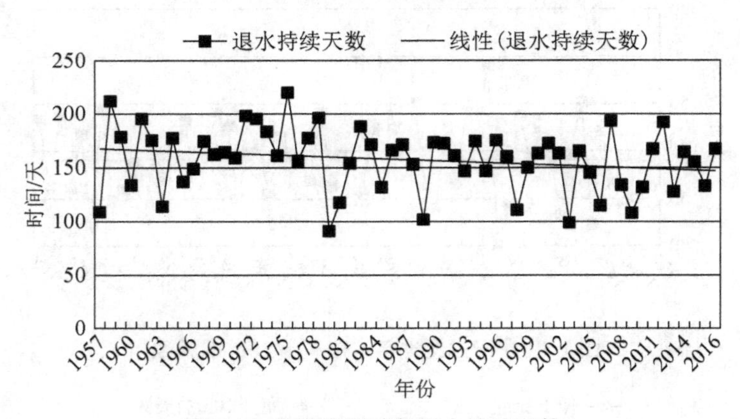

图 1.8　鄱阳湖湿地年退水持续天数

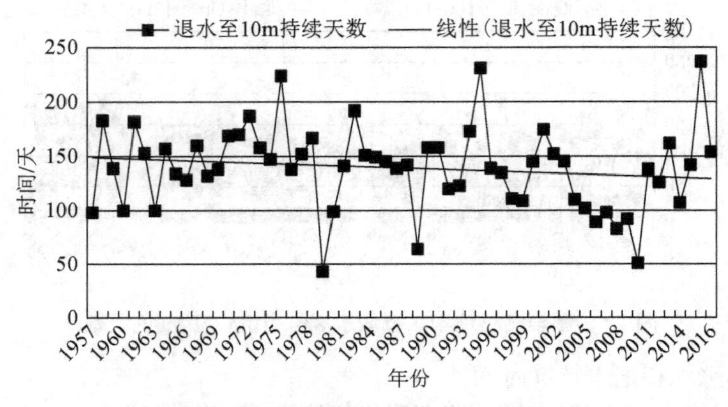

图 1.9　鄱阳湖湿地年退水至 10m 持续天数

4. 鄱阳湖湿地水文变化特征

基于鄱阳湖湿地 1957～2016 年的水位数据分析表明，鄱阳湖湿地水位变化比较明显，特别是 2000 年以来，鄱阳湖湿地水位变化更加剧烈。其主要表现为高水位持续下降，退水时间缩短，高水位持续时间减少，低水位持续时间延长。总体表现为鄱阳湖湿地水量减少，水量性缺水越来越严重。

本小节主要研究了 1957～2016 年的鄱阳湖湿地水位变化情况，对于 1957 年以前的情况，由于缺乏有效数据不能进行分析，因此 1957 年之前的鄱阳湖湿地水位变化态势无从得知。相对于鄱阳湖湿地的历史进程来说，60 年非常短暂，但这 60 年是我国社会经济变化显著的 60 年，也是人类活动对自然生态系统的干扰最严重的时期。人类活动对自然生态系统的影响可能在较短时间内不能完全显露出来，然而，根据 60 年鄱阳湖湿地水位变化分析，特别是 2000 年以来，鄱阳湖湿地水位变化更为剧烈，这也从某种程度上表明了自然生态系统对人类活动干扰的响应。因此，人类有必要对当前鄱阳湖湿地水位变化予以高度重视。

1.1.5 鄱阳湖与长江的江湖关系

江湖关系这一名词由来已久，但迄今尚无获得公认的定义（万荣荣等，2014）。长江与沿江湖泊的相互作用一直是人们关注的问题。在我国长江流域，鄱阳湖是重要的通江湖泊之一，与长江进行着复杂的水文和水动力交互（郭华等，2011）。鄱阳湖承接上游赣江、抚河、信江、饶河、修河五河来水，由湖口北注入长江，与长江相互顶托（长江间或倒灌入湖），长江的水情变化直接影响鄱阳湖的水量变化。因此，分析鄱阳湖与长江的江湖关系，对于认识鄱阳湖湿地生态系统的复杂性具有重要的参考意义。

1. 鄱阳湖与长江江湖关系的研究方法

以鄱阳湖星子站的逐日水位数据代表鄱阳湖的水情状况，以湖口站的逐日水位数据代表鄱阳湖与长江的相互作用的表征，以九江站的逐日水位数据代表长江的水情状况（图 1.10）。通过分析各个站点多年逐日水位数据变化特征及站点之间的水位差值，可剖析鄱阳湖与长江的江湖关系特征。

2. 鄱阳湖与长江江湖关系的数据来源及说明

各个站点的水位数据来自江西省水文信息网，对于缺失数据，取前后天数的算术平均值替代。水位数据时间跨度为 60 年（1957～2016 年），水位数据的高程为吴淞高程。九江站流量数据时间跨度为 29 年（1988～2016 年），湖口站流量数据时间跨度为 67 年（1950～2016 年）。

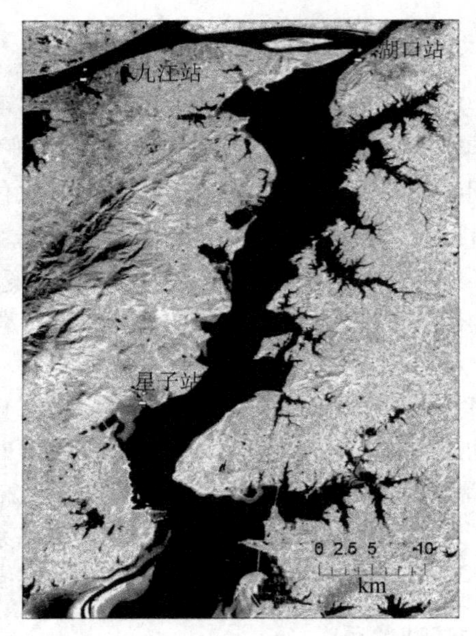

图 1.10 九江站、湖口站和星子站示意图

3. 鄱阳湖与长江江湖关系的特征及分析

（1）月平均水位变化特征

九江站的月平均水位、湖口站的月平均水位和星子站的月平均水位具有较明显的一致性变化特征（图 1.11）。除 9 月、10 月和 11 月 3 个月近年来的月平均水位走低以外，其他月份的月平均水位变化并不明显。9 月、10 月和 11 月 3 个月的月平均水位走低始于 2003 年，而 2003 年是三峡工程正式运行的时间，大坝在当年 9 月进行了高水位截流蓄水。九江站、湖口站和星子站正处于三峡大坝的下游，同年 9 月出现月平均水位相比往年偏低的现象，表明其受三峡大坝截流的影响比较显著。

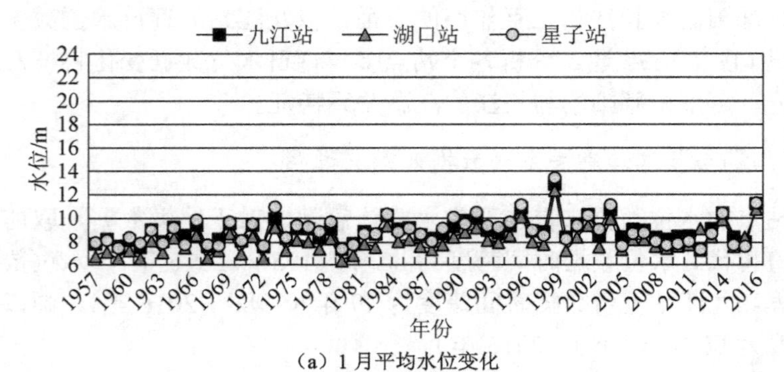

（a）1 月平均水位变化

图 1.11 九江站、湖口站和星子站的月平均水位变化特征

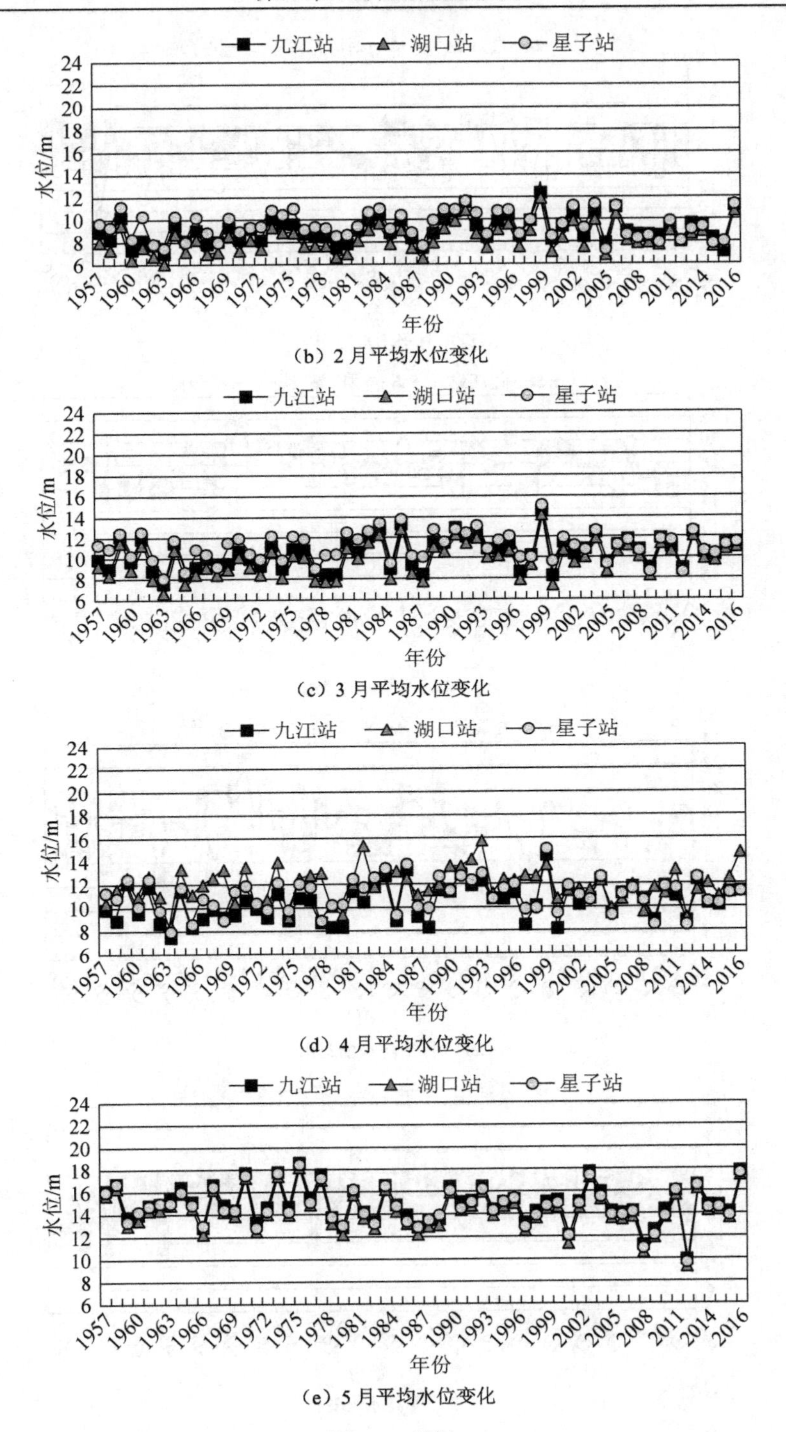

（b）2 月平均水位变化

（c）3 月平均水位变化

（d）4 月平均水位变化

（e）5 月平均水位变化

图 1.11（续）

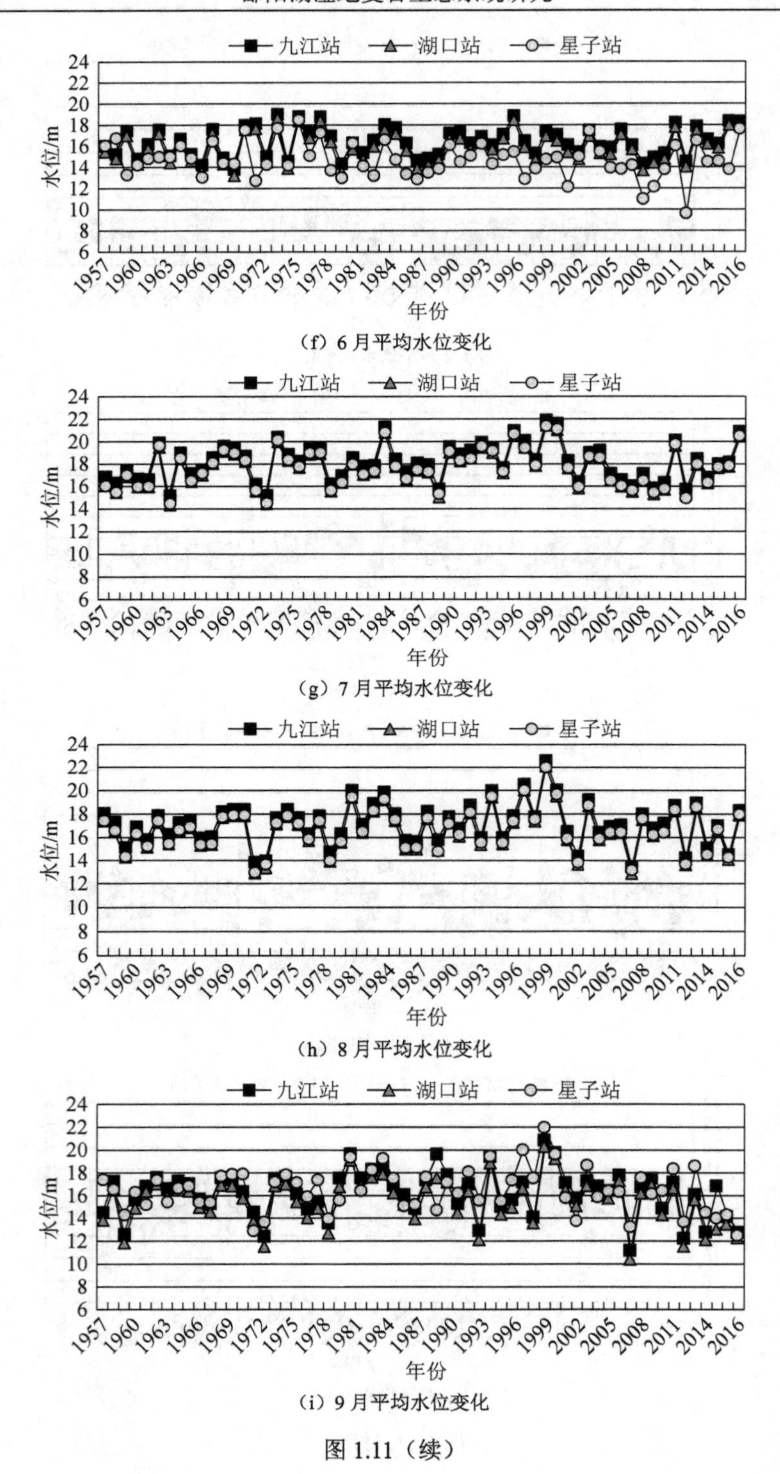
九江站
湖口站
星子站
水位/m
年份
(f) 6月平均水位变化
九江站
湖口站
星子站
水位/m
年份
(g) 7月平均水位变化
九江站
湖口站
星子站
水位/m
年份
(h) 8月平均水位变化
九江站
湖口站
星子站
水位/m
年份
(i) 9月平均水位变化

图 1.11（续）

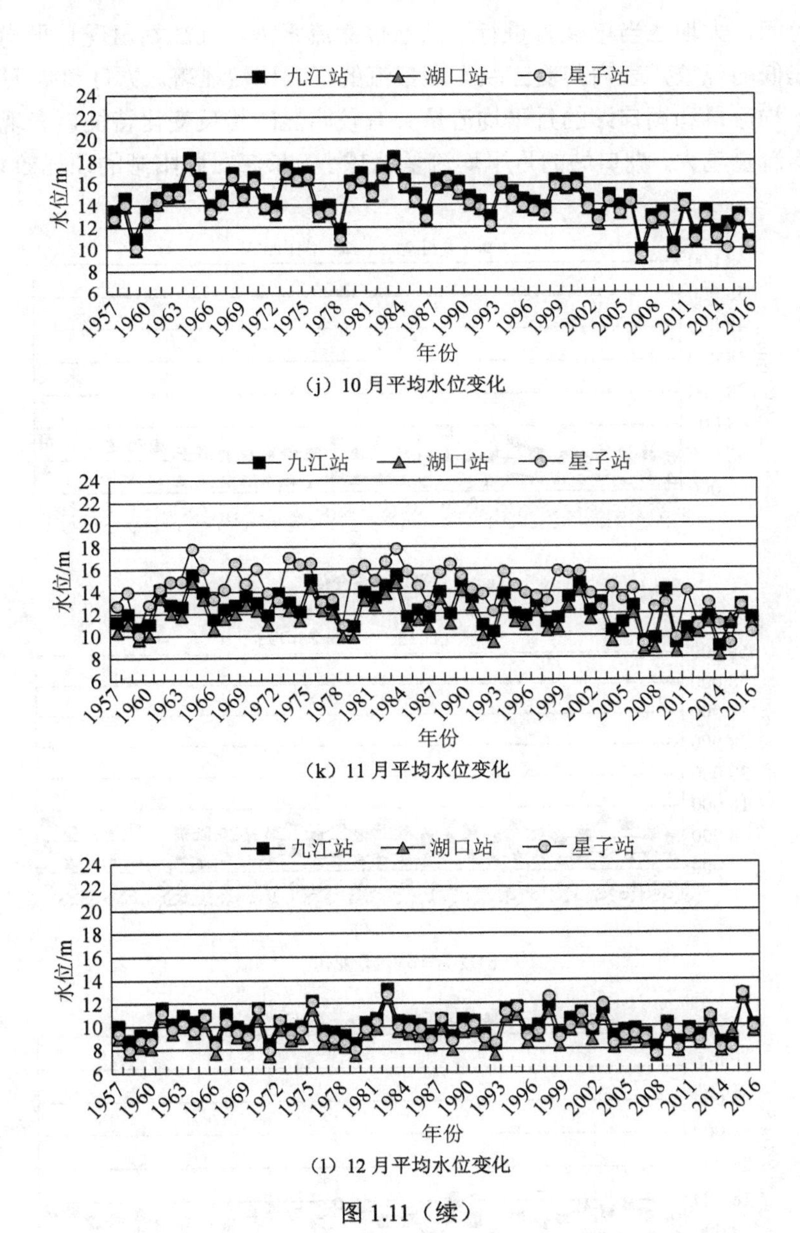

（j）10月平均水位变化

（k）11月平均水位变化

（l）12月平均水位变化

图1.11（续）

（2）月平均流量变化特征

除7月、8月、9月、10月和11月5个月外，九江站的月平均流量和湖口站的月平均流量具有较明显的一致性变化特征（图1.12）。湖口站的近30年的月平均流量变化不明显，而九江站的月平均流量在9月、10月和11月3个月出现走低趋势，特别是2003年以后月平均流量走低趋势显著。2003年是三峡工程正式运行的时间，大坝在当年 9 月进行了高水位截流蓄水，九江站出现月平均流量相比往年偏低的现象，表明其受三峡大坝截流的影响比较显著。7 月和 8 月，九江站的月平均流量和湖口站的月平均流量具有较明显的相反变化特征，表现出九江站月平均流量越大，湖口站的月平均流量就越小，长江对鄱阳湖的顶托效果明显。

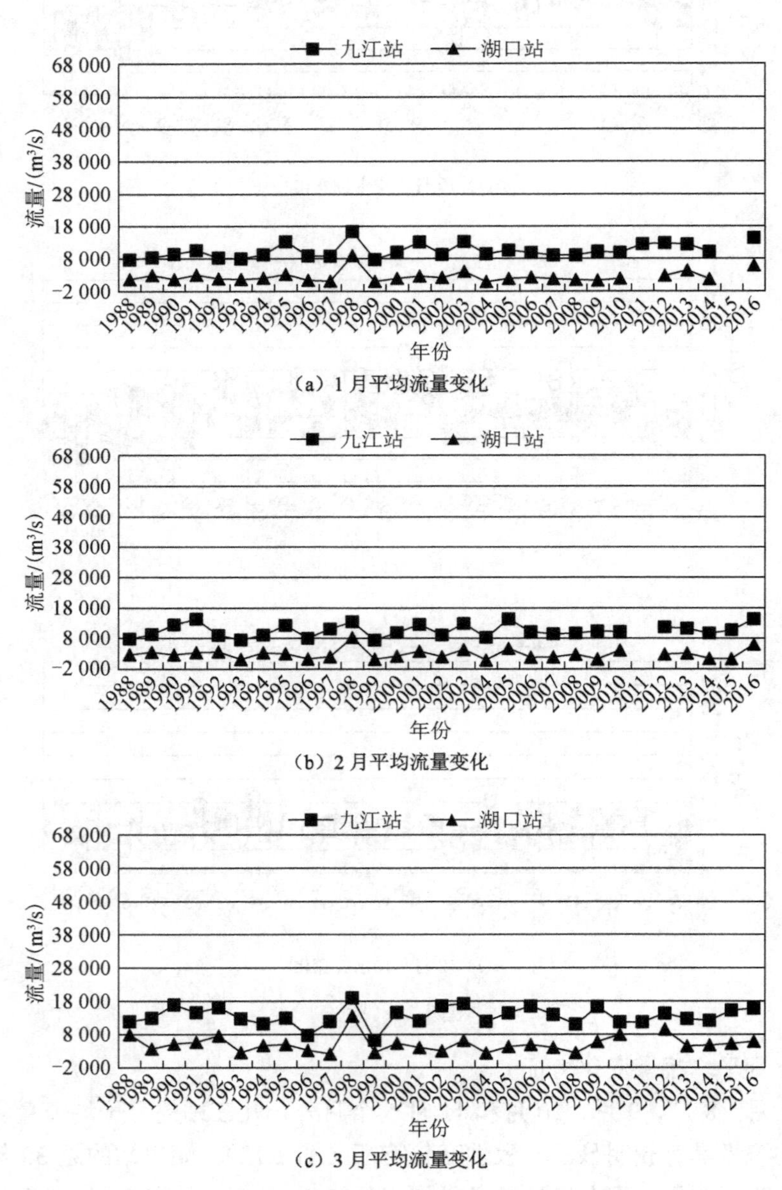

（a）1 月平均流量变化

（b）2 月平均流量变化

（c）3 月平均流量变化

图 1.12　九江站和湖口站的月平均流量变化特征

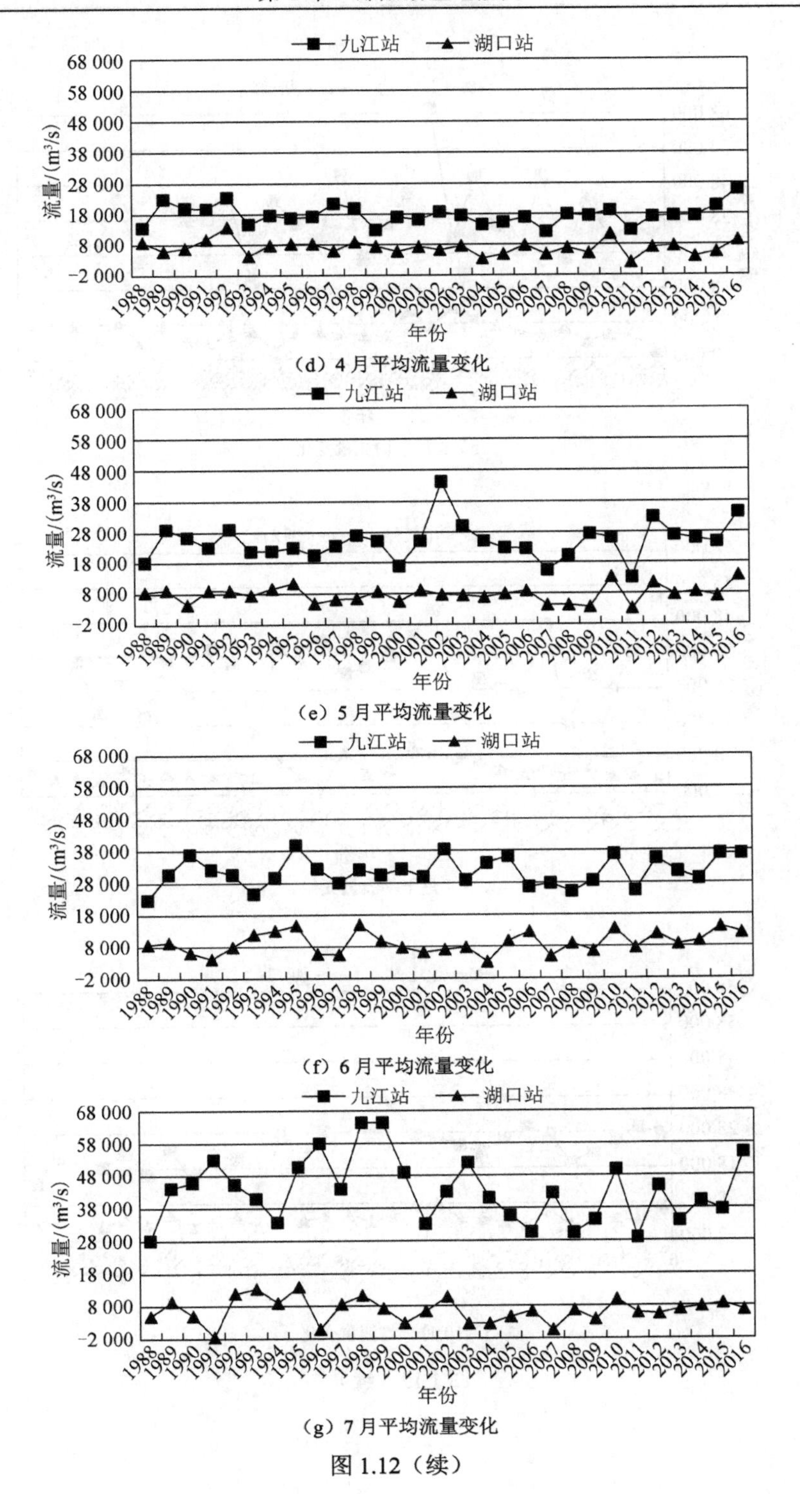

（d）4 月平均流量变化

（e）5 月平均流量变化

（f）6 月平均流量变化

（g）7 月平均流量变化

图 1.12（续）

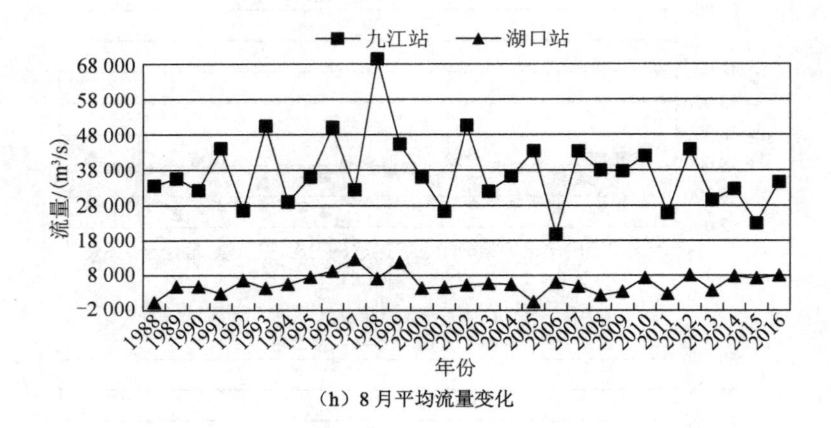

（h）8 月平均流量变化

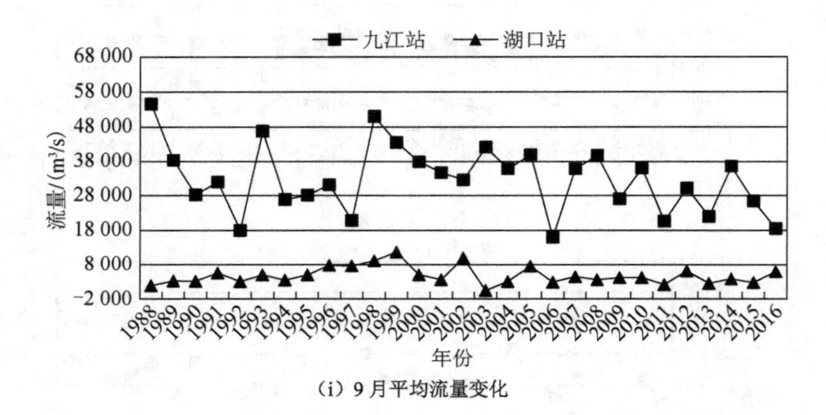

（i）9 月平均流量变化

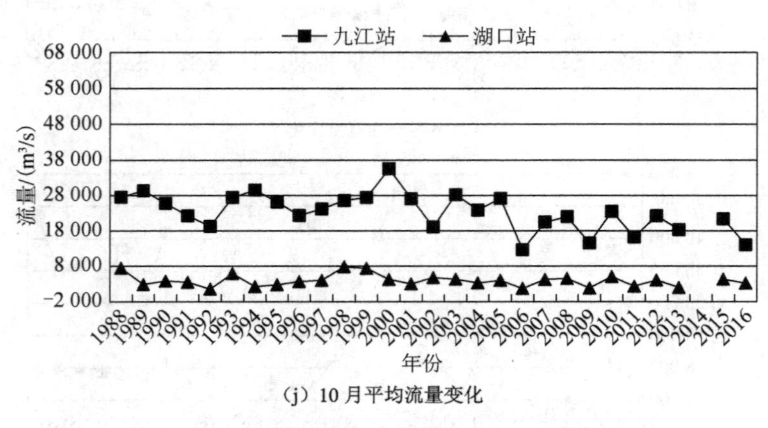

（j）10 月平均流量变化

图 1.12（续）

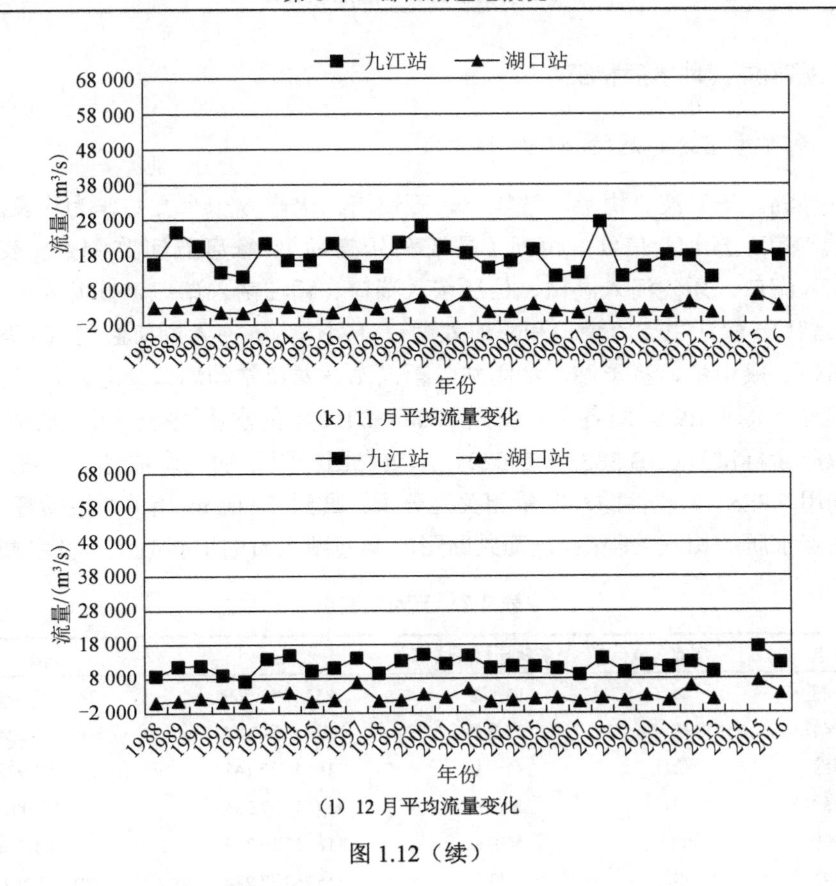

（k）11 月平均流量变化

（l）12 月平均流量变化

图 1.12（续）

（3）湖口长江倒灌变化特征

江水倒灌作为江湖相互关系的极端表现，近年来受到众多学者的持续关注（王雪等，2017）。从湖口站的流量变化特征可以看出，近几十年来，江水倒灌的次数存在减少的趋势，表明长江对鄱阳湖的顶托效果逐渐减弱（图 1.13）。

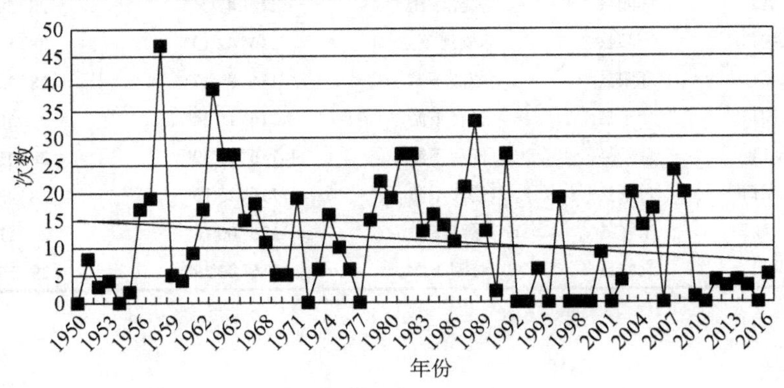

图 1.13　江水倒灌次数

1.1.6 鄱阳湖湿地水质特征

1. 鄱阳湖湿地水质特征研究的方法

以外洲、李家渡、梅港、波峰坑、石镇街、永修 6 个水文站作为代表鄱阳湖流域的赣江、抚河、信江、饶河（昌江和乐安河）、修河五河监测点（表 1.7），以昌江入湖口、乐安河入湖口、信江东入湖口、赣江南入湖口、抚河入湖口、信江西入湖口、赣江主支入湖口和修河入湖口分别作为五河入湖口监测点（表 1.8），以鄱阳站、康山站、星子站、棠阴站、都昌站、龙口站和湖口站分别代表鄱阳湖水质监测点（表 1.9），对各个监测点 2008～2011 年的水质进行分析。根据《地表水环境质量标准》（GB 3838—2002），水质在Ⅲ类以下的为水质超标。在此基础上，利用 SPSS 17 软件的双变量相关性分析，通过 Pearson 相关系数验证，分析各个站点水质的相互关联性，从而判断影响鄱阳湖水质的主要监测点及主要因素。

表 1.7　五河监测点

站点	所属河流	所属行政区域	东经	北纬
外洲	赣江	南昌县	115° 49′53.369″	28° 38′3.671″
李家渡	抚河	南昌县	116° 9′56.043″	28° 13′6.324″
梅港	信江	余干县	116° 48′57.147″	28° 26′4.979″
渡峰坑	昌江	景德镇	117° 11′57.336″	29° 16′.001″
石镇街	乐安河	景德镇	116° 57′59.379″	28° 51′5.753″
永修	修河	永修县	115° 48′57.284″	29° 2′2.282″

表 1.8　五河入湖口监测点

站点	所属行政区域	所属河流	东经	北纬
昌江入湖口	鄱阳县	昌江下游	116° 41′24″	28° 59′12″
乐安河入湖口	鄱阳县	乐安河下游	116° 42′19″	28° 54′49″
信江东入湖口	鄱阳县	信江下游	116° 39′27″	28° 53′46″
赣江南入湖口	余干县	赣江下游	116° 18′24″	28° 50′03″
抚河入湖口	余干县	抚河下游	116° 19′39″	28° 45′28″
信江西入湖口	余干县	信江下游	116° 25′19″	28° 43′40″
赣江主支入湖口	永修县	赣江下游	116° 00′16″	29° 11′29″
修河入湖口	永修县	修河下游	116° 00′29″	29° 10′42″

表 1.9　鄱阳湖水质监测点

站点	所属行政区域	毗邻河口	东经	北纬
鄱阳站	鄱阳县	饶河	116°39′38″	28°59′03″
康山站	余干县	赣江、抚河、信江	116°25′33″	28°52′49″
星子站	星子县	无	116°02′36″	29°26′45″
棠阴站	都昌县	无	116°23′23″	29°06′13″
都昌站	都昌县	无	116°11′19″	29°15′03″
龙口站	鄱阳县	饶河	116°29′23″	29°01′07″
湖口站	湖口县	鄱阳湖通江水道	116°12′59″	29°45′19″

2. 鄱阳湖湿地水质特征研究的数据来源及说明

本书采用由江西省水环境监测中心公开发布的《鄱阳湖水资源动态监测通报》（2007～2012 年）的数据。根据《地表水环境质量标准》（GB 3838—2002），本书采用单因子评价方法对鄱阳湖水质进行评价，并结合水量监测结果进行综合分析。分析过程中，Ⅰ类、Ⅱ类、Ⅲ类、Ⅳ类、Ⅴ类和劣Ⅴ类水质分别以阿拉伯数字 1、2、3、4、5 和 6 代替。

3. 鄱阳湖湿地水质特征与分析

（1）鄱阳湖水环境特征分析

1）五河水环境分析。从图 1.14～图 1.17 可以看出，五河监测点的数据中，乐安河的水质较差，基本处于Ⅴ类和劣Ⅴ类水质，2008～2011 年分别有 9 个月、11 个月、9 个月和 12 个月水质超标；抚河和信江水质每年只有 1 个月左右处于超标状况；赣江和修河水质较好，大多数情况下为Ⅱ到Ⅲ类水质。2008～2011 年，五河监测点的水质总体较为稳定，每年超标次数分别为 26 次、28 次、24 次和 27 次，水质超标比例约为 36%。

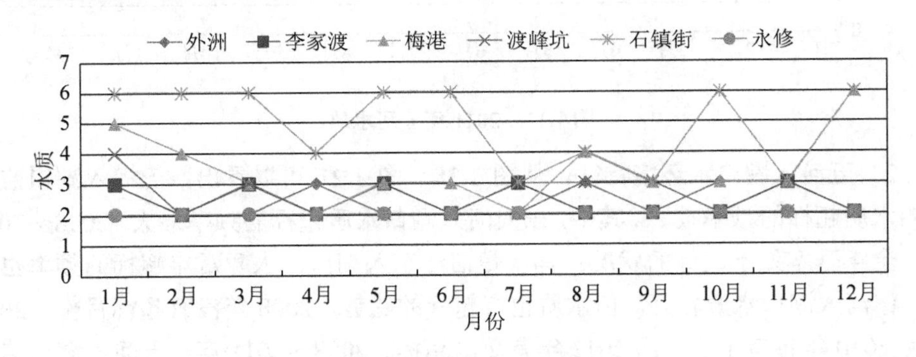

图 1.14　2008 年五河水质

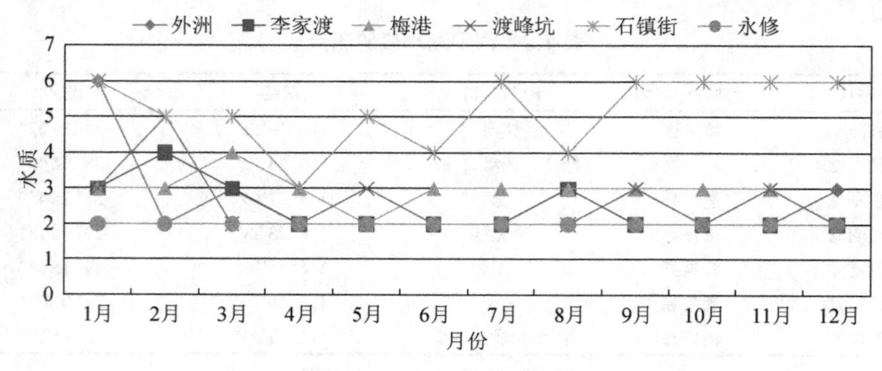

图 1.15　2009 年五河水质

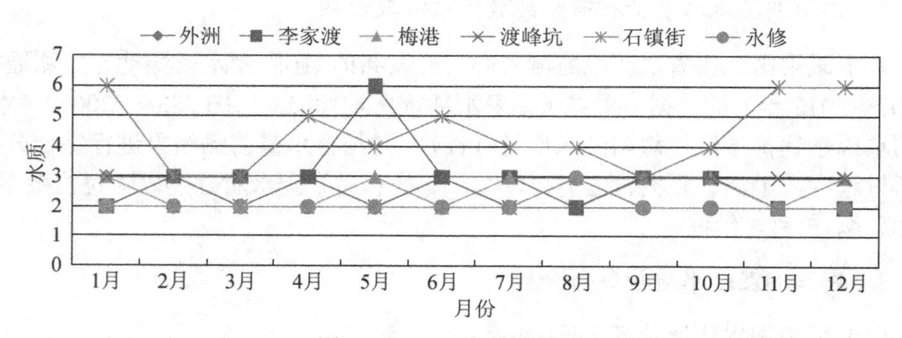

图 1.16　2010 年五河水质

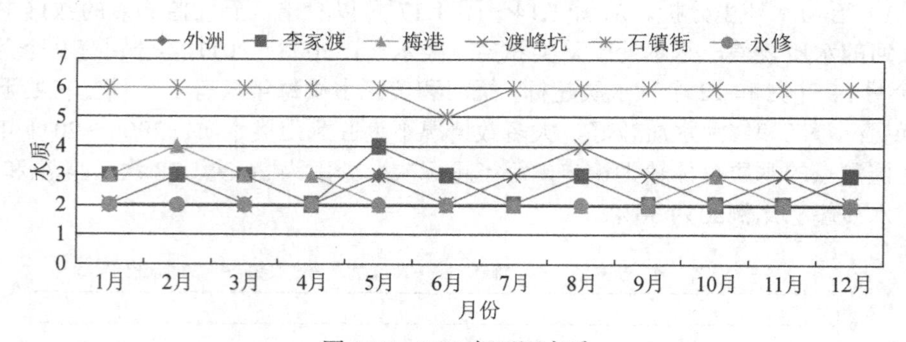

图 1.17　2011 年五河水质

2）五河入湖口水环境特征。从图 1.18～图 1.21 可以看出，五河入湖口监测点的水质超标的频率较大。其中，乐安河入湖口水质超标的频率最大，2008～2011 年，全年基本处于超标的状况；其次是信江东入湖口，水质常年超标的频率也较大；修河入湖口水质较好，但水质也有超标的趋势，2008 年没有超标月份，2009 年和 2010 年各有 1 次，而 2011 年有 2 次超标。2008～2011 年，五河入湖口监测点的水质总体有恶化的趋势，水质超标的比例较大。其中，2008 年，五河入湖口监测点水质超标率为 45.8%，有 22 次超标；2009 年为 56.3%，有 27 次超标；2010

年为 50%，有 28 次超标；2011 年为 46.3%，有 26 次超标。五河入湖口监测点水质超标主要发生在干旱季节的 1～3 月和 10～12 月，水质超标发生频率占 70%以上。

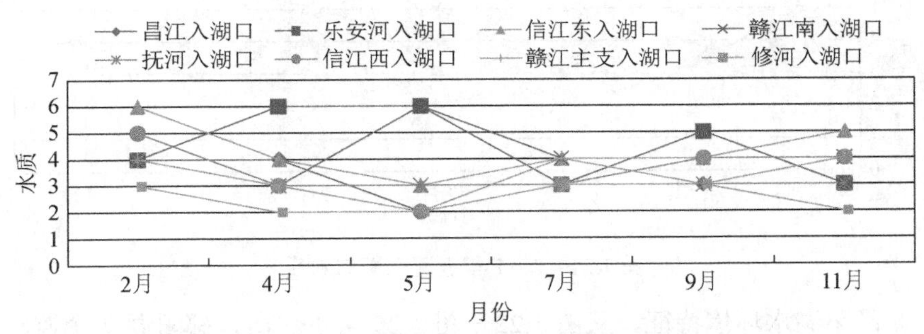

图 1.18　2008 年五河入湖口水质

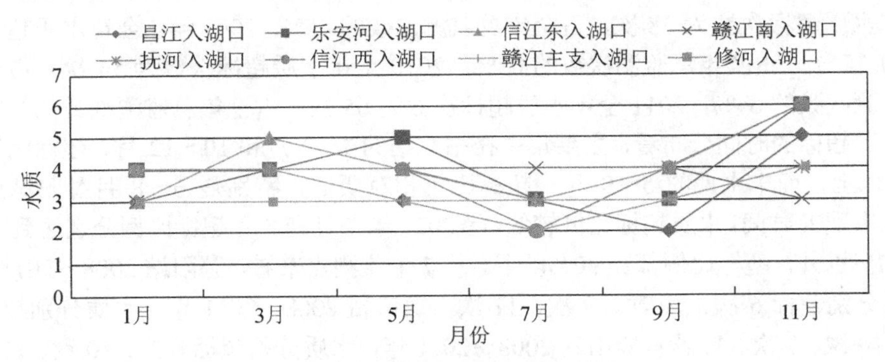

图 1.19　2009 年五河入湖口水质

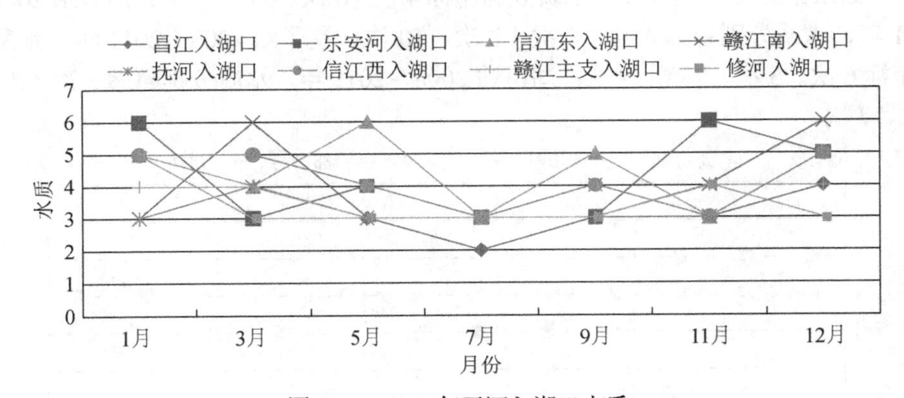

图 1.20　2010 年五河入湖口水质

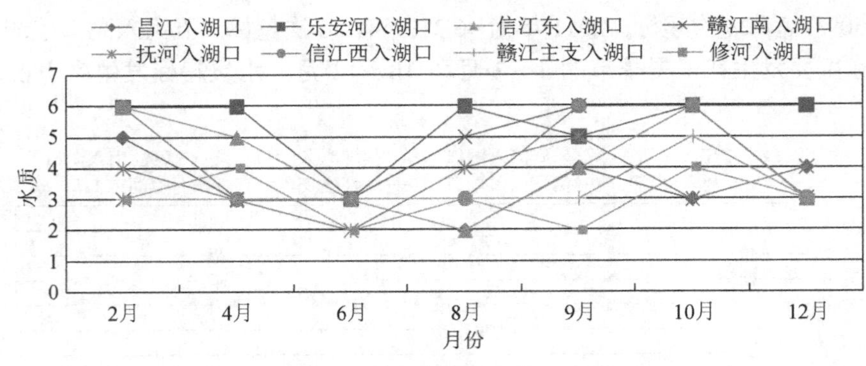

图 1.21　2011 年五河入湖口水质

3）鄱阳湖水环境特征。从图 1.22～图 1.25 可以看出，鄱阳湖 7 个监测点的水质数据显示，2008～2011 年，鄱阳湖水质存在逐步变坏的趋势。其中，2008 年，全年水质超标次数为 38 次，占全年总监测次数的 45%；2009 年，全年水质超标次数为 55 次，占全年总监测次数的 65%；2010 全年水质超标次数为 54 次，占全年总监测次数的 64%；2011 全年水质超标次数为 65 次，占全年总监测次数的 77%。从水质超标的时间分布看，主要集中在枯水期的 1～4 月和 10～12 月，超标比例在 70%以上，而丰水期的 5～9 月，超标比例相对要低，特别是 6～8 月鄱阳湖最高水位出现的时间，水质超标比例较低，除 2011 年 7 月和 8 月超标比例分别达到 43%和 71%以外，超标比例都在 30%以下。从 7 个监测点来看，鄱阳站 2008～2011 年，水质分别超标 6 次、10 次、8 次、11 次；龙口站 2008～2011 年，水质分别超标 7 次、10 次、7 次、11 次；康山站 2008～2011 年，水质分别超标 6 次、10 次、11 次、8 次；棠阴站 2008～2011 年，水质分别超标 4 次、8 次、6 次、9 次；都昌站 2008～2011 年，水质分别超标 4 次、7 次、8 次、10 次；星子站 2008～2011 年，水质分别超标 6 次、5 次、7 次、9 次；湖口站 2008～2011 年，水质分别超标 5 次、7 次、7 次、7 次。

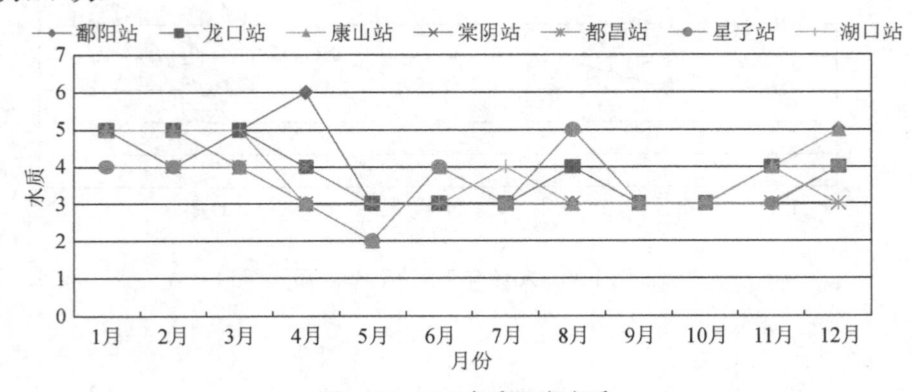

图 1.22　2008 年鄱阳湖水质

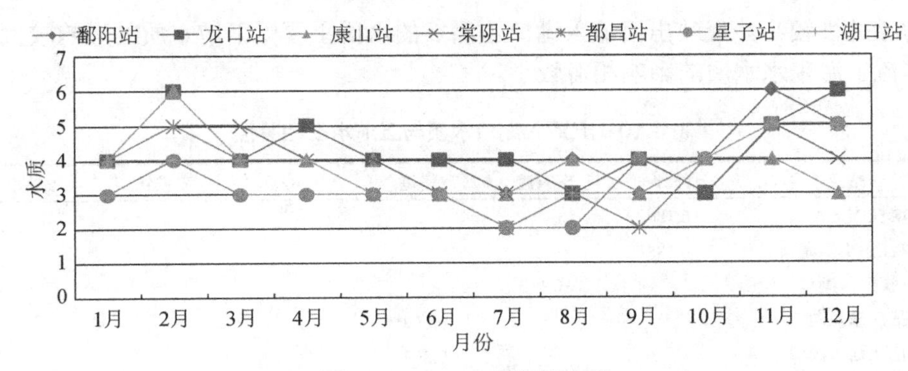

图 1.23　2009 年鄱阳湖水质

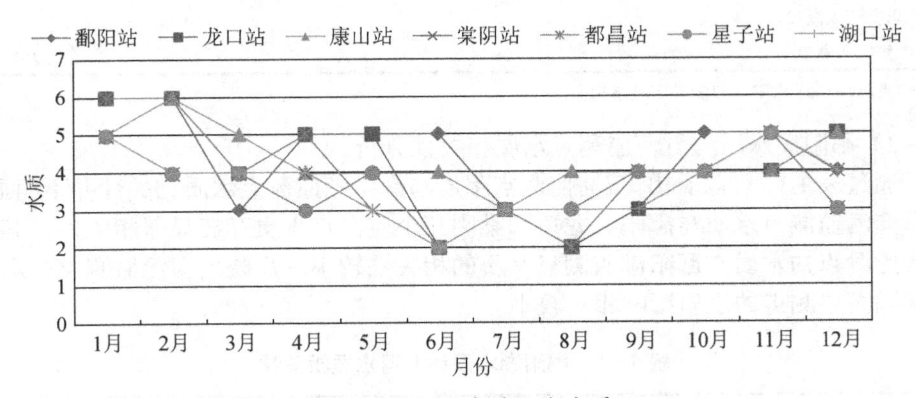

图 1.24　2010 年鄱阳湖水质

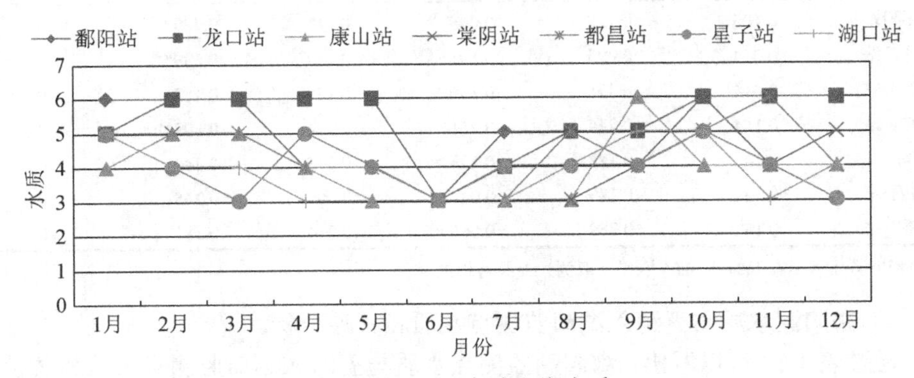

图 1.25　2011 年鄱阳湖水质

（2）鄱阳湖水质变化的影响因素分析

1）五河监测点水质与五河入湖口监测点水质相关性分析。

从表 1.10 可以看出，五河监测点水质与五河入湖口监测点水质相关性并不明显，除信江东入湖口监测点水质与信江监测点水质、乐安河入湖口监测点水质与乐安河监测点水质存在显著性相关外，其他河流监测点的水质与入湖口监测点水质的相关性较小，反映出河流入湖口监测点的水质主要受下游水质的影响较大，受河流上游来水水质的影响相对较小。

表 1.10　五河入湖口水质与五河水质相关性

站点	外洲	李家渡	梅港	波峰坑	石镇街	永修
赣江南入湖口	−0.186					
赣江主支入湖口	0.388					
抚河入湖口		−0.133				
信江东入湖口			0.602**			
信江西入湖口			0.307			
昌江入湖口				0.078		
乐安河入湖口					0.545**	
修河入湖口						0.261

**表示在 0.01 水平（双侧）上显著相关。

2）鄱阳湖水质与五河监测点水质相关性分析。

通过表 1.11 可以看出，五河监测点水质与鄱阳湖监测点水质相关性并不明显，除乐安河监测点水质与鄱阳、龙口和棠阴三个监测点水质存在显著相关外，其他河流监测点的水质与鄱阳湖监测点水质的相关性较小，反映出河流监测点的水质对鄱阳湖监测点的水质影响相对较小。

表 1.11　鄱阳湖水质和五河水质相关性

站点	外洲	李家渡	梅港	波峰坑	石镇街	永修
鄱阳站	0.105	−0.120	0.065	0.111	0.480*	0
龙口站	0.034	−0.095	0.191	0.129	0.589**	0
康山站	0.014	−0.111	0.156	0.189	0.187	0
棠阴站	0.154	−0.244	0.266	0.104	0.499**	0
都昌站	0.148	−0.188	0.178	0.315	0.344	0
星子站	−0.144	−0.149	0.047	0.306	0.245	0
湖口站	0.182	−0.289	0.065	0.214	0.381	0

**和*分别表示在 0.01 和 0.05 水平（双侧）上显著相关。

3）鄱阳湖水质与五河入湖口监测点水质相关性分析。

通过表 1.12 可以看出，鄱阳湖监测点水质与五河入湖口监测点水质相关性较为明显，鄱阳站监测点水质与昌江入湖口、乐安河入湖口监测点水质存在显著相关性，与信江东入湖口、信江西入湖、修河入湖口口监测点水质存在相关性；龙口站监测点水质与昌江入湖口、乐安河入湖口、信江西入湖口、修河入湖口监测点水质存在显著相关性，与信江东入湖口监测点水质存在相关性；康山站监测点水质与昌江入湖口、信江东入湖口、抚河入湖口、信江西入湖口监测点水质存在显著相关性，与赣江主支入湖口监测点水质存在相关性；棠阴站监测点水质与昌江入湖口、信江西入湖口、修河入湖口监测点水质存在显著相关性，与乐安河入湖口、信江东入湖口和赣江主支入湖口监测点水质存在相关性；都昌站监测点水质与昌江入湖口、乐安河入湖口、信江西入湖口、修河入湖口监测点水质存在显著相关性，与信江东入湖口和赣江主支入湖口监测点水质存在相关性；星子站监测点水质与信江西入湖口、修河入湖口监测点水质存在显著相关性，与信江东入湖口和赣江主支入湖口监测点水质存在相关性；湖口站监测点水质与昌江入湖口、信江西入湖口、赣江主支入湖口监测点水质存在显著相关性，与抚河入湖口和修河入湖口监测点水质存在相关性。从鄱阳湖监测点的水质与河流入湖口监测点水质的相关性可以看出，鄱阳湖水质与五河入湖口水质状况具有直接关系，五河入湖口水质状况决定着鄱阳湖水质状况。

表 1.12　鄱阳湖水质和五河入湖口水质相关性

站点	鄱阳站	龙口站	康山站	棠阴站	都昌站	星子站	湖口站
昌江入湖口	0.620**	0.551**	0.643**	0.543**	0.625**	0.306	0.539**
乐安河入湖口	0.769**	0.605**	0.130	0.492*	0.599**	0.383	0.349
信江东入湖口	0.418*	0.455*	0.513**	0.401*	0.391*	0.477*	0.310
赣江南入湖口	−0.158	0.045	0.187	−0.004	0.029	−0.054	0.296
抚河入湖口	0.183	0.320	0.653**	0.199	0.375	0.063	0.388*
信江西入湖口	0.405*	0.503**	0.770**	0.571**	0.578**	0.557**	0.624**
赣江主支入湖口	0.240	0.279	0.429*	0.455*	0.451*	0.431*	0.708**
修河入湖口	0.476*	0.504**	0.294	0.592**	0.600**	0.774**	0.467*

**和*分别表示在 0.01 和 0.05 水平（双侧）上显著相关。

4）鄱阳湖水质的影响因素分析。综合表 1.10～表 1.12 可以看出，影响鄱阳湖水质的主要因素是五河监测点以下河流的水质状况。近年来，环鄱阳湖区社会经济发展较快，工农业产业增速较快，在经济较快发展时，污染物的排放量有所增加。快速发展的工农业导致大量的废水、固体废弃物没有及时无害化处理，使其在没有达标的情况下进入了鄱阳湖周边的河流，特别是近年来鄱阳湖周边的畜禽养殖业和水产养殖业发展迅猛，畜禽粪便未进行合理处理，在雨水冲刷下进入鄱阳湖，从而影响河流水质，进而影响鄱阳湖的水质。

4. 鄱阳湖湿地水质的基本特征、结论及保护措施

（1）鄱阳湖湿地水质的基本特征

水质监测数据显示，鄱阳湖水质主要污染物为总磷和氨氮。有关部门的调查结果表明，赣江主支入湖口、赣江南支入湖口水域水质主要受外洲以下南昌市及沿岸乡镇工业废水、生活污水的影响；昌江入湖口水域水质主要受渡峰坑以下沿岸乡镇工业废水、生活污水的影响；乐安河入湖口水域水质主要受石镇街以上来

水水质的影响；抚河入湖口水域水质主要受李家渡以下沿岸乡镇工业废水、生活污水的影响；信江东入湖口、信江西入湖口水域水质主要受梅港以下沿岸乡镇工业废水、生活污水的影响；修河入湖口水域水质主要受永修以下沿岸乡镇工业废水、生活污水的影响；鄱阳站水域水质主要受乐安河入湖口、昌江入湖口来水，以及鄱阳县城工业废水、生活污水的影响；龙口站水域水质主要受鄱阳站来水的影响；康山站水域水质主要受信江西入湖口、赣江南入湖口、抚河入湖口来水水质的影响；棠阴站水域水质主要受康山站、龙口来站水水质的影响；都昌站水域水质受都昌县城工业废水、生活污水的影响；星子站水域水质受星子县城工业废水、生活污水的影响；湖口站是鄱阳湖注入长江的通江口，其水质主要受鄱阳湖水环境总体水质影响。

（2）鄱阳湖湿地水质的结论

综合以上分析结果，我们得出以下结论。

1）近年来，鄱阳湖水质变化比较明显，水质状况有逐年恶化的趋势，鄱阳湖水质的急剧变化，势必影响鄱阳湖湿地生态系统的结构与功能。

2）鄱阳湖水质主要污染物为总磷和氨氮，污染物的来源主要是鄱阳湖周边地区的工业废水、生活污水。

3）鄱阳湖水质受到污染的时间主要是枯水期（1～4 月和 10～12 月），丰水期（5～9 月）水质超标的比例较低，这主要是丰水期水量调节对污染物稀释的结果，并不代表鄱阳湖水质年内受污染水平的变化。

鄱阳湖周边地区是江西省人口集中和经济较发达的区域，人口总量占江西省的 50%，年地区生产总值占全省的 60%以上。2009 年，国家发展和改革委员会批准了《鄱阳湖生态经济区规划》，鄱阳湖地区的社会经济发展在大规模的投资驱动下，进入了快速轨道（国家发展和改革委员会，2011）。然而，经济发展过程中，生态环境保护措施的缺失或者滞后，势必造成对自然资源和生态环境的破坏。自然资源和生态环境的退化或消失具有不可逆性，特别是自然湿地的丧失，将是不可弥补的（de Groot，2006）。

（3）鄱阳湖水环境的保持措施

我们认为，要保护鄱阳湖的水环境需要实施以下措施。

1）对鄱阳湖周边地区的工业废水和生活污水进行达标处理，从源头上遏制污染物的扩散。

2）构建环鄱阳湖生态控制带，在鄱阳湖周边一定区域里，禁止建设工厂、矿山和具有污染性质的服务业基础设施。

3）建立鄱阳湖统一协调管理机构，制定鄱阳湖保护规划，颁布鄱阳湖保护法律，从体制机制上加大鄱阳湖保护的治理力度。

1.1.7　鄱阳湖湿地生态系统特征

1. 鄱阳湖湿地生态系统空间特征

（1）鄱阳湖湿地植被景观特征

鄱阳湖季节性水位变化引起的湖滩洲地的周年水陆交替现象，会导致草洲植被类型呈现出季节性交替。在枯水期，洲滩出露，出现以薹草为主体的湿生植物群落和以芦苇、荻为主体的挺水植物群落；在丰水期，洲滩淹没，形成以眼子菜、苦草、黑藻为主体的沉水植物群落和以菱、荇菜为主体的浮叶植物群落。

（2）鄱阳湖湿地景观演替特征

长期以来，由于鄱阳湖与长江的洪水水位高低对比关系的更替、入湖水量与泥沙进入量的变化，以及人类的围垦活动等自然和人文因素的影响，鄱阳湖呈现波浪形演变规律，鄱阳湖湿地面积随着人类活动和江湖关系的变化而变化。首先，人与水争地，引起湖泊萎缩，调蓄能力下降。其次，水与人为患，在汛期，水位上涨，引起围垸溃堤，人类生命财产受损，溃垸回归湖泊。再次，江湖关系改变，从"湖高江低"演变为"江高湖低"，导致江中泥沙倒灌入湖泊，泥沙淤积加剧，洲滩扩张，为围垸提供良好的条件。最后，实行"退田还湖、平垸行洪、移民建镇"的策略，增大湖泊面积和容积。

1）16～18m，位于天然堤高漫滩地上部和中部，平均每年显露天数为 272～305.5 天，为荻+芦苇+菊叶委陵菜群落带，蚌湖断面宽达 360～400m。该带发育草甸土，枯水期地下水位在 1.5～1.7m，土壤呈氧化状态。该带退水早，连续显露时间长，光照充足，植物生长茂密，是草食性和草、昆虫杂食性候鸟觅食的场所。在断面各植被群落带中，因荻和芦苇植株高，一般达 1.5～2.5m，有利于候鸟隐避，在此觅食的候鸟主要有白额雁、大鸿、麦鸡、鹨类、云雀等。然而，该带因显露早、地势稍高、离居民点近、人类经济活动频繁，会影响候鸟觅食、栖息。

2）14.2～15.9m，位于天然堤高漫滩中部、下部，平均每年显露 169.5～271.5 天，为薹草群落带，宽达 290～360m，是湿地最主要的天然草场。该带发育草甸沼泽土，枯水期地下水位浅，低处仅为 10～20m，土坡呈弱氧化状态。该带植物群落为薹草单优势种，生长茂密，单位面积生物量为 1716g，是当地牧草、柴薪和绿肥的主要来源。每年 3～5 月涨水期间是本地主要经济鱼类（鲤鱼）的产卵场，退水后秋冬期间也是草食性和杂食性候鸟栖息、觅食的场所。在此分布的珍禽除了在高漫滩上部常见的一些物种外，栖息觅食的主要物种有白鹤、白枕鹤、白鹳、白头鹤、灰鹤、黑鹳、苍鹭、鹬类、白琵鹭和野鸭等。

3）13.8～14.1m，位于天然堤侧缘坡的低漫滩部位，地势低，平均每年淹没时间为 195.5～350 天，为竹叶眼子菜+苦草沉水植物群落带，因地面坡度仅为 0°4′05″，故断面宽达 600m，群落覆盖度一般为 60%～80%，发育较好的达 90%以上，单位面积生物量为2010g。该带上部，高程14.0～14.1m处，短时间显露期间，有片状或斑状分布的蓼子草介入。下部 13.8～14.0m 高程处，地势低，常受到枯水期低水位波动的影响，植被稀疏，泥质裸露，称为泥滩。该带为枯水期水位波动带，秋冬期间水浸部位一般不超过30cm，氧气充足，有利于螺、蚌等软体动物生长，退水后原沉水植物地面以上茎叶很快腐烂，但仍有很发达的地下根芽。以苦草和竹叶眼子菜为优势种的繁殖芽，埋深10～15cm，是草食性候鸟最喜掘食的对象。因此，本带既满足了食性以动物为主的候鸟的需要，也满足了植物性和杂食性珍禽觅食、栖息的需要。主要分布的珍禽除了鹤类、鹳类、鸡类、鹬类、白琵鹭等外，还有天鹅、鸿雁、鹈鹕和鸥类。

4）13.8m以下水域，为常年淹水区，除13.0～13.8m高程有不到30天的时淹时显外，13.0m以下全年处于水下，是本区最典型的沉水植物带，即竹叶眼子菜+苦草+黑藻群落带。植被覆盖度一般为 80%，部分水域达 95%，单位面积生物量达2300g，分布面积大，总生物量高。以蚌湖为例，其总生物量为87 860t，占湿地植被总生物量的 47.1%，因全年淹水，植被水下立地条件仍基本保持原状沉积物的特点。苦草和竹叶眼子菜根系深埋10～15cm，其繁殖芽是鹤类、天鹅等掘食的对象，在该带觅食的珍禽主要有白鹤、白枕鹤、白鹳、天鹅、鸿雁、鹈鹕和鸥类。湖心深水区由于远离人类活动区，往往成为各种珍禽主要休息和夜宿的场所。鄱阳湖是世界重要湿地，生物种类极其丰富。鄱阳湖湿地每年吸引来自西伯利亚等地区数以十万计的水禽前来越冬，包括白鹤、白枕鹤、白头鹤、灰鹤、东方白鹳、小天鹅等候鸟约155种。其中属国家Ⅰ级重点保护的候鸟有10种，Ⅱ级重点保护的候鸟有44种。目前全球共有鹤类15种，分布在我国境内的有9种，而鄱阳湖就有4种。鄱阳湖是白鹤主要越冬地，越冬种群数量超过了总数量的95%。鄱阳湖鱼类占我国淡水鱼类种数的 16.39%，占长江水系鱼类种数的 36.76%，占江西鱼类种数的66.34%；湖中还有国家重点保护的白鳍豚、江豚、中华鲟、鲥鱼、胭脂鱼等珍稀水生野生动物，被誉为长江渔业资源的宝库和鱼类种质基因库，在长江流域渔业生态体系中占有十分重要的位置（《鄱阳湖研究》编委会，1988）。

2. 鄱阳湖湿地生态系统功能特征

鄱阳湖湿地生态系统呈现以下主要特征：①多类型湿地的复合体。鄱阳湖生态系统包含众多中小湖泊、河道、碟形洼地、沙滩、泥滩、草滩等多类型湿地。这种多类型湿地的复合体体现了非地带性的特点，在空间分布上表现出跨地带性、间断性和随机性，构成了鄱阳湖湿地生态系统的复杂性。②动态变化的统一体。鄱阳湖湿地生态系统处于动态变化之中，且鄱阳湖湿地的变化幅度在淡水湿地中十分罕见。水位和水域面积的变化造成鄱阳湖天然湿地各类型之间的动态变化，使其呈现水陆相交替出现的生态景观，整个鄱阳湖天然湿地系统处在年复一年的有规律波动之中。“高水是湖，低水似河”，“洪水一片，枯水一线”是鄱阳湖的典型特征。③开放型的系统。鄱阳湖水系是一个完整、相对独立的水系单元，流域面积为 16.2 万 km^2；鄱阳湖水系下垫面为长江，河湖径流和水位还受流域面积达 100 万 km^2 的长江水的影响，因此，鄱阳湖生态系统受整个大系统的影响。这充分表明，鄱阳湖生态系统是一个开放型的大系统，系统内外存在大量的物质、能量、信息的流动和交换。

1.2　鄱阳湖湿地周边社会经济概况

1.2.1　行政区划

鄱阳湖湿地周边主要有 11 个县（市、区）其概况见表 1.13。

表 1.13　鄱阳湖湿地周边县（市、区）概况

县（市、区）	所属地区	土地面积/km^2	湿地面积/km^2	湿地占比/%
新建区	南昌市	2193	437	20
南昌县	南昌市	1817	129	7
进贤县	南昌市	1971	171	9
余干县	上饶市	2336	395	17
鄱阳县	上饶市	4215	613	15
都昌县	九江市	2670	735	28
湖口县	九江市	669	89	13
濂溪区	九江市	370	81	22
德安县	九江市	863	0	0
庐山市	九江市	894	201	22
永修县	九江市	2035	454	22

1.2.2　人口资源概况

鄱阳湖湿地周边的 11 个县（市、区）2015 年人口数约 728 万，人口密度约为 364 人/km^2。

1.2.3　经济概况

2015 年，鄱阳湖区生产总值约为 2278 亿元，人均地区生产总值约为 31 200 元。城镇居民人均可支配收入约为 22 800 元，农村居民人均纯收入约为 10 500 元，表明鄱阳湖区城乡收入差别大，农村尤其是沿湖一带的农村仍然比较贫困，与山区一样被边缘化。近年来，鄱阳湖周边县市年捕捞量呈现减少趋势，表明渔业资源对周边居民的生计的支撑作用在减弱（表 1.14）。

表 1.14　鄱阳湖湿地周边县（市、区）年捕捞量　　单位：t

县(市、区)	2004 年	2005 年	2006 年	2007 年	2008 年	2009 年	2010 年	2011 年	2012 年	2013 年
南昌县	15 504	15 092	4460	4363	3667	4597	8793	7034	7235	7189
新建县	3425	6411	4659	5259	5766	6609	5800	4700	5123	5843
进贤县	7658	11 130	7792	7708	7708	7628	17 566	16 223	15 537	15 574
庐山区	1661	1612	1632	1554	1637	1470	1734	1056	978	870
九江县	1078	1604	1634	1754	2001	1502	2323	1678	1850	1650
德安县	475	384	507	766	650	586	857	731	705	692
星子县	7570	7820	6820	7742	7236	7236	8583	5495	5182	5190
都昌县	13 544	8768	9642	7742	7236	5693	8583	5495	5182	5190
湖口县	3757	3978	4226	7742	7236	5094	8583	5495	5182	5190
余干县	7070	6520	6450	6492	6040	6130	8360	7996	8389	8355
鄱阳县	8975	11 975	9430	13 845	12 093	9364	13 759	10 695	11 508	11 524
永修县	4258	4424	3591	3533	3725	3497	4299	3638	3848	3786

资料来源：江西省水产科学研究所。

注：新建县 2015 年改为新建区，庐山区、星子县 2016 年分别改为濂溪区、庐山市，九江县 2017 年改为柴桑区，因此此处仍沿用原名。

1.2.4　文化概况

鄱阳湖周边历史文化底蕴深厚，是中国水稻人工栽培的发源地，鱼俗文化、青铜文化、陶瓷文化辉煌璀璨，书院文化鼎盛，如庐山脚下的白鹿洞书院居“中国四大书院”之首。鄱阳湖区还有彪炳史册的战争事件，军事文化浓烈：三国时代，“羽扇纶巾”的周瑜坐镇柴桑（今江西省九江市柴桑区一带），训练水师，后来挥师西上，在赤壁打败曹操数十万大军。元朝末期，朱元璋与陈友谅在鄱阳湖展开决战，为朱元璋建立明王朝奠定了基础。近现代的太平军在湖口粉碎清军水陆进攻，取得“湖口大捷”。1938 年，在武汉会战中中国军队取得“万家岭大捷”。1949 年 4 月，中国人民解放军在西起湖口、东至靖江的千里战线上发起了“渡江战役”。鄱阳湖区商业文化繁盛，早在上古商周时代，鄱阳湖就是先民南北交流活动中重要的交通要道，当时干越人就是由鄱阳湖水道进入中原的。修水县的吴城镇享有“装不尽的吴城，卸不完的汉口”的美誉，足见鄱阳湖水道在水运交通时代的显要地位（刘礼明，2012）。

第 2 章　鄱阳湖湿地景观变化

水位的变化造成鄱阳湖天然湿地各类型之间的动态变化，水位高时以湖泊为主体，水位低时以草洲为主体，呈现水陆相交替出现的景观，整个自然湿地处在年复一年的有规律的波动之中。季节性的水位落差形成大量的适宜候鸟觅食、栖息的洲滩，使鄱阳湖成为亚洲最大的候鸟越冬地，在全球候鸟保护事业中具有举足轻重的地位。

根据星子站的长期水文资料（1950～2010 年）（本章水位均采用吴淞高程），鄱阳湖水位随季节变化一般在 7.1～22.4m 的区间波动，枯水期是每年 10 月至次年 3 月，最低水位为 7.02m（发生在 2004 年 2 月 4 日）；丰水期为每年的 4～9 月，最高水位为 22.43m（发生在 1998 年 8 月 2 日）；夏季的 7 月与冬季的 1 月多年平均水位相差 8.7m，最大相差 12.84m。根据鄱阳湖的长期水文特征，分别选取枯水期水位 8m 和 10m、平水期水位 13m、丰水期水位 18m 四个代表性水位，从 20 世纪 80 年代到 21 世纪 10 年代每个年代选择一景代表性影像，来分析相同或相近水位下鄱阳湖天然湿地景观长期的变化特征。

2.1　鄱阳湖湿地景观变化研究的材料与方法

2.1.1　湿地景观分类体系

由于湿地和水域、陆地之间没有明显边界，加上不同学科对湿地的研究重点不同，湿地的定义一直存在分歧。在狭义上，湿地一般被认为是陆地与水域之间的过渡地带。本书与《湿地公约》一致，采用湿地的广义定义。

根据鄱阳湖湿地的实际情况和《湿地公约》的定义，并根据景观的不同（表 2.1），将鄱阳湖湿地大体分为 3 个一级分类：水域、水陆过渡区、陆地洲滩，在一级分类下将水域细分为深水（水深 40cm 以上）和浅水，洲滩又细分为泥滩、沙滩和草洲，水陆过渡区包含紧邻水域的泥滩与沙滩（图 2.1）。

表 2.1 鄱阳湖天然湿地类型及景观表征（景观类型）

湿地类型		景观表征（景观类型）
湖泊湿地	永久性深水湖泊湿地 永久性浅水湖泊湿地 季节性淹水湖泊湿地	水域
河流湿地	永久性河流	水域
沼泽湿地	芦苇+荻高草丛沼泽湿地 苔草矮草丛沼泽湿地	草洲或浅水
草甸湿地	杂类草草甸湿地	草洲
泥滩	泥滩	泥滩
沙滩	沙滩	沙滩

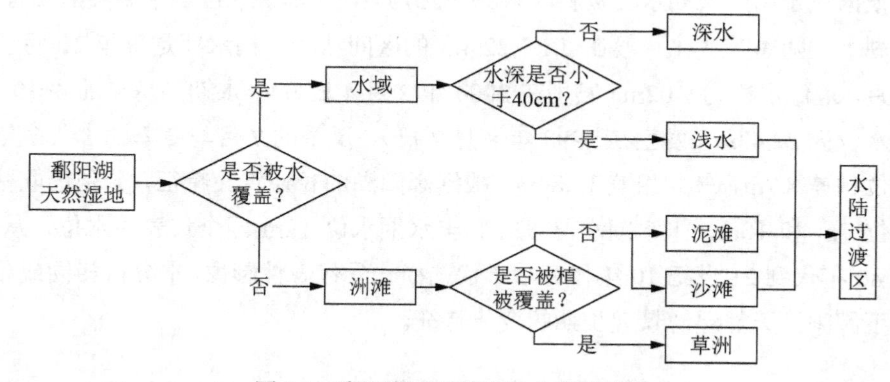

图 2.1 鄱阳湖区天然湿地分类体系图

鄱阳湖适宜鸟类取食的浅水区域水深为 40～60cm（胡振鹏，2012；吴建东等，2013）

2.1.2 遥感数据选择

选择美国的陆地卫星数据（像幅 185km×185km，波段组合为 432）进行鄱阳湖天然湿地景观长期变化分析，Landsat TM 卫星数据光谱特征见表 2.2（Iron et al.，2012；徐涵秋等，2013；姜高珍等，2013）。依据星子站长期水文观测资料，分别选取 1970～1979 年、1980～1989 年、1990～1999 年、2000～2009 年、2010～2015 年代表性遥感影像各 1 景（所用的影像数据见表 2.3），将湿地景观类型分为水域（利用湖底 DEM 细分为深水与浅水）、泥滩、沙滩、草洲进行解译，形成 8m、10m、13m 和 18m 四个水位系列、每个系列 4～5 个时相的长时期湿地景观分类图，据此分析相同或相近水位下天然湿地景观类型在长时期范围内的变化特征。

表 2.2　Landsat TM 卫星数据光谱特征

波段号	光谱范围/μm	波段特征	空间分辨率/m
1	0.45～0.52	蓝波段，对水体穿透强，对叶绿素与叶色素反应敏感，有助于判别水深和水中叶绿素分布及水中是否有水华等	30
2	0.52～0.60	绿波段，对健康茂盛植物的反射敏感，用于探测健康植物绿色反射率，按绿峰反射评价植物的生活状况，区分林型、树种和反映水下特征	30
3	0.62～0.69	红波段，即叶绿素的主要吸收波段，反映不同植物叶绿素吸收光波、植物健康的状况，用于区分植物种类与植物覆盖率，其信息量大多为可见光最佳波段，广泛用于地貌、岩性、土壤、植被、水中泥沙等方面	30
4	0.76～0.96	近红外波段，对绿色植物类别差异最敏感，为植物通用波段，用于目视调查、作物长势测量、水域测量	30
5	1.55～1.75	中红外波段，处于水的吸收波段，一般 1.4～1.9μm 反映含水量，用于土壤湿度及植物含水量调查、水分散研究、作物长势分析，从而提高了区分不同作用长势的能力，易于反映云与雪的情况	30
6	10.4～12.5	热红外波段，该波段对地物热量辐射敏感。可以根据辐射响应的差别，监测与人类活动有关的热特征，进行热制图	120
7	2.08～2.35	中红外波段，是专为地质调查追加的波段	30

表 2.3　鄱阳湖天然湿地景观长期变化分析采用的遥感影像　　单位：m

特征水位	枯水期代表性水位 8m	枯水期代表性水位 10m	平水期代表性水位 13m	丰水期代表性水位 18m
1970～1979 年			12.98（1976-10-06）	
1980～1989 年	7.87（1987-01-31）	9.96（1983-01-28）	12.65（1983-11-28）	18.34（1984-08-02）
1990～1999 年	8.58（1993-01-31）	10.21（1993-03-12）	12.89（1991-10-25）	18.22（1996-09-04）
2000～2009 年	7.94（2006-12-29）	9.80（2000-01-27）	12.91（2000-05-10）	18.27（2005-09-13）
2010～2015 年	7.90（2010-01-13）	9.91（2012-01-25）	12.71（2012-10-18）	18.50（2012-08-19）
所选择影像最大水位差	8.58−7.87=0.71	10.21−9.80=0.41	12.98−12.65=0.33	18.50−18.22=0.28

注：水位为星子站水位（吴淞高程，冻结基面以上）。

2.1.3　景观格局分析方法

景观格局指数是指能够高度浓缩景观空间格局信息、反映其结构组成和空间配置等方面特征的简单定量指标（邬建国，2000）。景观格局指数可分为斑块水平指数、斑块类型水平指数和景观水平指数 3 个层次。景观格局变化分析的主要指标包括（肖复明等，2010）景观斑块特征指标（斑块分维度、斑块形态指数、景观形态指数）、景观异质性指标（多样性指数、均匀度指数、优势度指数、多度、重要度）、景观空间构型指数（景观破碎度指数、景观分离度指数、空间邻接度指数）。本着总体性、常用性及简单化原则，本章在湿地景观格局分析中选用 12 个指数：斑块数量（NP）、平均斑块面积（MPS）、最大斑块指数（LPI）、景观百分比（PLAND）、斑块分维度（FRAC）、景观破碎度（*F*）、优势度指数（*D*）、香农多样性指数（SHDI）、香农均度指数（SHEI）、散布与并列指数（IJI）、蔓延度指数（CONTAG）、聚集度指数（AI），各指数的计算公式及生态学意义见表 2.4（McGarigal et al.，2012）。所有指数采用景观生态学的分析软件 Fragstats 4.0 进行计算。

表 2.4　景观格局分析的主要指标

景观指数	计算公式	说明
斑块数量（NP）	$\mathrm{NP}=n\ (\mathrm{NP}\geqslant 1)$ 式中，n 为景观中所有斑块的总数。NP 在类型级别上等于景观中某一拼块类型的拼块总个数；在景观级别上等于景观中所有的拼块总数	NP 反映景观的空间格局，经常被用来描述整个景观的异质性，其值的大小与景观的破碎度也有很好的正相关性，一般规律是 NP 大，破碎度高；NP 小，破碎度低。NP 对景观中各种干扰的蔓延程度有重要的影响
平均斑块面积（MPS）	$\mathrm{MPS}=A/N$ 式中，A 为湿地景观中所有斑块的总面积（hm^2）；N 为湿地景观斑块数。平均斑块面积 MPS 取值范围：MPS>0，无上限	MPS 可以指征景观的破碎程度，一个具有较小 MPS 值的景观比一个具有较大 MPS 值的景观更破碎。研究发现 MPS 值的变化是反映景观异质性的关键
最大斑块指数（LPI）	$\mathrm{LPI}=\dfrac{\max\limits_{j=1}^{n} a_{ij}}{A}\times 100$ 式中，a_{ij} 为第 i 类第 j 个斑块的面积（m^2）；A 为总景观面积（m^2）。取值范围：$0<\mathrm{LPI}\leqslant 100$	LPI 等于某一斑块类型中的最大斑块占整个景观面积的比例，有助于确定景观的优势类型等。其值的大小决定着景观中的优势种、内部种的丰度等生态特征
景观百分比（PLAND）	$\mathrm{PLAND}=P_i=\dfrac{\sum_{j=1}^{n} a_{ij}}{A}\times 100$ 式中，P_i 为第 i 类景观类型在整个景观的比例；a_{ij} 为 p_{ij}（第 i 类第 j 个斑块）的面积（m^2）；A 为总景观面积（m^2）。取值范围：$0<\mathrm{PLAND}\leqslant 100$	PLAND 定量化了景观中每一斑块类型的丰富度比例。与类型面积（CA）一样，它测量在生态应用中起重要作用的景观组成。由于 PLAND 是相对测量，所以在不同景观总面积下，比较景观组成的面积比例时，PLAND 比类型面积（CA）更合适

续表

景观指数	计算公式	说明
斑块分维度（FRAC）	$$\mathrm{FRAC}=2\ln\left(\frac{P_{ij}}{4}\right)/\ln A_{ij}$$ 式中，P_{ij}为第i类第j个斑块的周长（m）；A_{ij}为第i类第j个斑块的面积（m^2）。取值范围：1≤FRAC≤2	FRAC用来描述景观镶嵌体的几何形状复杂性，是对斑块边缘复杂性的度量
景观破碎度（F）	$$F=\sum_{i=1}^{n}m_i/A$$ 式中，n为景观类型数；m_i表示第i类景观的总斑块数；A为景观的总面积（m^2）。取值范围：$F>0$	F表征景观被分割的破碎程度，反映景观空间结构的复杂性，在一定程度上反映了人类对景观的干扰程度。F值越大，表示景观越破碎。如果在仅计算景观中某类斑块的密度时，F值反映的是某类斑块的破碎度
优势度指数（D）	$$D=H_{\max}+\sum_{i=1}^{n}(P_i\ln P_i)$$ $$H_{\max}=\ln n$$ 式中，D为景观总体的优势度指数；$H_{\max}$为最大多样性；P_i为第i类景观所占面积比例；n为景观类型总数	D表示景观多样性相对最大多样性之间的偏差程度。优势度越大，表明偏差程度越大，一种或少数景观占优势；反之，则相反。优势度为0，表明景观各种组成类型比例均匀
香农多样性指数（SHDI）	$$\mathrm{SHDI}=-\sum_{i=1}^{n}(P_i\ln P_i)$$ 式中，P_i为第i类景观所占面积的比例；n为景观类型总数。取值范围：SHDI≥0，无上限	SHDI反映景观类型的多少和各类景观类型所占比例的变化。SHDI值越大，则景观多样性越大；当景观是由单一要素构成时，景观为匀质，多样性为0
香农均度指数（SHEI）	$$\mathrm{SHEI}=\frac{-\sum_{i=1}^{m}(P_i\ln P_i)}{\ln m}$$ 式中，P_i为第i类斑块占景观面积的比例；m为斑块类型数量。取值范围：0≤SHEI≤1，SHEI=0表明景观仅由一种拼块组成，无多样性；SHEI=1表明各拼块类型均匀分布，有最大多样性	SHEI与SHDI是比较不同景观或同一景观不同时期多样性变化的有力指数。SHEI与优势度指数D之间可以相互转换（即SHEI=1−D），即SHEI值较小时优势度一般较高，反映出景观受到一种或少数几种优势斑块类型所支配；SHEI趋近1时优势度低，说明景观中斑块类型没有明显的优势类型且在景观中均匀分布
散布与并列指数（IJI）	$$\mathrm{IJI}=\frac{-\sum_{i=1}^{m}\sum_{k=i+1}^{m}\left[\left(\frac{e_{ik}}{E}\right)\cdot\ln\left(\frac{e_{ik}}{E}\right)\right]}{\ln(0.5m(m-1))}\times 100$$ 式中，e_{ik}为与类型为k的斑块相邻的斑块的边长（m）；E为景观中所有斑块边长的总长度；m为景观中存在的斑块类数（包括景观边界处）。单位：百分比。取值范围：IJI取值接近于0，表明斑块类型i仅与1种其他类型相邻接，且斑块总数增多；IJI=100表明各斑块间毗邻的边长是均等的，即各斑块间的毗邻概率是均等的	IJI在景观级别上计算各个斑块类型间的总体散布与并列状况，是描述景观空间格局重要的指标之一。IJI对受到某种自然条件严重制约的生态系统的分布特征反映显著，如山区的各种生态系统严重受到垂直地带性的作用，其分布多呈环状，IJI值一般较低；而干旱区中的许多过渡植被类型受制于水的分布与多寡，彼此邻近，IJI值一般较高

续表

景观指数	计算公式	说明
蔓延度指数（CONTAG）	$$\text{CONTAG}=\left[1+\frac{\sum_{i=1}^{m}\sum_{k=1}^{m}\left(P_i\cdot\frac{g_{ik}}{\sum_{k=1}^{m}g_{ik}}\right)\ln\left(P_i\cdot\frac{g_{ik}}{\sum_{k=1}^{m}g_{ik}}\right)}{2\ln m}\right]\times 100$$ 式中，P_i 为第 i 类斑块类型面积占总面积的比例；g_{ik} 为基于双数方法（double-count method）计算的第 i 类和第 k 类斑块相邻的像元数；m 为景观中的斑块总数。单位：百分比。范围：0<CONTAG≤100	CONTAG 指标描述的是景观里不同斑块类型的团聚程度或延展趋势。一般来说，高蔓延度值说明景观中的某种优势斑块类型形成良好的连接性；反之，则表明景观是具有多种要素的密集格局，景观的破碎化程度较高
聚集度指数（AI）	$$\text{AI}=\left[\sum_{i=1}^{m}\left(\frac{g_{ii}}{\max\to g_{ii}}\right)P_i\right]\times 100$$ 式中，g_{ii} 为基于单数方法（single-count method）计算的第 i 类斑块同类相邻的像元数；$\max\to g_{ii}$ 为基于单数方法计算的第 i 类斑块同类相邻的最大像元数；P_i 为第 i 类斑块类型面积占总面积的比例。单位：百分比。取值范围：0≤AI≤100	AI 反映景观中不同斑块类型的非随机性或聚集程度。AI 利用邻接矩阵计算，邻接矩阵中给出了不同对斑块类（包括同类相邻数）的频率。此指数测量目标斑块类的聚集程度

2.1.4 数理统计方法

相关分析是研究现象之间是否存在某种依存关系，并对具体有依存关系的现象探讨其相关方向及相关程度，是研究随机变量之间的相关关系的一种统计方法。两个研究变量之间的线性相关程度用 Pearson 相关系数（r）来定量描述。

正相关：如果 x、y 变化的方向一致，如身高与体重的关系，$r>0$；一般来说，$|r|>0.95$ 表明存在显著性相关；$0.8\leqslant|r|\geqslant0.95$ 表明高度相关；$0.5\leqslant|r|<0.8$ 表明中度相关；$0.3\leqslant|r|<0.5$ 表明低度相关；$|r|<0.3$ 表明关系极弱，认为不相关。

负相关：如果 x、y 变化的方向相反，如吸烟与肺功能的关系，$r<0$。

无线性相关：$r=0$。

回归分析是一种统计学上分析数据的方法，目的在于了解两个或多个变量间是否相关、相关方向与强度，并建立数学模型以便观察特定变量来预测研究者感兴趣的变量。回归分析应用十分广泛，它按照涉及的自变量的多少，可分为一元回归分析和多元回归分析；按照自变量和因变量之间的关系类型，可分为线性回归分析和非线性回归分析。

本章采用 SPSS 19 软件和 Microsoft Excel 2010 来完成数理统计分析（米红等，2000；王苏斌等，2003；Norusis，2012）。

2.2 研究结果与分析

2.2.1 星子站水位为 8m 时天然湿地景观的长期变化

从长期的湖泊水位变化情况来看，在星子站水位为 8m 时，鄱阳湖处于极端枯水期，湖水归入河槽，湖泊水面缩小到一个很小的范围，仅棠阴东北方和松门山以南存有大范围水面（可扫描二维码浏览图片）。在这样的水位情况下，从 20 世纪 80 年代到 21 世纪 10 年代，水体面积仅为整个景观面积的 25%～30%，草洲面积占整个景观面积的 24%～44%，泥滩面积占整个景观面积的 27%～46%（表 2.5）；但是，从景观类型的 MPS 和 LPI 来看，除个别年份，水体和草洲的 MPS 和 LPI 显著大于泥滩和沙地的 MPS 和 LPI（图 2.2 和图 2.3）；另外，SHEI 大于 0.8，优势度较低，也说明景观中没有特别明显的优势类型。因此，从景观类型面积和 LPI 综合分析，在枯水期星子站水位为 8m 时，水体在鄱阳湖湿地景观中并不处于绝对优势地位，而是与草洲、泥滩一起构成鄱阳湖天然湿地的主要景观类型。从 F 和多样性的整体情况看（表 2.6、图 2.4），景观斑块的 CONTAG 略有增加，虽然各斑块类型的破碎度呈现不一致的差异性波动变化，但是整体 F 还是略有减少的；景观尺度上的 SHDI 基本不变，这表示湿地整体景观的多样性没有发生显著变化。

8m 水位时天然湿地景观的长期变化图

表 2.5　鄱阳湖天然湿地景观长期变化（星子站水位为 8m）

日期	水体		草洲		泥滩		沙地	
	面积/km²	比例/%	面积/km²	比例/%	面积/km²	比例/%	面积/km²	比例/%
1987-01-31	988.43	29.93	1223.13	37.04	1061.24	32.14	29.30	0.89
1993-01-31	918.51	27.82	795.37	24.09	1490.68	45.14	97.54	2.95
2006-12-29	978.31	29.63	1344.52	40.72	920.05	27.86	59.23	1.79
2010-01-13	825.60	25.00	1442.00	43.67	993.70	30.09	40.80	1.2

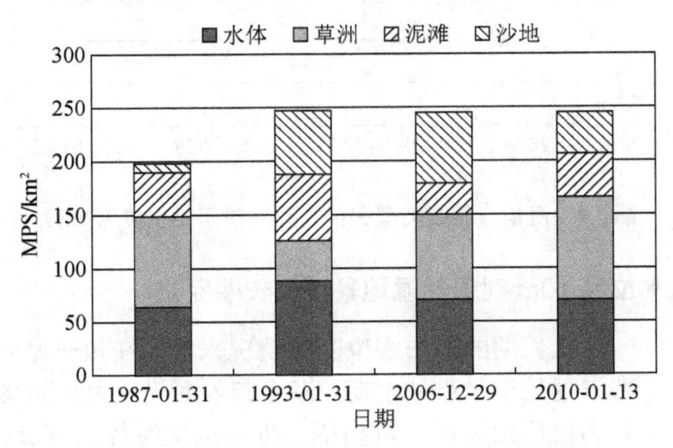

图 2.2　湿地各景观类型 MPS 的变化（星子站水位为 8m）

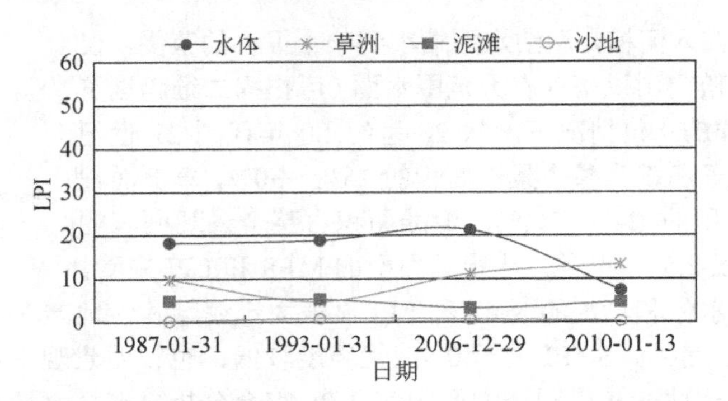

图 2.3 湿地各景观类型 LPI 的变化（星子站水位为 8m）

表 2.6 相近水位条件下鄱阳湖天然湿地的景观指数变化（星子站水位为 8m）

日期	斑块数量（NP）	景观破碎度（F）	平均斑块面积（MPS）	最大斑块指数（LPI）	蔓延度指数（CONTAG）	散布与并列指数（IJI）	香农多样性指数（SHDI）	香农均度指数（SHEI）	聚集度指数（AI）	星子站水位/m
1987-01-31	5925	1.79	55.77	18.18	47.36	60.86	1.14	0.82	91.81	7.87
1993-01-31	5746	1.74	57.51	18.81	45.00	49.52	1.16	0.84	89.97	8.58
2006-12-29	6341	1.92	52.08	21.23	46.80	59.92	1.15	0.83	91.85	7.94
2010-01-13	5239	1.58	63.10	13.34	48.76	51.75	1.13	0.81	92.41	7.90

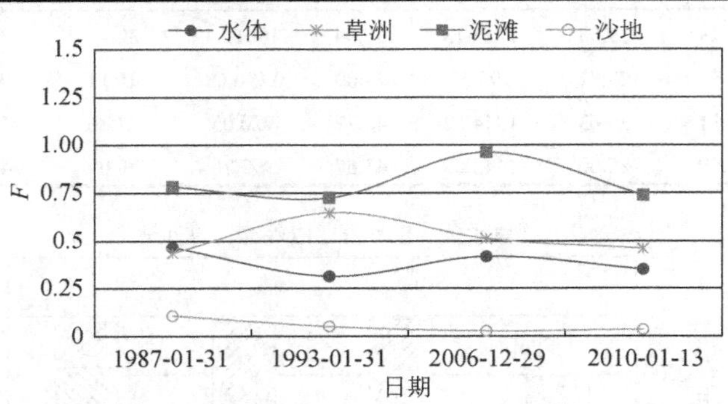

图 2.4 湿地各景观类型 F 的变化（星子站水位为 8m）

2.2.2 星子站水位为 10m 时天然湿地景观的长期变化

10m 水位时天然湿地的长期变化图

从长期的湖泊水位变化情况来看，在星子站水位为 10m 时，鄱阳湖处于一般枯水期，湖水归入河槽，大水面集中在棠阴东北方和松门山以南（可扫描二维码浏览图片）。在这样的水位情况下，从 20 世纪 80 年代到 21 世纪 10 年代，水体面积占整个景观面积的 29%～40%，草洲面积占整个景观面积的 22%～47%，泥滩面积占整个景观面积的 13%～47%（表 2.7）；SHEI 为 0.74～0.83，但比星子站水位为 8km 时略有下降，说明景观中仍没有特别明显的优势类型；从景观类型的 LPI 来看，水体的 LPI 显著大于草洲、泥滩和沙地的 LPI（图 2.5）。因此，从景观类型面积和 LPI 综合分析，在枯水期星子站水位为 10m 时，水体在鄱阳湖湿地景观中并不处于绝对优势地位，而是与草洲、泥滩一起构成鄱阳湖天然湿地的主要景观类型。从 *F* 和多样性的整体情况看（表 2.8、图 2.6 和图 2.7），景观斑块的 CONTAG 略有增加，各斑块类型的破碎度呈现波动增加的趋势，整体的 *F* 略有增加；景观尺度上的 SHDI 略有减小，这表示湿地整体景观的多样性也略有减弱。

表 2.7　鄱阳湖天然湿地景观长期变化（星子站水位为 10m）

日期	水体		草洲		泥滩		沙地	
	面积/km^2	比例/%	面积/km^2	比例/%	面积/km^2	比例/%	面积/km^2	比例/%
1983-01-28	988.79	29.94	741.85	22.47	1539.80	46.63	31.65	0.96
1993-03-12	1233.36	37.35	800.40	24.24	1237.27	37.47	31.07	0.94
2000-01-27	1179.87	35.73	1265.25	38.32	805.30	24.39	51.69	1.57
2012-01-25	1307.90	39.61	1521.46	46.08	459.96	13.93	12.78	0.39

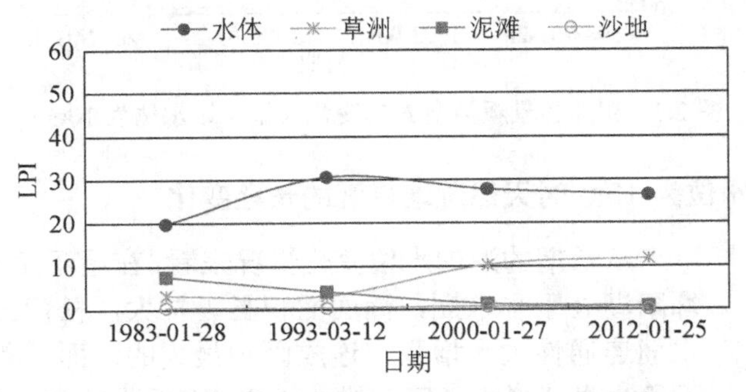

图 2.5　湿地各景观类型 LPI 的变化（星子站水位为 10m）

表 2.8　相近水位条件下鄱阳湖天然湿地的景观指数变化（星子站水位为 10m）

日期	斑块数量（NP）	景观破碎度（*F*）	平均斑块面积（MPS）	最大斑块指数（LPI）	蔓延度指数（CONTAG）	散布与并列指数（IJI）	香农多样性指数（SHDI）	香农均度指数（SHEI）	聚集度指数（AI）	星子站水位/m
1983-01-28	2256	0.68	146.36	19.73	45.18	53.01	1.10	0.79	87.62	9.96
1993-03-12	5594	1.69	59.07	30.67	47.88	51.29	1.12	0.81	91.41	10.21
2000-01-27	5210	1.58	63.38	27.82	48.78	63.02	1.14	0.83	93.27	9.8
2012-01-25	7324	2.22	45.09	26.45	52.16	59.20	1.02	0.74	91.96	9.91

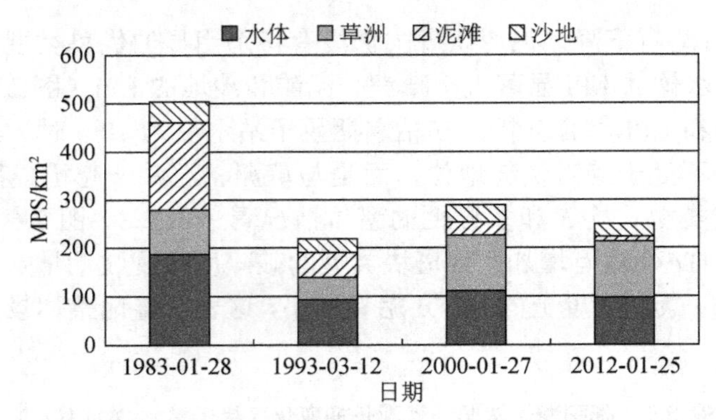

图 2.6　湿地各景观类型 MPS 的变化（星子站水位为 10m）

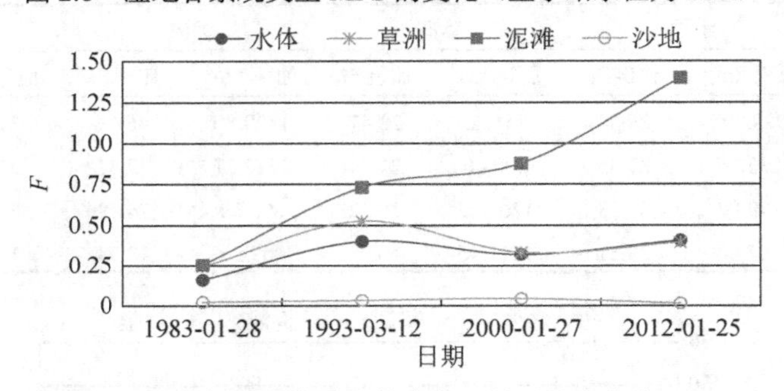

图 2.7　湿地各景观类型 *F* 的变化（星子站水位为 10m）

2.2.3　星子站水位为 13m 时天然湿地景观的长期变化

13m 水位时天然湿地景观的长期变化图

从长期的湖泊水位变化情况来看，在星子站水位为 13m 时，鄱阳湖处于平水期，湖面面积显著扩大，松门山南北两部分的水面连通性大大增强，连成面积最大的水面，其余湖汊的水体面积也显著增大（可扫描二维码浏览图片）。在这样的水位情况下，从 20 世纪 80 年代到 21 世纪 10 年代，水体面积占整个景观面积的 46%～63%，草洲面积占整个景观面积的 15%～31%，泥滩面积占整个景观面积的 5%～34%（表 2.9）。SHEI 为 0.62～0.84，但比水位为 10m 时略有下降，说明景观中出现了相对的优势类型；从景观类型的 LPI 来看，水体的 LPI 显著大于草洲、泥滩和沙地的 LPI（图 2.8）。因此，从景观类型面积、SHEI 和 LPI 综合分析，在平水期星子站水位为 13m 时，水体在鄱阳湖湿地景观中处于相对优势地位，并与草洲、泥滩一起构成鄱阳湖天然湿地的主要景观类型。从 *F* 和多样性的整体情况看（表 2.10、图 2.9 和图 2.10），景观斑块的 CONTAG 略有增加，各斑块类型的破碎度呈现先减后增的变化趋势，整体景观 *F* 略有增加；景观尺度上的 SHDI 也呈先减后增的变化趋势；从整体上讲，与 20 世纪 70 年代相比，湿地整体景观的多样性略有减弱。

表 2.9　鄱阳湖天然湿地景观长期变化（星子站水位为 13m）

日期	水体		草洲		泥滩		沙地	
	面积/km^2	比例/%	面积/km^2	比例/%	面积/km^2	比例/%	面积/km^2	比例/%
1976-10-06	1620.78	49.08	836.14	25.32	695.24	21.05	149.94	4.54
1983-11-28	1642.11	49.73	517.26	15.66	1094.24	33.14	48.49	1.47
1991-10-25	2001.09	60.60	841.78	25.49	430.65	13.04	28.58	0.87
2000-05-10	2080.18	63.00	1003.73	30.40	193.53	5.86	24.66	0.75
2012-10-18	1526.65	46.23	1012.15	30.65	740.06	22.41	23.24	0.70

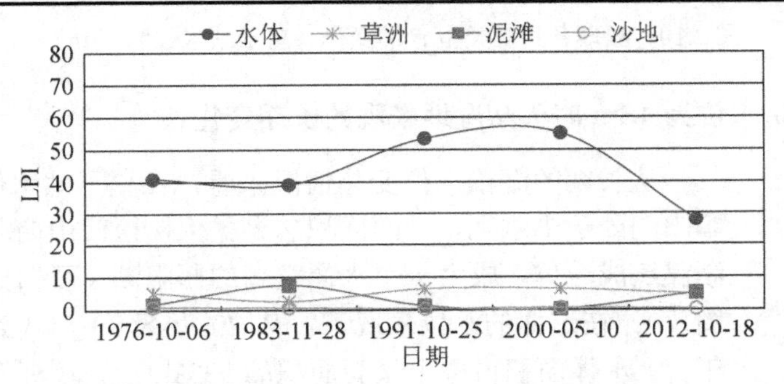

图 2.8　湿地各景观类型 LPI 的变化（星子站水位为 13m）

表 2.10　相近水位条件下鄱阳湖天然湿地的景观指数变化（星子站水位为 13m）

日期	斑块数量（NP）	景观破碎度（F）	平均斑块面积（MPS）	最大斑块指数（LPI）	蔓延度指数（CONTAG）	散布与并列指数（IJI）	香农多样性指数（SHDI）	香农均度指数（SHEI）	聚集度指数（AI）	星子站水位/m
1976-10-06	7304	2.21	45.21	41.00	48.14	77.56	1.17	0.84	93.41	12.98
1983-11-28	2344	0.71	140.86	39.12	48.24	63.14	1.07	0.77	89.72	12.65
1991-10-25	5458	1.65	60.55	53.42	56.06	67.99	0.96	0.69	93.60	12.89
2000-05-10	4451	1.35	74.19	55.12	61.71	64.62	0.86	0.62	95.03	12.91
2012-10-18	4431	1.34	74.52	27.88	51.76	59.18	1.09	0.79	93.94	12.71

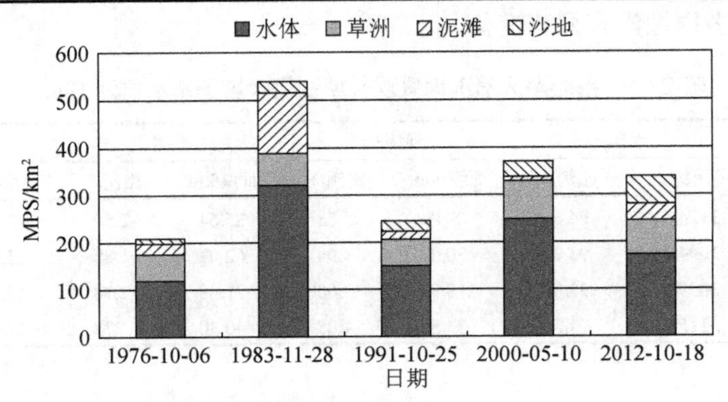

图 2.9　湿地各景观类型 MPS 的变化（星子站水位为 13m）

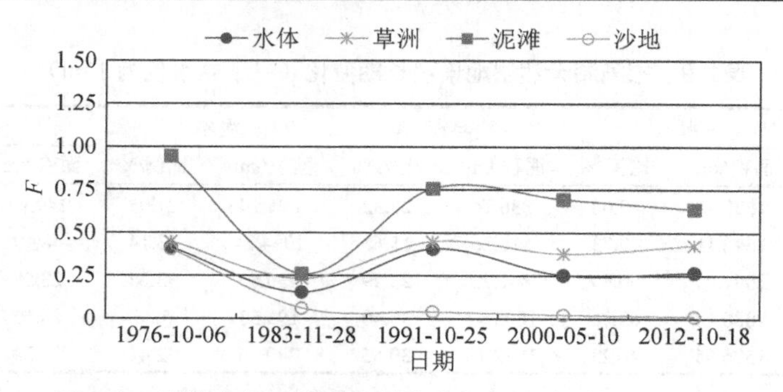

图 2.10　湿地各景观类型 F 的变化（星子站水位为 13m）

2.2.4　星子站水位为 18m 时天然湿地景观的长期变化

18m 水位时天然湿地景观的长期变化图

从长期的湖泊水位变化情况来看，在星子站水位为 18m 时，鄱阳湖处于丰水期，湖面面积急剧扩大，松门山南北水面、各个湖汊连成一体，成为一个水面宽阔的鄱阳湖（可扫描二维码浏览图片）。在这样的水位情况下，从 20 世纪 80 年代到 21 世纪 10 年代，水体面积占整个景观面积的 93%以上，草洲面积不足整个景观面积的 5%，泥滩、沙地的面积不足整个景观面积的 3%（表 2.11）；SHEI 降至 0.2 左右，这说明景观中出现了绝对占优的优势类型；从景观类型的 LPI 来看，水体的 LPI 远大于草洲、泥滩和沙地的 LPI，占据绝对优势（图 2.11）。因此，从景观类型面积、SHEI 和 LPI 综合分析，在丰水期星子站水位为 18m 时，水体在鄱阳湖湿地景观中处于绝对优势地位，是最主要的景观类型，草洲、泥滩、沙地零星分布在湖中岛屿和湖汊周边。从 F 和多样性的整体情况看（表 2.12、图 2.12 和图 2.13），从 20 世纪 80 年代到 21 世纪 10 年代，景观斑块的 CONTAG 没有明显变化，各斑块类型的破碎度呈现先减后增的变化趋势，整体景观 F 略有增加；景观尺度上的 SHDI 没有显著变化；从整体上讲，与 20 世纪 80 年代相比，湿地整体景观的多样性没有显著变化。

表 2.11　鄱阳湖天然湿地景观长期变化（星子站水位为 18m）

日期	水体		草洲		泥滩		沙地	
	面积/km^2	比例/%	面积/km^2	比例/%	面积/km^2	比例/%	面积/km^2	比例/%
1984-08-02	3124.43	94.62	78.48	2.38	85.64	2.59	13.55	0.41
1996-09-04	3094.46	93.71	130.09	3.94	62.02	1.88	15.53	0.47
2005-09-13	3099.11	93.85	118.99	3.60	71.88	2.18	12.12	0.37
2012-08-19	3115.55	94.35	133.58	4.05	40.30	1.22	12.66	0.38

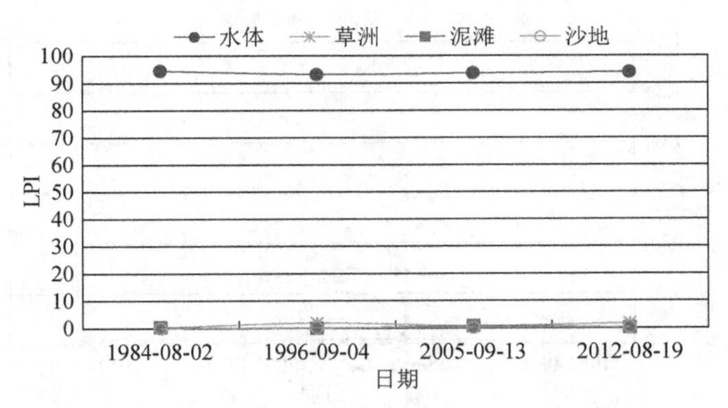

图 2.11　湿地各景观类型 LPI 的变化（星子站水位为 18m）

表 2.12　相近水位条件下鄱阳湖天然湿地的景观指数变化（星子站水位为 18m）

日期	斑块数量（NP）	景观破碎度（*F*）	平均斑块面积（MPS）	最大斑块指数（LPI）	蔓延度指数（CONTAG）	散布与并列指数（IJI）	香农多样性指数（SHDI）	香农均度指数（SHEI）	聚集度指数（AI）	星子站水位/m
1984-08-02	631	0.19	523.28	94.50	88.37	77.03	0.26	0.19	97.92	18.34
1996-09-04	1994	0.60	165.73	93.25	87.40	70.05	0.29	0.21	98.43	18.22
2005-09-13	2174	0.66	151.89	93.64	87.45	70.54	0.28	0.20	98.24	18.27
2012-08-19	1515	0.46	217.96	94.03	88.98	71.19	0.26	0.19	98.76	18.50

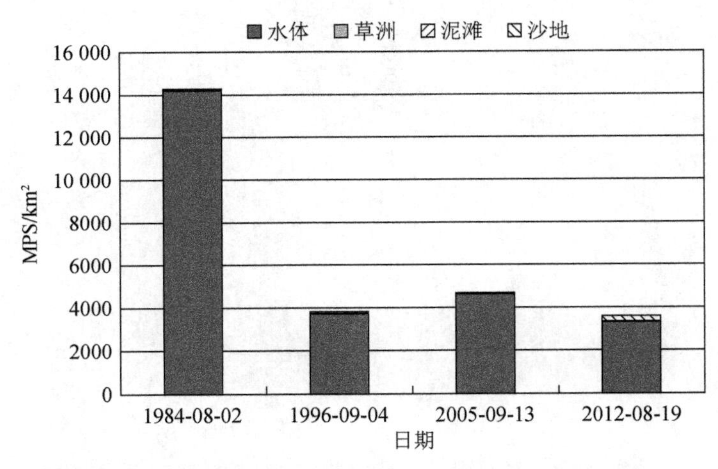

图 2.12　湿地各景观类型 MPS 的变化（星子站水位为 18m）

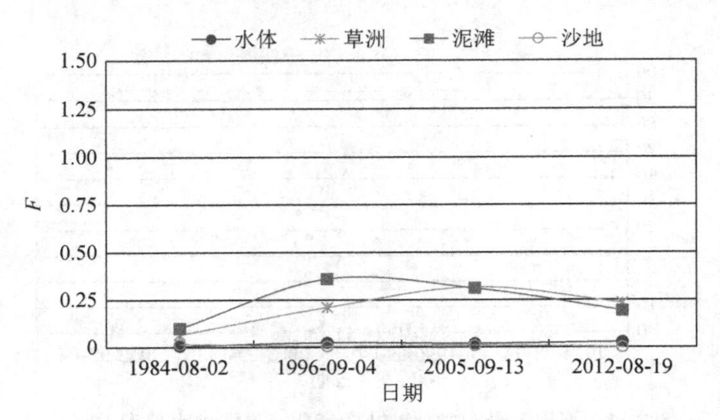

图 2.13　湿地各景观类型斑块 F 的变化（星子站水位为 18m）

第 3 章　鄱阳湖湿地植被生物量

湿地植被是湿地生态系统的重要组成部分，在维持生态系统结构和功能方面起到十分重要的作用（田迅等，2004；谭学界等，2006；Todd et al., 2010）。湿地植被生物量是衡量群落生产力水平高低的重要指标，直接反映了植被的生长状况及周围自然环境的变化情况，对于湿地生态系统的功能、演替规律和特征均具有很好的指示作用，也是研究湿地生态系统物质循环能量流动和生产力的基础（王树功等，2004；郝文芳等，2008；）。湿地之所以成为全球最具生产力的三大系统之一和世界七大土地覆盖类型之一，其重要原因之一是生物量的表征（王树功等，2004）。湿地植被生物量是指湿地单位面积存在的湿地植物的总重量，通常以鲜重（湿重）或干重表示（沈国状等，2016）。对湿地植被生物量进行系统性研究，不仅可以及时掌控湿地生态系统的动态变化，还可为湿地生态系统生态资产的定量测算提供重要参数，并为湿地生态系统的恢复、重建及管理提供科学依据（潘耀忠等，2004；王树功等，2004）。

鄱阳湖湿地是我国湿地生态系统中生物资源最丰富的地区，湿地植被主要由草本植物组成，以沼泽植被和水生植被为主。受长江顶托和五河来水的影响，鄱阳湖湿地通常呈现出丰水期和枯水期周期性交替的独特水文节律，从而使湿地植被的生态环境类型多样、结构复杂、空间差异明显，在一定程度上形成了其特定的植被生物量空间分布特征和季节变化规律（张方方等，2011；吴桂平等，2015）。近年来，由于人类活动的强度不断加大和全球气候变化的影响，鄱阳湖湿地在历史变化的基础上，再度出现局部退化的现象，并且退化有进一步加剧的趋势（刘青等，2012）。湿地退化会改变湿地植被地上初级生产力，进而影响湿地碳汇能力，也进一步加速湿地土壤发生退化（马维伟等，2017）。本章选择鄱阳湖湿地自然保护区蚌湖、泗洲头、常湖池为观测样地，研究鄱阳湖湿地植被群落及生物量特征。本章内容将有助于人们更好地把握湿地植被生物量的特征及变化趋势，科学估算湿地碳库潜力，防止湿地退化。

3.1　鄱阳湖湿地植被研究的材料与方法

3.1.1　样地概况

本章观测样地选在鄱阳湖国家自然保护区的蚌湖、泗洲头、常湖池（表 3.1）。蚌湖和常湖池为碟形湖泊，前者为半开放性水域，湖底高程较低，高程在 10m 以上，年最低水位在 10m 以上；后者属于鄱阳湖的内湖，枯水期水位受到人为的调控，湖底高程较高，高程在 12m 以上，年最低水位在 12m 以上。泗洲头是洲滩前缘，属于鄱阳湖外湖，为开阔性水域，水位主要受鄱阳湖水位变化的影响。

表 3.1　三种景观类型的特征

景观名称	景观类型	水域特征	坡度/‰	湖底高程/m
泗洲头	洲滩前缘	开放水域	2	9.5
蚌湖	碟形湖泊	半控湖	2.5	10.5
常湖池	碟形湖泊	控湖	5	12.5

3.1.2　数据来源及说明

本章水文数据为星子站（1954～2016 年）的历年逐日平均水位数据（本章水文数据为吴淞高程）。遥感数据为 Landsat ETM 成品，精度为 30m。DEM 数据为 1∶10 000。

3.1.3　样品采集与分析

根据鄱阳湖多年水位变化规律，按照湿地水位梯度，10～17m 水位，以 1m 落差分别设置 7 个采样带（即<11m、11～12m、12～13m、13～14m、14～15m、15～16m、>16m）。样带和采样点设置的条件包括：①采样点到等高线的距离比较均匀，一般位于等高线的中间部位；②可达性，地势平坦，即方便取样；③每条样带间隔距离在 150m 以上；④没有人类活动干扰的痕迹。每个区域各设 5～7 条采样点，每条样带各设 3 个采样点，共 3 个采样区、19 条采样带、57 个采样点，其中蚌湖采样点编号为 111～137，泗洲头采样点编号为 211～237，常湖池采样点编号为 311～335。在取样点处，用事先做好的面积为 $1m^2$ 的不锈钢圈轻放在草地上，在 $1m^2$ 的样方内，收集植物的地上部分生物量，清查样方中的凋落物。植被样品于 2014 年 1 月 15～23 日、2015 年 1 月 14～17 日、2016 年 1 月 15～17 日和 2017 年 1 月 9～15 日获得。

将获取的植被样品带回实验室用清水冲洗，除去泥沙，然后进行烘干称重，80℃恒温烘干至少 48h 至恒重。

3.1.4　数据处理与分析

数据采用 Excel 和 SPSS 17.0 软件进行统计分析，并利用最小显著性差异法（least-significant difference，LSD）进行多重比较，利用 Pearson 相关系数进行相关性分析。

3.2 鄱阳湖湿地植被特征与分析

3.2.1 维管束植物种类调查

根据调查结果，鄱阳湖洲滩前缘维管束植物的分布特征由湖岸至湖底依次为假俭草（或狗牙根）群落、南荻群落（芦苇群落）、灰化薹草群落、水田碎米荠群落（虉草群落）。其中，假俭草（或狗牙根）群落主要分布在 15m 高程以上，分布宽度约为 50m，坡度约为 2%，以狗牙根（*Cynodon dactylon*）为优势种，其他主要构成物种为扁穗牛鞭草（*Hemarthria compressa*）、假俭草（*Eremochloa ophiuroides*）、鸡眼草（*Kummerowia striata*）、阿齐薹草（*Carex argyi*）、毛秆野古草（*Arundinella hirta*）、茵陈蒿（*Artemisia capillaris*）、早熟禾（*Poa annua*）、附地菜（*Trigonotis peduncularis*）、小蓬草（*Conyza canadensis*）等；南荻群落（芦苇群落）主要分布在 14～15m 高程，分布宽度约为 100m，坡度约为 1%，以芦苇（*Phragmites australis*）+南荻（*Triarrhena lutarioriparia*）为优势种，其他主要构成物种为薹草（*Carex* sp.）、下江委陵菜（*Potentilla limprichtii*）、鼠麹草（*Gnaphalium affine*）、野胡萝卜（*Daucus carota*）、水田碎米荠（*Cardamine lyrata*）、蒌蒿（*Artemisia selengensis*）、莎草（*Cyperus* sp.）、风花菜（*Rorippa globosa*）、水蓼（*Polygonum hydropiper*）等；灰化薹草群落主要分布在 11～14m 高程，分布宽度为 200～400m，坡度为 0.25%～0.5%，11～13m 高程以灰化薹草（*Carex cinerascens*）为优势种，13～14m 高程以灰化薹草+南荻为优势种，其他主要构成物种为水田碎米荠（*Cardamine lyrata*）、肉根毛茛（*Ranunculus polii*）、芫荽菊（*Cotula anthemoides*）、猪殃殃（*Galium aparine*）、蓼子草（*Polygonum criopolitanum*）、芦苇、薹草、下江委陵菜、鼠麹草、野胡萝卜、蒌蒿、莎草、风花菜、水蓼等；水田碎米荠群落（虉草群落）主要分布在 11m 高程以下，分布宽度大于 500m，坡度小于 0.2%，以水田碎米荠为优势种，其他主要构成物种为虉草（*Phalaris arundinacea*）、弯喙薹草（*Carex laticeps*）、看麦娘（*Alopecurus aequalis*）、狐尾藻（*Myriophyllum verticillatum*）、密花荸荠（*Heleocharis congesta*）、黑藻（*Hydrilla verticillata*）、槐叶苹（*Salvinia natans*）等。

调查显示，鄱阳湖洲滩前缘维管束植物大多在一年内完成其生活史过程，年度之间其物种组成未发生明显变化。受上年水文变化影响，物种空间分布呈现一定梯度上的偏移。以南荻和灰化薹草为例，丰水位年（2014 年），南荻和灰化薹草会往高海拔偏移，湿生植物多于旱生植物；枯水年（2013 年和 2015 年），南荻和灰化薹草会往低海拔偏移，旱生植物多于湿生植物。

3.2.2　维管束植物生物量特征

2014～2017 年，蚌湖、泗洲头、常湖池地上部分生物量调查显示，假俭草（或狗牙根）群落（>15m）、南荻群落/芦苇群落（14～15m）、灰化薹草群落（11～14m）、水田碎米荠群落/虉草群落（<11m）地上部分生物量范围分别在 373.7～1451.5g/m²、347.7～1541.8g/m²、152.5～1533.9g/m²、77.7～354.0g/m²，平均值分别为 820.8g/m²、873.8g/m²、485.1g/m²、206.6g/m²（表 3.2）。所有高程内，蚌湖、泗洲头、常湖池地上部分平均生物量分别为 680.7g/m²、527.8g/m² 和 675.7g/m²，无显著性差异（$p>0.05$）。

表 3.2　维管束植物地上部分生物量　　单位：g/m²

地点	高程/m	2014 年	2015 年	2016 年	2017 年	平均
蚌湖	<11	217.0±17.3 e	213.7±10.2 c	227.0±16.7 e	241.5±14.8 d	224.8±12.5 c
	11～12	300.4±76.4 de	258.5±55.2 c	638.3±34.4 d	489.4±48.5 c	421.6±175.9 bc
	12～13	246.7±54.3 de	317.8±68.4 c	924.0±88.0 c	534.9±52.4 c	505.8±304.5 bc
	13～14	629.1±105.3 c	490.9±82.4 b	1244.3±101.4 b	618.1±60.1 c	745.6±338.3 ab
	14～15	1272.5±171.4 a	978.0±124.9 a	1541.8±18.5 a	863.1±25.0 b	1163.8±305.3 a
	15～16	869.7±68.3 b	529.5±126.1 b	1403.1±130.3 a	1067.1±180.3 a	967.4±365.6 a
	>16	373.7±50.5 d	479.3±77.7 b	1214.7±160.9 b	876.6±44.3 b	736.1±385.6 ab
泗洲头	<11	143.0±33.8 d	77.7±36.0 b	354.0±136.8 e	179.0±57.5 e	188.4±118.1 b
	11～12	372.2±68.5 bc	292.5±37.7 b	636.2±93.8 d	342.3±42.6 d	410.8±153.8 ab
	12～13	471.8±68.8 b	226.0±15.9 b	640.4±45.0 d	396.3±11.3 d	433.6±172.0 ab
	13～14	529.2±38.9 b	254.4±66.5 b	1533.9±91.3 a	532.0±23.7 c	712.4±562.9 a
	14～15	847.9±49.3 a	547.3±338.6 a	1133.4±101.1 b	733.0±78.2 b	815.4±245.5 a
	15～16	448.6±211.2 bc	287.3 ±43.4 b	992.2±165.0 bc	963.3±95.5 a	672.9±358.4 a
	>16	288.6±22.6 cd	214.5±82.4 b	781.6±317.4 cd	560.6±21.7 c	461.3±260.2 ab
常湖池	12～13	152.5±13.9 d	259.9±45.4 c	334.7±81.9 c	193.0±17.0 e	235.0±79.9 c
	13～14	437.7±145.4 c	367.0±62.7 bc	580.6±342.6 bc	278.3±10.6 d	415.9±127.7 bc
	14～15	724.7±73.6 b	410.0±52.0 bc	1080.3±328.3 ab	347.7±17.3 c	640.7±336.3 abc
	15～16	1313.4±76.0 a	466.3±76.1 ab	1378.8±230.4 a	474.3±14.2 b	908.2±506.4 ab
	>16	1451.5±81.4 a	579.0±159.2 a	1714.1±479.6 a	970.3±25.5 a	1178.7±504.7 a

注：不同小写字母表示不同高程之间差异达到显著水平（$p<0.05$，邓肯法）。

从湖底到湖岸，地上部分生物量伴随着不同的高程显示出不同的差异（表 3.2）。伴随着高程的增加，蚌湖、泗洲头地上部分生物量出现先逐渐增加后减少的趋势，而常湖池地上部分生物量出现逐渐增加的趋势。根据 4 年地上部分生物量平均值（表 3.2），蚌湖、泗洲头地上部分生物量最高值和最低值分别出现在 14～15m 和<11m 高程内，4 年平均地上部分生物量最高值分别为蚌湖 1163.8g/m² 和泗洲头

815.4g/m^2，最低值分别为蚌湖 224.8g/m^2 和泗洲头 188.4g/m^2；常湖池地上部分生物量最高值和最低值分别出现在>16m 高程和 12～13m 高程，分别为 1178.7g/m^2 和 235.0g/m^2。蚌湖、泗洲头除了 11～12m 和 12～13m 高程地上部分生物量稍高于<11m 高程地上部分生物量但无显著性差异外（p>0.05），其他高程内（>13m）地上部分生物量均明显高于<11m 高程地上部分生物量，差异显著（p<0.05）；常湖池 15～16m 及>16m 高程地上部分生物量显著高于 12～13m 高程地上部分生物量。此外，蚌湖、泗洲头 13～14m、14～15m、15～16m 及>16m 高程地上部分生物量无显著性差异，常湖池 14～15m、15～16m 及>16m 高程地上部分生物量无显著性差异（p>0.05）。

2017 年，对泗洲头维管束植物地下部分生物量进行调查，不同高程地下生物量范围为 43.7～1276.7g/m^2，平均生物量为 530.9g/m^2（表 3.3）。其中，地下生物量以<11m 高程区域为最高，以>16m 高程区域为最低，且伴随着高程的增加，地下生物量逐渐减少，差异极显著（p<0.01）。泗洲头地下部分生物量显示出与地上部分生物量不同的变化趋势。

表 3.3　2017 年泗洲头维管束植物地下部分生物量

高程/m	地下部分生物量/（g/m^2）
<11	1276.7±145.8 a
11～12	879.7±52.2 b
12～13	661.3±53.4 c
13～14	431.7±96.8 d
14～15	259.7±111.5 e
15～16	163.7±81.5 ef
>16	43.7±44.6 f

注：不同小写字母表示不同高程之间差异达到显著水平（p <0.05，邓肯法）。

3.2.3　湿地水位梯度对植物地上部分生物量的影响

根据 1954～2016 年鄱阳湖星子站的日均水位数据，按照 1m 水位梯度，计算鄱阳湖星子站日均水位年最大值天数、年最小值天数和年均值天数（表 3.4）。Pearson 相关性分析显示，多年平均淹水天数与 2014～2017 年地上部分平均生物量存在极显著负相关关系（r=−0.723**，p<0.01）。相关性分析进一步显示（表 3.5），多年平均淹水天数与蚌湖地上部分平均生物量存在显著负相关关系（r=−0.770*，p<0.05），与常湖池地上部分平均生物量存在极显著负相关关系（r=−0.998**，p<0.01），与泗洲头地上部分平均生物量无显著性关系存在（r=−0.597，p>0.05）。此外，Pearson 相关性分析显示，洲滩高程与蚌湖地上部分平均生物量存在显著正相关关系（r=0.783*，p<0.05），与常湖池地上部分平均生物量存在极显著正相关关系（r=997**，p<0.01），与泗洲头地上部分平均生物量无显著性关系存在（r=616，

p>0.05），与多年平均淹水天数和地上部分平均生物量的关系相似。

表 3.4　鄱阳湖日均水位年极值（1954～2016 年）

天数	水位≥10m	水位≥11m	水位≥12m	水位≥13m	水位≥14m	水位≥15m	水位≥16m	水位≥17m
年最大值	351	318	312	287	225	215	195	180
年最小值	185	125	101	86	54	37	0	0
年均值	283	254	226	193	160	128	93	58

表 3.5　水位梯度与 2014～2017 年地上部分平均生物量的 Pearson 相关性分析

指标	地上部分平均生物量		
	蚌湖	泗洲头	常湖池
多年平均淹水天数	−0.770*	−0.597	−0.998**
洲滩高程	0.783*	0.616	0.997**

**和*分别表示在 0.01 和 0.05 水平（双侧）上显著相关。

表 3.6 是 2013～2016 年星子站水位变化淹水天数。Pearson 相关性分析进一步显示（表 3.7），蚌湖与常湖池植物地上部分生物量与上年水位变化分别存在显著与极显著负相关关系（r=−0.495*，p<0.05；r=−0.763**，p<0.01），而泗洲头植物地上部分生物量与上年水位变化无显著相关性（r=−0.319，p>0.05）。结果与多年平均淹水天数和 2014～2017 年地上部分平均生物量的相关性一致。

表 3.6　2013～2016 年星子站水位变化淹水天数

水位	2013 年	2014 年	2015 年	2016 年
≥11m 淹水天数	217	221	289	260
≥12m 淹水天数	177	196	237	187
≥13m 淹水天数	138	172	194	165
≥14m 淹水天数	97	155	106	148
≥15m 淹水天数	85	146	84	140
≥16m 淹水天数	62	136	64	131
≥17m 淹水天数	0	26	53	123

表 3.7　洲滩植物地上部分生物量与上年水位变化的 Pearson 相关性分析

指标	地上部分平均生物量		
	蚌湖	泗洲头	常湖池
上年变化水位	−0.495*	−0.319	−0.763**

**和*分别表示在 0.01 和 0.05 水平（双侧）上显著相关。

第 4 章　鄱阳湖湿地土壤理化特征

湿地土壤是湿地生态系统的一个重要组成部分，具有维持生物多样性、分配和调节地表水分、过滤、缓冲、分解固定和降解有机物及无机物、维持历史文化遗迹等功能。它是湿地获取化学物质的最初场所，也是湿地发生化学变化的中介（姜明等，2006）。与陆地土壤和水成土壤相比，湿地土壤具有其特殊性，在湿地特殊的水文条件和植被条件下，湿地土壤有着自身独特的形成和发育过程，表现出不同于一般陆地土壤的特殊的理化性质和生态功能（杨青等，2007）。这些性质和功能对于湿地生态系统平衡的维持和演替具有重要作用。

根据土壤的形成条件和属性，鄱阳湖湿地土壤类型多样，主要分为草甸土、草甸沼泽土、沼泽土、水下沉积物、水稻土、潮土、红壤（王晓鸿等，2004）。其中，草甸土主要分布在 16～18m 高程的沿河及滨湖草地，母质为近代河湖沉积物；草甸沼泽土是草甸土与沼泽土之间的过渡类型，又称沼泽性草甸土；水下沉积物位于 13.6m 以下的积水地带，土壤质地较草甸土和草甸沼泽土黏重，一般属于极细粉砂黏土；沼泽土为草甸沼泽土与水下沉积物之间的一种过渡类型。受大气、水、泥沙沉积、地貌状况及人类利用方式的影响，鄱阳湖湿地土壤类型在不断发生变化，以土壤为载体的植被群落也在变化。本章以鄱阳湖国家自然保护区的泗洲头、蚌湖和常湖池为观测样地，研究鄱阳湖湿地土壤环境变化特征。

4.1　鄱阳湖湿地土壤研究方法

4.1.1　样品采集及分析

土壤样品采集样地选在鄱阳湖国家自然保护区的蚌湖、泗洲头、常湖池，与第 3 章湿地植被生物观测样地相同。采样带和采样点设置的条件包括：①采样点到等高线的距离比较均匀，一般位于高程线的中间部位；②可达性，地势平坦，即方便取样；③同一采样带中的采样点间隔距离在 150m 以上；④没有人类活动干扰的痕迹。其中，蚌湖、泗洲头 2 个样地设 7 个采样带，每个采样带设 3 个采样点，共 42 个采样点；常湖池样地设 5 个采样带，每个采样带设 3 个采样点，共 15 个采样点。根据鄱阳湖多年水位变化规律，按照湿地水位梯度，蚌湖、泗洲头 2 个采样地 10～17m 水位（本章水文数据来自星子站，吴淞高程），以 1m 落差分别设置 7 个采样带（即<11m、11～12m、12～13m、13～14m、14～15m、15～16m、>16m），每个采样带设置 3 个采样点，常湖池 12～17m 水位，以 1m 落差分别设置 5 个采样带（即 12～13m、13～14m、14～15m、15～16m、>16m），每个采样带设置 3 个采样点。由于鄱阳湖植被根系较浅，深层土壤物质含量变化不明显，只采取了 0～20cm 的土壤样品。在采样点处，用不锈钢取土器分别获得 0～10cm 和 10～20cm 的 2 个土层的各 5 个土样，将 2 个土层的各 5 个土样充分混合后装入密封袋，带回实验室进行处理。

土壤理化性状测定指标有 pH、土壤有机碳（SOC）、全氮（TN）、碱解氮（AN）、硝态氮（NO_3^--N）、铵态氮（NH_4^+-N）、全磷（TP）、有效磷（AP）。测定方法：土壤 pH 采用 pH 计测定，SOC 采用重铬酸钾法-浓硫酸外加热法测定，TN 采用半微量开氏法，TP 采用 NaOH 熔融-钼锑抗比色法，AN 采用碱解扩散法，AP 采用 $NaHCO_3$-钼锑抗比色法，NH_4^+-N 和 NO_3^--N 采用流动分析仪测定。

4.1.2 数据处理与分析

数据采用 Excel 和 SPSS 17.0 软件进行统计分析，并利用 LSD 法进行多重比较，利用主成分分析（principal component analysis，PCA）、Pearson 相关系数和集成推进树算法（aggregated boosted trees，ABTs）进行统计分析。

4.2 鄱阳湖湿地土壤理化特征及相关性分析

4.2.1 土壤 pH 在不同高程下的分布特征

土壤 pH 是土壤的一个基本性质，也是影响土壤理化性质的一个重要化学指标，它直接影响着土壤中各种元素的存在形态、有效性及迁移转化（于君宝等，2002）。2016～2017 年调查显示（表 4.1），鄱阳湖湖滩蚌湖、泗洲头、常湖池土壤 pH 范围分别在 4.67～6.33、4.65～7.37 和 4.45～5.63，基本属于酸性土壤。3 个典型湿地土壤 pH 变化趋势基本趋于一致，湖底土壤酸性较弱，随着高程的增加呈现 pH 减小、酸性增强的趋势，湖岸土壤酸性最强。其中＞12m 高程土壤 pH 范围基本在 6 以下，显著低于<11m 高程土壤的酸性（$p<0.05$）。从土壤垂直分布来看，除了个别样地外，10～20cm 的土壤 pH 大部分高于 0～10cm 土壤 pH，说明随着土壤深度的增加，土壤酸性减弱。

表 4.1　鄱阳湖典型湿地土壤 pH

年份	高程/m	蚌湖		泗洲头		常湖池	
		0～10cm	10～20cm	0～10cm	10～20cm	0～10cm	10～20cm
2016	<11	6.07±0.42 a	6.33±0.23 a	6.56±0.79 a	6.94±0.64 ab		
	11～12	5.80±0.56 ab	6.14±0.35 a	7.16±0.20 a	7.37±0.39 a		
	12～13	5.51±0.06 bc	5.62±0.21 b	6.82±0.34 a	6.29±0.87 bc	5.30±0.16 a	5.63±0.05 a
	13～14	5.26±0.11 c	5.39±0.11 bc	5.43±0.30 b	5.42±0.38 d	5.36±0.27 a	5.53±0.28 a
	14～15	5.07±0.08 c	5.16±0.04 c	5.50±0.30 b	5.48±0.22 d	5.19±0.22 a	5.34±0.28 a
	15～16	5.13±0.24 c	5.23±0.23 bc	5.38±0.26 b	5.60±0.24 cd	5.23±0.17 a	5.43±0.25 a
	>16	5.27±0.01 c	5.41±0.04 bc	5.54±0.01 b	5.74±0.18 cd	5.19±0.06 a	5.49±0.06 a
2017	<11	5.76±0.38 a	6.21±0.34 a	6.86±0.82 a	6.58±0.40 a		
	11～12	5.39±0.48 ab	5.72±0.32 b	7.24±0.47 a	7.03±0.79 a		
	12～13	4.93±0.04 c	5.16±0.02 c	5.11±0.37 b	5.71±0.75 b	4.99±0.12 a	5.40±0.41 a
	13～14	4.67±0.18 c	5.04±0.05 c	4.65±0.20 b	4.91±0.16 c	4.62±0.35 ab	4.91±0.33 ab
	14～15	5.10±0.03 bc	4.94±0.10 c	4.66±0.12 b	4.77±0.04 c	4.45±0.25 b	4.99±0.32 ab
	15～16	4.82±0.13 c	4.92±0.04 c	4.94±0.08 b	4.99±0.10 bc	4.62±0.25 ab	4.76±0.10 b
	>16	4.98±0.26 bc	5.20±0.13 c	4.94±0.21 b	5.03±0.17 bc	4.58±0.06 ab	4.88±0.18 ab

注：不同小写字母表示不同高程之间差异达到显著水平（$p<0.05$，邓肯法）。

4.2.2　土壤有机碳在不同高程下的分布特征

湿地土壤有机碳变化主要决定于有机物质输入量和输出量的相对大小。其中，有机物质的输入量主要依赖于有机残体归还量的多少及有机残体的腐殖化系数，而输出量主要包括分解和侵蚀损失，受各种生物和非生物条件（氧化还原电位、土壤含水量等）的控制（葛刚等，2010b）。研究表明，湿地土壤有机碳在一定程度上能够指示气候的变化（陈格君，2013）。调查发现，鄱阳湖蚌湖、泗洲头和常湖池 0～10cm 土壤有机碳含量分别为 6.82～23.15g/kg、2.20～7.95g/kg 和 8.68～27.90g/kg，10～20cm 土壤有机碳含量分别为 5.52～8.84g/kg、1.07～3.62g/kg 和 5.03～10.81g/kg；泗洲头土壤有机碳含量最低。其中，0～10cm 表层土壤有机碳含量普遍高于 10～20cm 土壤有机碳 17.91%～239.2%（表 4.2）。结果说明土壤有机碳含量随着土壤深度的增加呈现下降趋势。

表 4.2　鄱阳湖典型湿地土壤有机碳含量　　单位：g/kg

年份	高程/m	蚌湖		泗洲头		常湖池	
		0～10cm	10～20cm	0～10cm	10～20cm	0～10cm	10～20cm
2016	<11	10.18±0.38 c	7.47±0.21 ab	2.20±0.79 b	2.71±2.33 a		
	11～12	9.36±1.03 cd	6.19±1.51 bc	3.82±1.51 ab	1.93±1.00 a		
	12～13	11.03±1.29 c	6.58±0.53 bc	2.72±0.93 b	1.42±0.47 a	8.68±1.61 b	5.03±0.16 a
	13～14	14.54±0.23 b	6.49±0.69 bc	7.00±4.58 a	3.62±3.96 a	9.79±3.76 b	5.73±1.76 a
	14～15	19.56±3.35 a	8.49±0.53 a	3.57±1.72 ab	1.46±0.28 a	14.23±3.94 ab	6.45±3.22 a
	15～16	6.82±0.41 d	5.79±1.25 c	3.12±0.64 b	1.26±0.14 a	13.80±4.20 ab	6.06±1.20 a
	>16	9.17±1.20 cd	6.25±0.27 bc	1.98±0.33 b	1.07±0.03 a	16.85±1.96 a	6.13±1.01 a
2017	<11	12.53±0.61 b	8.84±1.91 a	2.38±0.82 c	1.74±0.78 ab		
	11～12	11.54±3.22 b	5.56±0.93 b	3.70±1.55 bc	1.55±0.81 b		
	12～13	13.06±1.82 b	7.05±0.47 ab	3.55±1.00 bc	1.44±0.24 b	18.94±4.68 b	6.30±1.26 b
	13～14	23.15±6.65 a	6.93±0.65 ab	7.95±0.71 a	2.75±1.20 a	27.90±2.23 a	8.22±2.03 ab
	14～15	13.96±7.73 b	8.34±2.51 a	5.21±3.25 b	1.81±0.61 ab	22.47±2.02 ab	9.02±3.95 ab
	15～16	9.05±4.45 b	5.52±1.39 b	3.04±0.77 bc	1.14±0.07 b	25.67±8.01 ab	7.40±2.93 b
	>16	9.09±0.45 b	5.62±0.42 b	3.49±1.13 bc	1.31±0.24 b	28.54±2.32 a	10.81±1.16 a

注：不同小写字母表示不同高程之间差异达到显著水平（$p<0.05$，邓肯法）。

从湖底到湖岸，蚌湖、泗洲头湿地土壤有机碳含量呈现随着高程的增加先减小后增加再减小的变化趋势，最高值基本集中在 13～15m 高程的湖滩区域。其中，2016 年土壤（0～10cm）有机碳含量最高值分别为 19.56g/kg 和 7.00g/kg，2017 年最高值分别为 23.15g/kg 和 7.95g/kg。常湖池土壤有机碳含量随着高程的增加呈现增加的趋势，最高值主要集中在 16m 高程以上的湖岸区域，2016 年和 2017 年土壤有机碳含量最高值分别为 16.85g/kg 和 28.54g/kg（表 4.2）。湿地土壤有机碳含量最低值表现出不一致的变化规律。其中，蚌湖以 15～16m 高程土壤有机碳含量最低，泗洲头 2016 年以 16m 高程以上区域土壤有机碳含量最低，常湖池土壤有机碳含量最低值出现在 12～13m 高程的湖滩区域。方差分析显示（表 4.2），2016 年蚌湖湿地土壤（0～10cm）在<11m、12～13m、13～14m、14～15m 高程有机碳含量均显著高于 15～16m 高程内土壤有机碳含量（$p<0.05$），2017 年蚌湖湿地（0～10cm）13～14m 高程土壤有机碳含量显著高于其他高程土壤有机碳含量（$p<0.05$），而其他高程内土壤有机碳含量无显著性差异（$p>0.05$）。

此外，调查发现，2017 年蚌湖、泗洲头、常湖池湿地土壤有机碳含量大多数高于 2016 年土壤有机碳含量，以常湖池表现最为明显。

4.2.3　土壤氮素在不同高程下的分布特征

湿地土壤氮素作为湿地营养水平的重要指示剂，是湿地土壤中的主要限制性养分，也是引发江河、湖泊等永久性淹水湿地发生富营养化的重要因子之一（白军红等，2003；葛刚等，2010b）。湿地土壤是氮的重要储库，发挥着氮素源、汇或转化器的重要功能，氮素在湿地土壤中的含量及其迁移转化过程显著影响着湿地生态系统的结构和功能，以及湿地生产力（Dørge, 1994; Mitsch et al., 2000; 白军红等，2006）。

1. 土壤全氮在不同高程下的分布特征

土壤全氮是土壤有机态氮和无机态氮两种形态氮的总和，大部分以有机态氮的形式存在，无机态氮一般占全氮的 5%左右（赵俊晔，2004；艾尤尔·亥热提，2015）。2016 年和 2017 年调查发现，蚌湖、泗洲头和常湖池 0～10cm 土壤全氮含量分别为 0.81～2.19g/kg、0.24～1.28g/kg 和 1.05～2.29g/kg，平均值分别为 1.41g/kg、0.44g/kg 和 1.78g/kg；10～20cm 土壤全氮含量分别为 0.78～1.25g/kg、0.14～0.32g/kg 和 0.72～1.21g/kg，平均值分别为 0.92g/kg、0.22g/kg 和 0.87g/kg。泗洲头土壤全氮含量最低（表 4.3）。其中，0～10cm 湿地土壤全氮含量普遍高于 10～20cm 湿地土壤全氮含量，蚌湖、泗洲头和常湖池其土壤全氮含量 0～10cm 较 10～20cm 增幅分别为 4.27%～137.04%、-20.00%～346.46%和 45.83%～146.76%，说明土壤全氮含量随着土壤深度的增加而下降，与有机碳含量变化趋势相似。

表 4.3　不同高程下的典型湿地土壤全氮含量　　单位：g/kg

年份	高程/m	蚌湖		泗洲头		常湖池	
		0～10cm	10～20cm	0～10cm	10～20cm	0～10cm	10～20cm
2016	<11	1.33±0.02 c	0.96±0.08 b	0.24±0.07 b	0.30±0.23 a		
	11～12	1.17±0.15 cd	0.79±0.12 c	0.40±0.14 b	0.22±0.10 a		
	12～13	1.21±0.19 cd	0.89±0.07 bc	0.30±0.08 b	0.17±0.08 a	1.05±0.19 b	0.72±0.03 a
	13～14	1.57±0.02 b	0.85±0.06 bc	0.67±0.31 a	0.32±0.27 a	1.11±0.35 b	0.73±0.18 a
	14～15	2.16±0.16 a	1.13±0.03 a	0.40±0.17 ab	0.19±0.04 a	1.52±0.34 ab	0.81±0.32 a
	15～16	0.81±0.03 e	0.78±0.12 c	0.39±0.11 b	0.40±0.41 a	1.41±0.43 ab	0.76±0.15 a
	>16	1.12±0.08 d	0.84±0.03 bc	0.26±0.02 b	0.15±0.01 a	1.82±0.27 a	0.75±0.10 a
2017	<11	1.65±0.11 ab	1.25±0.21 a	0.25±0.09 b	0.20±0.08 ab		
	11～12	1.36±0.27 b	0.83±0.11 c	0.37±0.11 b	0.18±0.07 b		
	12～13	1.42±0.12 b	0.94±0.05 bc	0.41±0.04 b	0.18±0.03 b	1.95±0.36 ab	0.91±0.17 a
	13～14	2.19±0.53 a	0.93±0.01 bc	1.28±0.76 a	0.29±0.07 a	2.29±0.58 ab	0.93±0.20 a
	14～15	1.58±0.72 ab	1.13±0.23 ab	0.52±0.22 b	0.21±0.04 ab	1.80±0.60 b	1.02±0.28 a
	15～16	1.13±0.41 b	0.78±0.15 c	0.34±0.11 b	0.14±0.03 b	2.18±0.87 ab	0.91±0.26 a
	>16	1.10±0.07 b	0.79±0.03 c	0.40±0.13 b	0.15±0.03 b	2.71±0.12 a	1.21±0.12 a

注：不同小写字母表示不同高程之间差异达到显著水平（$p<0.05$，邓肯法）。

从湖底到湖岸，土壤全氮含量没有明显的变化趋势（表 4.3）。2016 年和 2017 年蚌湖湿地土壤（0～10cm）全氮含量的最高值分别出现在 14～15m 和 13～14m 高程内，最低值的分别出现在 15～16m 和>16m 高程内；2016 年和 2017 年泗洲头湿地土壤（0～10cm）全氮含量的最高值均出现在 13～14m 高程内，其最低值均出现在<11m 高程；2016 年和 2017 年常湖池湿地土壤（0～10cm）全氮含量的最高值分别出现在>16m 高程和 13～14m 高程内，最低值出现在 12～13m 高程和 14～15m 高程。方差分析显示，不同高程对蚌湖湿地土壤全氮含量具有显著影响（$p<0.05$），对泗洲头和常湖池土壤全氮含量没有显著性影响（$p>0.05$）。

2. 土壤碱解氮在不同高程下的分布特征

土壤碱解氮主要包括无机态氮及易水解的有机态氮（氨基酸、酰胺和易分解的蛋白质），是反映土壤供氮能力和衡量氮素水平高低的重要指标（王瑞等，2011；艾尤尔·亥热提等，2014）。碱解氮易被植物吸收，其数量受土壤有机氮量和土壤结构形态及土壤温度的影响（艾尤尔·亥热提，2015）。2016 年和 2017 年的调查发现，蚌湖、泗洲头和常湖池 0～10cm 土壤碱解氮含量分别为 84.5～180.1mg/kg、20.8～68.3mg/kg 和 87.0～246.1mg/kg，平均值分别为 113.18mg/kg、44.18mg/kg 和 158.27mg/kg；10～20cm 土壤碱解氮含量分别为 52.7～93.1mg/kg、15.5～34.3mg/kg 和 56.4～114.8mg/kg，平均值分别为 68.12mg/kg、24.40mg/kg 和 79.32mg/kg。泗洲头土壤碱解氮含量整体偏低，与土壤有机碳含量、全氮含量消长趋势类似（表 4.4）。其中，0～10cm 湿地土壤碱解氮含量普遍高于 10～20cm 湿地土壤碱解氮含量，蚌湖、泗洲头和常湖池土壤碱解氮含量 0～10cm 较 10～20cm 的增幅分别为 28.6%～153.5%、−33.3%～209.9%和 42.0%～185.0%。

表 4.4　不同高程下的典型湿地土壤碱解氮含量　　　　单位：mg/kg

年份	高程/m	蚌湖		泗洲头		常湖池	
		0～10cm	10～20cm	0～10cm	10～20cm	0～10cm	10～20cm
	<11	109.5±15.6 b	85.2±3.8 a	22.1±3.7 c	33.1±13.3 a		
	11～12	84.5±22.9 b	56.4±11.2 b	39.2±5.6 b	23.3±4.2 a		
	12～13	98.0±7.7 b	64.9±9.3 b	26.9±5.6 c	22.1±3.7 a	87.0±9.3 b	61.3±5.6 a
2016	13～14	125.0±18.4 ab	58.8±6.4 b	66.7±9.1 a	34.3±21.5 a	82.1±27.6 b	56.4±15.3 a
	14～15	165.4±6.4 a	93.1±5.6 a	37.9±7.6 b	31.9±10.6 a	109.0±52.8 b	87.0±32.1 a
	15～16	98.0±11.1 b	62.5±11.0 b	41.3±4.9 b	28.8±1.0 a	117.6±32.7 ab	67.4±16.6 a
	>16	94.3±11.2 b	68.6±11.2 b	37.9±5.6 b	26.4±1.2 a	155.6±22.5 a	80.9±16.8 a
	<11	116.4±11.81 b	72.3±27.1 ab	20.8±2.1 d	22.1±3.7 ab		
	11～12	98.0±27.1 b	55.1±9.7 b	33.1±7.4 cd	15.5±2.5 b		
	12～13	109.0±17.4 b	61.3±11.2 ab	49.0±10.2 bc	18.4±3.7 ab	185.5±12.9 a	71.8±4.7 b
2017	13～14	180.1±33.7 a	71.1±11.8 ab	68.3±4.5 ab	22.1±6.4 ab	185.2±36.7 a	86.4±27.1 ab
	14～15	136.0±72.3a b	87.0±27.6 a	75.9±11.2 a	24.6±4.1 a	181.7±5.5 a	85.6±27.9 b
	15～16	84.5±35.4 b	64.9±11.2 ab	39.2±5.6 cd	15.9±2.1 b	232.9±70.5 a	81.7±24.3 b
	>16	85.8±5.6 b	52.7±4.2 b	60.0±13.9 ab	23.3±2.1 a	246.1±49.6 a	114.8±31.8 a

注：不同小写字母表示不同高程之间差异达到显著水平（$p<0.05$，邓肯法）。

从湖底到湖岸，2016 年和 2017 年蚌湖和泗洲头湿地土壤碱解氮含量（0～10cm）最高值均出现在 13～14m 高程，常湖池出现在>16m 高程（表 4.4）。0～10cm 土壤碱解氮含量最低值无明显变化规律，2016 年和 2017 年土壤碱解氮含量蚌湖最低值分别出现在 11～12m 和 15～16m 高程；2016 和 2017 年泗洲头土壤碱解氮含量最低值均出现在<11m 高程；2016 年和 2017 年常湖池土壤碱解氮含量最低值出现在 13～14m 高程。方差分析显示，蚌湖在 2016 年与 2017 年内其 14～15m 与 13～14m 高程内土壤（0～10cm）碱解氮含量无显著相关性（$p>0.05$），与其他高程土壤（0～10cm）碱解氮含量具有显著相关性（$p<0.05$）；泗洲头在 2016 年内 13～14m 高程土壤（0～10cm）碱解氮含量显著高于其他高程土壤（0～10cm）碱解氮含量（$p<0.05$），在 2017 年内高程 14～15m 与 13～14m 和>16m 土壤（0～10cm）碱解氮含量无显著相关性（$p>0.05$），与其他高程土壤（0～10cm）碱解氮含量具有显著相关性（$p<0.05$）；常湖池在 2016 年内其高程>16m 土壤（0～10cm）碱解氮含量除了与 15～16m 土壤（0～10cm）碱解氮含量无显著性差异外（$p>0.05$），显著高于其他高程土壤（0～10cm）碱解氮含量（$p<0.05$），而在 2017 年内所有高程土壤（0～10cm）碱解氮含量无显著性差异（$p>0.05$）。

3. 土壤硝态氮在不同高程下的分布特征

土壤硝态氮是可被植物吸收利用的矿质氮，因不被土壤吸附而易造成淋失，所以湿地土壤中硝态氮含量的季节变化特征除与植物吸收作用有关外，其还受融雪补给、大气氮沉降、水分条件、冻层深度及土壤结构等因素的影响（孙志高等，2010）。2016 年和 2017 年的调查发现，蚌湖、泗洲头和常湖池 0～10cm 土壤硝态氮含量分别在 0.03～2.48mg/kg、0.04～1.44mg/kg 和 0.32～1.91mg/kg，平均值分别为 0.91mg/kg、0.57mg/kg 和 0.94mg/kg；10～20cm 土壤硝态氮含量分别为 0.05～2.16mg/kg、0.11～1.13mg/kg 和 0.14～1.47mg/kg，平均值分别为 0.99mg/kg、0.53mg/kg 和 0.74mg/kg。以泗洲头土壤硝态氮含量整体偏低（表 4.5）。其中，蚌湖、泗洲头和常湖池土壤硝态氮含量从 0～10cm 土层到 10～20cm 土层表现出或增或减的趋势。

表 4.5　不同高程下的典型湿地土壤硝态氮含量　　单位：mg/kg

年份	高程/m	蚌湖		泗洲头		常湖池	
		0～10cm	10～20cm	0～10cm	10～20cm	0～10cm	10～20cm
2016	<11	1.38±0.25 cd	1.38±0.31 c	0.66±0.28 b	0.61±0.16 b		
	11～12	1.73±0.53 bc	1.81±0.27 b	0.65±0.15 b	0.71±0.16 b		
	12～13	1.48±0.30 c	1.88±0.25 ab	0.92±0.27 b	1.13±0.40 ab	0.96±0.19 b	1.07±0.10 b
	13～14	2.16±0.26 ab	1.97±0.06 ab	0.93±0.12 b	0.76±0.17 ab	1.31±0.14 a	0.87±0.21 bc
	14～15	2.48±0.29 a	2.16±0.20 a	0.59±0.22 b	0.64±0.22 b	0.94±0.20 b	1.47±0.18 a
	15～16	1.51±0.10 c	1.08±0.30 d	0.65±0.22 b	0.71±0.31 b	0.86±0.15 b	1.03±0.08 bc
	>16	0.95±0.19 d	0.91±0.33 d	1.44±0.36 a	1.40±0.78 a	0.66±0.17 b	0.79±0.15 c

续表

年份	高程/m	蚌湖		泗洲头		常湖池	
		0～10cm	10～20cm	0～10cm	10～20cm	0～10cm	10～20cm
2017	<11	0.21±0.15 ab	0.07±0.08 a	0.09±0.08 b	0.11±0.05 c		
	11～12	0.03±0.02 b	0.05±0.03 a	0.04±0.03 b	0.11±0.05 c		
	12～13	0.09±0.07 ab	0.16±0.12 a	0.08±0.03 b	0.11±0.08 c	0.90±0.16 ab	0.14±0.08 b
	13～14	0.14±0.11 ab	0.14±0.06 a	0.96±0.11 a	0.20±0.16b c	0.32±0.19 b	0.40±0.33 ab
	14～15	0.39±0.39 a	2.16±0.42 a	0.23±0.08 ab	0.45±0.21 a	0.63±0.12 ab	0.62±0.22 a
	15～16	0.22±0.23 ab	0.10±0.10 a	0.39±0.41 ab	0.16±0.12 c	0.96±0.44 ab	0.58±0.09 a
	>16	0.04±0.02 a	0.06±0.07 a	0.37±0.17 ab	0.38±0.04 ab	1.91±1.30 a	0.44±0.07 ab

注：不同小写字母表示不同高程之间差异达到显著水平（$p<0.05$，邓肯法）。

从湖底到湖岸，土壤（0～10cm）硝态氮含量无明显变化趋势（表 4.5）。对于蚌湖土壤（0～10cm）硝态氮含量，2016 年的最高值出现在 14～15m 高程，其次是 13～14m 高程，两种高程土壤硝态氮含量无显著性差异（$p>0.05$），但却明显高于其他高程范围内土壤硝态氮含量；2017 年的最高值出现在 14～15m 高程，其次是 15～16m 高程，且不同高程对土壤硝态氮含量无显著性影响（$p>0.05$）。对于泗洲头土壤（0～10cm）硝态氮含量，2016 年的最高值出现在>16m 高程，其次是 13～14m 高程，两种高程土壤硝态氮含量具有显著性差异（$p<0.05$）；2017 年的最高值出现在 13～14m 高程，其次是 15～16m 高程，两种高程土壤硝态氮含量无显著性差异（$p>0.05$）。对于常湖池土壤（0～10cm）硝态氮含量，2016 年的最高值出现在 13～14m 高程，且显著高于其他高程的土壤硝态氮含量（$p<0.05$）；2017 年的最高值出现在>16m 高程，其次是 15～16m 高程，再次是 12～13m 高程，3 种不同高程土壤硝态氮含量无显著性差异（$p>0.05$）。

4. 土壤铵态氮在不同高程下的分布特征

铵态氮是一种有效态氮素，可被植物直接吸收利用，其含量变化显著影响着湿地土壤氮素的迁移转化过程和湿地植物生产力（白军红等，2006）。2016 年和 2017 年的调查发现，蚌湖、泗洲头和常湖池 0～10cm 土壤铵态氮含量分别为 3.79～10.99mg/kg、2.79～7.26mg/kg 和 3.37～18.39mg/kg，平均值分别为 7.31mg/kg、4.60mg/kg 和 7.37mg/kg；10～20cm 土壤铵态氮含量分别为 3.97～10.26mg/kg、2.36～5.18mg/kg 和 3.17～11.33mg/kg，平均值分别为 7.12mg/kg、3.62mg/kg 和 5.15mg/kg。以泗洲头土壤铵态氮含量整体偏低（表 4.6）。其中，蚌湖从 0～10cm 土层到 10～20cm 土层表现出或增或减趋势，而泗洲头和常湖池土壤铵态氮含量 0～10cm 较 10～20cm 分别增加-36.47%～67.71%和 2.72%～105.89%。

表 4.6　不同高程下的典型湿地土壤铵态氮含量　　单位：mg/kg

年份	高程/m	蚌湖		泗洲头		常湖池	
		0～10cm	10～20cm	0～10cm	10～20cm	0～10cm	10～20cm
2016	<11	10.99±1.44 a	10.26±1.40 a	5.63±0.76 ab	4.87±0.70 a		
	11～12	8.38±0.48 c	7.64±1.21 bc	3.98±1.13 bc	3.28±0.19 b		
	12～13	8.42±1.57 c	8.32±0.98 abc	2.79±0.73 c	4.40±0.26 a	6.57±1.33 b	6.07±0.68 a
	13～14	8.91±1.06 bc	9.41±2.43 ab	7.26±1.23 a	5.18±0.29 a	9.32±1.00 a	4.53±0.38 b
	14～15	10.59±1.00 ab	8.32±0.70 abc	3.68±1.38 c	2.36±0.51 b	4.16±0.51 c	3.49±0.15 c
	15～16	8.33±0.43 c	6.86±0.87 c	2.99±1.15 c	2.64±0.92 b	4.44±0.43 c	3.54±0.38 c
	>16	9.64±0.75 abc	8.93±1.66 abc	3.46±1.17 c	3.04±0.76 b	3.37±0.94 c	3.14±0.11 c
2017	<11	6.13±1.70 ab	4.10±2.73 a	6.79±2.65 a	4.76±1.40 a		
	11～12	3.91±1.07 b	3.97±1.92 a	6.68±1.86 a	4.05±1.62 abc		
	12～13	4.80±1.60 ab	4.48±0.92 a	4.29±1.68 ab	3.61±1.43 abcd	18.39±12.85 a	11.33±7.32 a
	13～14	5.15±1.28 ab	4.99±1.85 a	5.74±1.24 ab	4.26±1.40 ab	11.63±3.72 ab	8.63±4.44 ab
	14～15	7.50±2.00 a	4.93±0.59 a	3.60±1.39 ab	2.80±0.21 cd	4.28±0.95 b	4.17±0.66 b
	15～16	5.75±1.65 ab	6.07±0.94 a	4.27±1.90 ab	2.95±0.78 bcd	4.88±0.60 b	3.17±0.35 b
	>16	3.79±1.55 b	5.64±0.48 a	3.01±1.47 b	2.53±0.56 d	6.63±2.64 b	3.41±0.45 b

注：不同小写字母表示不同高程之间差异达到显著水平（$p<0.05$，邓肯法）。

从湖底到湖岸，3 个调查区土壤铵态氮含量无明显变化趋势（表 4.6）。对于蚌湖土壤（0～10cm）铵态氮含量，2016 年最高值出现在<11m 高程，其次是 14～15m 和>16m 高程，3 种不同高程土壤铵态氮含量无显著性差异（$p>0.05$）；2017 年最高值分别出现在 14～15m 高程，其次是<11m、13～14m 高程，加之 12～13m、15～16m 两种高程的土壤铵态氮含量均无显著性差异（$p>0.05$）。对于泗洲头土壤（0～10cm）铵态氮含量，2016 年最高值出现在 13～14m 高程，其次是<11m 高程，两种高程土壤铵态氮含量无显著性差异（$p>0.05$）；2017 年最高值出现在<11m 高程，其次是 11～12m 高程，两种高程土壤铵态氮含量无显著性差异（$p>0.05$），均显著高于>16m 高程的土壤铵态氮含量（$p<0.05$）。对于常湖池土壤（0～10cm）铵态氮含量，2016 年最高值出现在 13～14m 高程，显著高于其他高程土壤铵态氮含量（$p<0.05$）；2017 年最高值出现在 12～13m 高程，其次是 13～14m 高程，两种高程土壤铵态氮含量无显著性差异（$p>0.05$），显著高于其他高程土壤铵态氮含量（$p<0.05$）。总体而言，随着高程的增加，鄱阳湖湿地洲滩>16m 高程的湖岸区域，其土壤（0～10cm）铵态氮含量明显小于湖底<11m 高程的土壤（0～10cm）铵态氮含量（$p<0.05$）。

4.2.4　土壤磷素在不同高程下的分布特征

1. 土壤全磷在不同高程下的分布特征

调查发现，2016 年和 2017 年蚌湖、泗洲头和常湖池 0～10cm 土壤全磷含量分别为 0.30～0.62g/kg、0.10～0.28g/kg 和 0.39～0.71g/kg，平均值分别为 0.42g/kg、0.18g/kg 和 0.51g/kg；10～20cm 土壤全磷含量分别为 0.26～0.53g/kg、0.09～0.29g/kg 和 0.26～0.47g/kg，平均值分别为 0.35g/kg、0.16g/kg 和 0.36g/kg（表 4.7）。其中，0～10cm 土壤全磷含量普遍高于 10～20cm 土壤全磷含量。

表 4.7　不同高程下的典型湿地土壤全磷含量　　单位：mg/kg

年份	高程/m	蚌湖		泗洲头		常湖池	
		0～10cm	10～20cm	0～10cm	10～20cm	0～10cm	10～20cm
2016	<11	0.54±0.01 a	0.53±0.02 a	0.28±0.08 a	0.29±0.06		
	11～12	0.44±0.05 b	0.36±0.05 b	0.19±0.06 bc	0.21±0.05 b		
	12～13	0.30±0.02 c	0.31±0.04 bc	0.14±0.01 c	0.14±0.01 cd	0.48±0.09 a	0.47±0.11 a
	13～14	0.36±0.01 bc	0.26±0.02 c	0.24±0.07 ab	0.19±0.05 bc	0.41±0.11 a	0.33±0.07 ab
	14～15	0.44±0.04 b	0.33±0.05 bc	0.13±0.01 c	0.12±0.02 d	0.39±0.14 a	0.39±0.10 ab
	15～16	0.43±0.11 b	0.31±0.04 bc	0.15±0.02 c	0.11±0.02 d	0.39±0.11 a	0.29±0.08 b
	>16	0.38±0.03 bc	0.36±0.01 b	0.13±0.01 c	0.12±0.02 d	0.42±0.03 a	0.34±0.09 ab
2017	<11	0.62±0.06 a	0.53±0.04 a	0.27±0.04 a	0.25±0.03 a		
	11～12	0.45±0.02 b	0.33±0.04 bc	0.16±0.07 b	0.18±0.05 b		
	12～13	0.30±0.01 d	0.30±0.01 cd	0.15±0.03 b	0.13±0.02 cd	0.62±0.10 a	0.42±0.03 a
	13～14	0.40±0.08 bc	0.26±0.02 d	0.26±0.07 a	0.16±0.01 bc	0.71±0.10 a	0.39±0.09 ab
	14～15	0.41±0.05 bc	0.35±0.02 b	0.13±0.03 b	0.10±0.01 d	0.69±0.18 a	0.39±0.09 ab
	15～16	0.37±0.02 cd	0.35±0.02 bc	0.10±0.01 b	0.09±0.01 d	0.58±0.28 a	0.26±0.07 b
	>16	0.38±0.01 bc	0.35±0.02 b	0.13±0.01 b	0.10±0.01 d	0.45±0.13 a	0.34±0.10 ab

注：不同小写字母表示不同高程之间差异达到显著水平（$p<0.05$，邓肯法）。

从湖底到湖岸，随着高程的增加，土壤全磷含量呈现下降趋势（表 4.7）。对于蚌湖和泗洲头，2016 年和 2017 年土壤（0～10cm）全磷的最高值均出现在<11m 高程，显著高于其他高程土壤全磷含量（$p<0.05$）。对于常湖池，2016 年和 2017 年土壤全磷含量的最高值分别出现在 12～13m 和 13～14m 高程，但不同高程对土壤全磷含量无显著性影响（$p>0.05$）。

2. 土壤有效磷在不同高程下的分布特征

调查发现，2016 年和 2017 年蚌湖、泗洲头和常湖池 0～10cm 土壤有效磷含量分别在 3.49～24.30mg/kg、3.16～9.26mg/kg 和 8.03～21.41mg/kg，平均值分别为 9.92mg/kg、5.79mg/kg、14.52mg/kg；10～20cm 土壤有效磷含量分别为 2.73～21.84mg/kg、1.75～11.39mg/kg 和 5.70～16.88mg/kg，平均值分别为 6.53mg/kg、5.01mg/kg、9.49mg/kg（表 4.8）。其中，0～10cm 土壤有效磷含量普遍高于 10～20cm 土壤有效磷含量。

表 4.8　不同高程下的典型湿地土壤有效磷含量　　单位：mg/kg

年份	高程/m	蚌湖		泗洲头		常湖池	
		0～10cm	10～20cm	0～10cm	10～20cm	0～10cm	10～20cm
2016	<11	24.30±2.07 a	21.84±3.29 a	8.53±1.62 a	11.39±3.41 a		
	11～12	11.78±2.87 b	7.12±2.05 b	5.00±1.07 b	8.57±3.55 ab		
	12～13	3.50±0.21 d	4.45±0.68 bc	3.57±0.91 bc	3.67±0.69 b	13.37±4.90 a	12.63±5.04 a
	13～14	4.61±0.31 d	2.83±0.62 c	4.96±0.41 b	3.68±0.68 b	10.83±8.99 a	4.89±0.63 b
	14～15	9.71±4.05 bc	2.88±0.68 c	3.16±0.22 c	1.77±0.38 b	8.03±8.06 a	7.64±5.10 ab
	15～16	6.68±3.55 cd	4.64±0.85 bc	3.91±0.44 bc	7.75±0.74 ab	8.17±3.60 a	5.70±1.27 b
	>16	3.49±0.25 d	2.73±0.19 c	7.61±0.17 a	2.76±0.70 b	8.75±2.12 a	6.29±2.97 b
2017	<11	20.24±4.63 a	17.48±3.86 a	8.16±1.79 ab	9.20±1.40 a		
	11～12	11.75±2.78 b	6.29±0.36 b	7.69±3.50 abc	7.82±2.58 a		
	12～13	7.70±1.41b c	5.00±0.77 bc	4.75±0.53 cd	3.56±0.38 b	19.15±3.35 a	11.00±1.67 ab
	13～14	13.19±4.20 b	4.02±1.25 bc	9.26±1.93 a	3.76±0.61 b	21.10±9.74 a	13.70±6.83 a
	14～15	10.19±6.49 bc	4.64±1.31 bc	4.77±0.20 cd	2.09±0.34 b	16.13±8.05 a	10.11±5.23 ab
	15～16	7.49±1.83 bc	4.43±0.48 bc	4.09±1.15 d	1.75±0.57 b	18.28±0.83 a	6.10±1.22 b
	>16	4.29±0.49 c	3.11±0.20 c	5.53±1.23 bcd	2.42±0.52 b	21.41±7.39 a	16.88±1.52 a

注：不同小写字母表示不同高程之间差异达到显著水平（$p<0.05$，邓肯法）。

从湖底到湖岸，随着高程的增加，土壤有效磷含量无明显变化趋势（表 4.8）。对于蚌湖，2016 年和 2017 年（0～10cm 和 10～20cm）土壤有效磷含量最高值出现在<11m 高程，显著高于其他高程土壤有效磷含量（$p<0.05$）；最低值出现在>16m 高程。对于泗洲头，2016 年（0～10cm 和 10～20cm）和 2017 年（10～20cm）土壤有效磷含量最高值出现在<11m 高程，而 2017 年（0～10cm）土壤有效磷含量最高值出现在 13～14m 高程，但与<11m 和 11～12m 高程土壤有效磷含量无显著性差异（$p>0.05$）。对于常湖池，（0～10cm 和 10～20cm）土壤有效磷含量最高值在 2016 年出现在 12～13m 高程，而 2017 年最高值出现在>16m 高程，但不同高程内（0～10cm）土壤有效磷含量无显著性差异（$p>0.05$）。

4.2.5　土壤碳氮磷比在不同高程下的分布特征

1. 土壤碳氮比在不同高程下的分布特征

土壤碳氮比被认为是评价土壤氮矿化能力的重要指标，根据碳氮比可以决定有机质分解过程中是发生矿化还是微生物固持，较低的碳氮比有利于氮的矿化，释放养分，通常认为土壤碳氮比值为 25～30 时会出现净矿化（Prescott, et al., 2000；青烨等，2015）。调查发现，2016 年和 2017 年蚌湖、泗洲头和常湖池 0～10cm 土壤碳氮比分别为 7.59～10.47、7.54～9.97 和 8.29～13.60，平均值分别为 8.57、8.93

和 10.40；10～20cm 土壤碳氮比分别为 6.62～7.86、5.96～10.08 和 6.95～8.97，平均值分别为 7.36、8.33 和 8.01（表 4.9）。王绍强和于贵瑞（2008）认为土壤碳氮比与有机质分解速度成反比，碳氮比较低的土壤具有较快的矿化作用。结果说明，鄱阳湖湿地洲滩土壤具有较高的矿化作用。其中，0～10cm 土壤碳氮比普遍高于 10～20cm 土壤碳氮比。

表 4.9　不同高程下的典型湿地土壤碳氮比

年份	高程/m	蚌湖		泗洲头		常湖池	
		0～10cm	10～20cm	0～10cm	10～20cm	0～10cm	10～20cm
2016	<11	7.66±0.22 c	7.86±0.89 a	9.03±0.79 ab	8.55±1.03 ab		
	11～12	7.99±0.17 c	7.76±1.00 a	9.50±0.66 ab	8.64±0.87 ab		
	12～13	9.13±0.63 ab	7.43±0.45 a	8.86±0.97 ab	8.33±1.01 ab	8.29±0.92 b	6.97±0.08 b
	13～14	9.24±0.06 a	7.60±0.46 a	9.97±1.94 a	10.08±2.70 a	8.70±0.74 ab	7.73±0.57 ab
	14～15	9.01±0.99 ab	7.52±0.37 a	8.65±0.90 ab	7.95±1.03 ab	9.30±0.82 ab	7.76±1.00 ab
	15～16	8.39±0.49 abc	7.39±0.38 a	8.22±1.15 ab	5.96±4.16 b	9.76±0.18 a	8.01±0.03 a
	>16	8.18±0.82 bc	7.44±0.25 a	7.68±0.87 b	7.37±0.21 ab	9.28±0.40 ab	8.20±0.51 a
2017	<11	7.59±0.47 c	7.01±0.38 ab	9.84±0.65 a	8.74±1.20 ab		
	11～12	8.42±0.77 bc	6.62±0.31 b	9.59±1.80 a	8.17±1.25 b		
	12～13	9.21±0.63 ab	7.53±0.22 a	8.56±1.76 a	7.97±0.84 b	9.69±1.10 a	6.95±1.08 b
	13～14	10.47±0.53 a	7.49±0.69 a	7.54±3.52 a	9.43±1.92 a	12.69±2.86 a	8.84±0.47 a
	14～15	8.54±1.10 bc	7.28±0.67 ab	9.35±2.20 a	8.52±1.85 ab	13.60±5.13 a	8.61±1.42 a
	15～16	7.86±0.94 c	7.00±0.46 ab	9.40±2.09 a	8.19±1.03 b	12.17±2.66 a	8.05±1.10 ab
	>16	8.24±0.22 bc	7.12±0.32 ab	8.78±0.22 a	8.78±1.36 ab	10.53±0.41 a	8.97±0.14 a

注：不同小写字母表示不同高程之间差异达到显著水平（$p<0.05$，邓肯法）。

从湖底到湖岸，3 个调查区的土壤碳氮比无明显变化趋势（表 4.9）。对于蚌湖土壤（0～10cm）碳氮比，2016 年和 2017 年的最高值均出现在 13～14m 高程，其次是 12～13m 高程，再次是 14～15m 高程；其中 2016 年 3 个调查区不同高程土壤碳氮比无显著性差异（$p>0.05$），但显著高于其他高程土壤碳氮比（$p<0.05$），而 2017 年 13～14m 高程和 12～13m 高程的土壤碳氮比无显著性差异（$p>0.05$），显著高于其他高程土壤碳氮比（$p<0.05$）。对于泗洲头土壤（0～10cm）碳氮比，2016 年最高值出现在 13～14m 高程，其次是 11～12m 高程，再次是<11m 高程，无显著性差异（$p>0.05$）；2017 年最高值出现在<11m 高程，不同高程对土壤碳氮比无显著性影响（$p>0.05$）。对于常湖池，湖岸土壤（0～10cm）碳氮比值较高于湖底，但不同高程对土壤碳氮比值无显著性影响（$p>0.05$）。研究结果说明，虽然碳和氮含量具有较大的空间变异性，但是碳氮比相对稳定，鄱阳湖湿地洲滩土壤具有较一致的矿化作用。

2. 土壤碳磷比在不同高程下的分布特征

土壤碳磷比低有利于促进微生物分解有机质，释放养分，较低的碳磷比是磷有效性高的一个指标（王绍强等，2008；王建林等，2014；青烨等，2015）。调查发现，2016 年和 2017 年蚌湖、泗洲头和常湖池 0～10cm 土壤碳磷比分别为 18.80～57.75、7.69～37.36 和 18.25～68.37，平均值分别为 30.79、22.92 和 37.44；10～20cm 土壤碳磷比分别为 14.16～26.52、6.71～18.67 和 11.06～33.15，平均值分别为 20.06、11.67 和 20.41（表 4.10）。其中，0～10cm 土壤碳磷比普遍高于 10～20cm 土壤碳磷比。

表 4.10　不同高程下的典型湿地土壤碳磷比

年份	高程/m	蚌湖		泗洲头		常湖池	
		0～10cm	10～20cm	0～10cm	10～20cm	0～10cm	10～20cm
2016	<11	18.80±0.69 cd	14.16±0.18 c	7.69±1.35 c	8.55±5.72 a		
	11～12	21.26±1.21 cd	17.35±3.71 bc	19.82±3.31 ab	8.58±2.71 a		
	12～13	37.40±6.29 b	21.42±3.29 ab	19.30±5.30 abc	10.36±2.60 a	18.25±0.38 b	11.06±2.39 b
	13～14	39.98±0.66 ab	25.26±3.76 a	28.10±10.36 a	16.43±14.29 a	23.04±2.87 b	17.16±1.98 ab
	14～15	44.52±6.79 a	26.12±3.62 a	27.44±13.92 a	12.17±3.43 a	37.26±3.12 a	16.51±5.83 ab
	15～16	16.42±3.25 d	18.79±3.79 bc	21.11±2.73 ab	11.17±1.99 a	35.51±1.04 a	20.74±2.25 a
	>16	24.12±4.24 c	17.43±0.92 bc	15.36±1.98 bc	9.30±1.30 a	40.57±7.07 a	18.87±5.45 ab
2017	<11	20.31±1.20 c	16.94±4.63 bc	8.94±1.77 b	6.71±2.19 c		
	11～12	25.81±8.55 c	16.98±1.68 bc	22.60±5.72 a	8.25±2.43		
	12～13	43.94±4.44 ab	23.49±1.30 abc	24.73±9.84 a	11.12±0.52 bc	30.52±6.60 b	15.05±2.21 c
	13～14	57.75±5.87 ab	26.52±2.87 a	31.01±7.37 a	17.52±8.42 ab	39.64±5.33 b	21.25±5.17 bc
	14～15	32.64±14.68 bc	24.33±8.81 ab	37.36±15.29 a	18.67±6.39 a	34.77±12.20 b	22.14±5.04 bc
	15～16	24.40±11.51 c	16.08±4.88 c	30.98±6.49 a	11.85±0.83 abc	46.47±6.99 ab	28.15±5.04 ab
	>16	23.72±0.77 c	16.00±0.46 c	26.49±7.38 a	12.65±2.28 abc	68.37±26.30 a	33.15±9.50 a

注：不同小写字母表示不同高程之间差异达到显著水平（$p<0.05$，邓肯法）。

从湖底到湖岸，3 个调查区土壤碳磷比无明显变化趋势（表 4.10）。对于蚌湖和泗洲头，2016 年和 2017 年以 13～14m 高程和 12～13m 高程土壤（0～10cm）碳磷比较高；有所区别的是蚌湖 13～14m 和 14～15m 高程土壤（0～10cm）碳磷比显著高于其他高程范围内土壤碳磷比（$p<0.05$），而泗洲头不同高程对土壤（0～10cm）碳磷比无显著影响（$p>0.05$）。对于常湖池，2016 和 2017 年土壤（0～10cm）碳磷比均出现在>16m 高程，显著高于湖底土壤碳磷比（$p<0.05$）。

4.2.6 土壤理化性状及其他环境因素之间的相关性分析

1. 主成分分析

为了研究蚌湖、泗洲头和常湖池的土壤理化性状，以及地上部分生物量之间的相互关系，先将地上部分生物量、土壤含水量、土壤 pH、有机碳、全氮、碱解氮、铵态氮、硝态氮、全磷、有效磷、碳氮比、碳磷比 12 个变量输入 SPSS 统计包中进行主成分分析，见图 4.1。

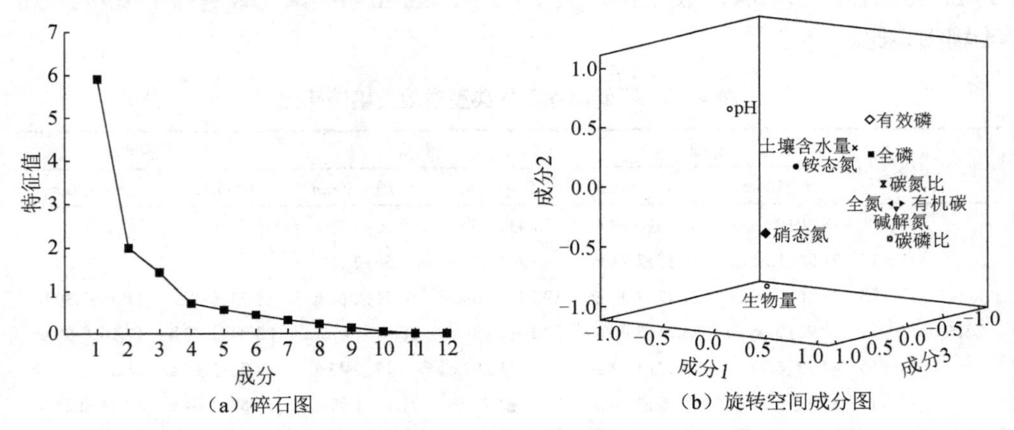

（a）碎石图　　（b）旋转空间成分图

图 4.1　基于主成分分析的土壤理化性状、地上部分生物量之间的碎石图和旋转空间成分图

主成分分析显示，第一主成分特征根为 5.91，解释了变异的 49.25%；第二主成分特征根为 1.98，解释了变异的 16.29%；第三主成分特征根为 1.48，解释了变异的 12.48%。根据特征根由大到小的顺序，本章选择前面 3 个主成分，此时累积贡献率为 78.02%［图 4.1（a）］。其中，第一主成分主要包括有机碳（0.973）、全氮（0.969）、碱解氮（0.969）等，说明土壤有机碳与全氮、碱解氮之间关系密切；第二主成分主要包括地上部分生物量（−0.821）、土壤 pH（0.593）、有效磷（0.564）等，说明地上部分生物量与土壤 pH、有效磷有关；第三主成分为硝态氮（0.789）、铵态氮（0.590）等［图 4.1（b）］。因子分析显示，泗洲头可能由第一主成分解释，常湖池可能由第二主成分解释，蚌湖可能由第三主成分解释。基于主成分分析的前 2 个成分，做 *xy* 散点图分析，将蚌湖、泗洲头和常湖池进行分类（图 4.2），进一步验证了上述因子分析结果。本章中，泗洲头属于洲滩前缘，为开放水域；蚌湖和常湖池为碟形湖泊，前者水域特征属于半控湖，后者水域特征属于控湖。基于生物量和土壤理化性状的主成分分析结果验证了蚌湖、泗洲头和常湖池的区别。

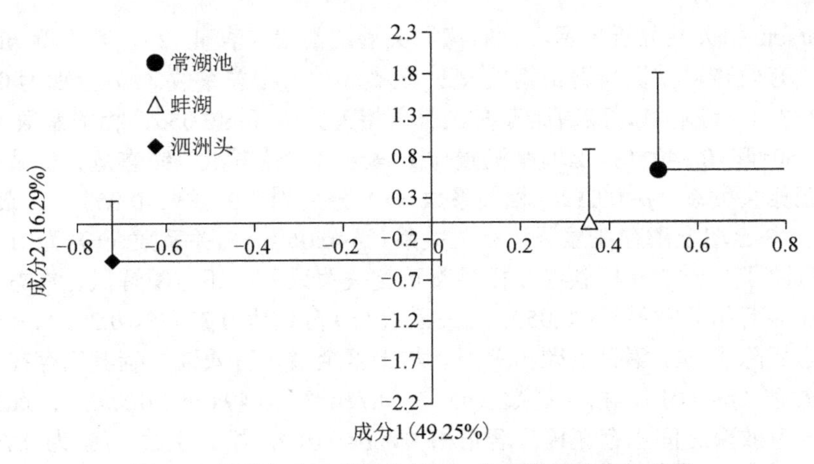

图 4.2　基于主成分分析的蚌湖、泗洲头和常湖池分类

2. 土壤理化性状之间的 Pearson 相关性分析

鉴于蚌湖、泗洲头和常湖池的区别，分别对 3 个调查区土壤理化性状采用 Pearson 相关系数进行双变量相关性分析。Pearson 相关性分析显示，针对蚌湖（表 4.11），其土壤 pH 与土壤全磷、有效磷存在极显著正相关关系（$p<0.01$），相关系数（r）分别为 0.511**和 0.572**，与碳磷比存在极显著负相关关系（$p<0.01$），相关系数（r）为−0.516**；土壤有机碳与土壤全氮、碱解氮、碳氮比、碳磷比存在极显著正相关关系（$p<0.01$），相关系数（r）分别为 0.978**、0.958**、0.842**、0.878**；土壤全氮除了与土壤有机碳存在极显著正相关关系外，还与碱解氮、全磷、有效磷、碳氮比、碳磷比存在显著相关关系（$p<0.05$），相关系数（r）分别为 0.943**、0.401*、0.412*、0.732**、0.799**；土壤硝态氮与土壤铵态氮存在极显著正相关关系（$p<0.01$），相关系数（r）为 0.763**；此外，土壤全磷与有效磷之间，碳氮比与碳磷比之间也存在极显著正相关关系（$p<0.01$），相关系数（r）为 0.880**和 0.873**。

表 4.11　蚌湖土壤理化性状之间的 Pearson 相关系数

指标	有机碳	全氮	碱解氮	硝态氮	铵态氮	全磷	有效磷	碳氮比	碳磷比
土壤 pH	−0.301	−0.221	−0.304	0.194	0.366	0.511**	0.572**	−0.361	−0.516**
有机碳	1	0.978**	0.958**	0.035	0.004	0.287	0.321	0.842**	0.878**
全氮		1	0.943**	0.036	−0.005	0.401*	0.412*	0.732**	0.799**
碱解氮			1	0.118	0.117	0.370	0.362	0.819**	0.794**
硝态氮				1	0.763**	−0.074	−0.115	0.101	0.070
铵态氮					1	0.104	0.135	0.104	−0.042
全磷						1	0.880**	0.031	−0.181
有效磷							1	0.083	−0.062
碳氮比								1	0.873**

**和*分别表示在 0.01 和 0.05 水平（双侧）上显著相关。

Pearson 相关性分析显示，针对泗洲头湿地土壤（表 4.12），其土壤 pH 与土壤全磷、有效磷存在极显著正相关关系（p<0.01），相关系数（r）分别为 0.479**和 0.523**，与碱解氮、碳磷比存在显著负相关关系（p<0.05），相关系数（r）分别为−0.450*和−0.540**；土壤有机碳与土壤全氮、碱解氮、铵态氮、碳磷比存在极显著正相关关系（p<0.01），相关系数（r）分别为 0.907**、0.853**、0.542**、0.775**，与土壤全磷存在显著正相关关系（p<0.05），相关系数（r）为 0.396*；土壤全氮除了与土壤有机碳存在极显著正相关关系外，还与碱解氮、铵态氮、碳磷比存在显著相关关系（p<0.05），相关系数（r）分别为 0.774**、0.392*、0.666**；土壤铵态氮除了与土壤有机碳相关外，与土壤全磷、有效磷、碳氮比存在极显著正相关关系（p<0.01），相关系数（r）为 0.716**、0.494**、0.550**；此外，土壤全磷与有效磷之间也存在极显著正相关（p<0.01），相关系数（r）为 0.760**。

表 4.12 泗洲头土壤理化性状之间的 Pearson 相关系数

指标	有机碳	全氮	碱解氮	硝态氮	铵态氮	全磷	有效磷	碳氮比	碳磷比
土壤 pH	−0.257	−0.314	−0.450*	−0.012	0.290	0.479**	0.523**	0.153	−0.540**
有机碳	1	0.907**	0.853**	0.085	0.542**	0.396*	0.193	0.356	0.775**
全氮		1	0.774**	0.171	0.392*	0.355	0.285	−0.012	0.666**
碱解氮			1	0.151	0.213	0.106	0.073	0.159	0.846**
硝态氮				1	−0.122	0.018	−0.027	−0.328	−0.046
铵态氮					1	0.716**	0.494**	0.550**	0.126
全磷						1	0.760**	0.301	−0.189
有效磷							1	−0.060	−0.207
碳氮比								1	0.291

**和*分别表示在 0.01 和 0.05 水平（双侧）上显著相关。

Pearson 相关性分析显示，针对常湖池湿地土壤（表 4.13），其土壤 pH 与土壤有机碳、全氮、碱解氮、有效磷、碳氮比、碳磷比存在极显著负相关关系（p<0.01），与全磷存在显著负相关关系（p<0.05）；土壤有机碳、全氮、碱解氮、碳氮比除了与硝态氮、铵态氮不存在显著相关外，与其他指标均存在极显著相关（p<0.01）；土壤铵态氮与全磷、有效磷存在显著正相关关系（p<0.05）；土壤碳磷比除了与土壤硝态氮、铵态氮、全磷不存在显著性相关关系外（p>0.05），与其他指标存在极显著相关关系。

表 4.13 常湖池土壤理化性状之间的 Pearson 相关系数

指标	有机碳	全氮	碱解氮	硝态氮	铵态氮	全磷	有效磷	碳氮比	碳磷比
土壤 pH	−0.784**	−0.733**	−0.773**	0.112	−0.100	−0.523*	−0.687**	−0.817**	−0.718**
有机碳	1	0.982**	0.966**	0.148	0.266	0.734**	0.770**	0.891**	0.875**
全氮		1	0.967**	0.201	0.304	0.667**	0.761**	0.803**	0.911**
碱解氮			1	0.221	0.249	0.675**	0.775**	0.824**	0.882**

续表

指标	有机碳	全氮	碱解氮	硝态氮	铵态氮	全磷	有效磷	碳氮比	碳磷比
硝态氮				1	−0.133	−0.087	0.039	−0.046	0.304
铵态氮					1	0.534*	0.537*	0.116	0.000
全磷						1	0.758**	0.768**	0.331
有效磷							1	0.649**	0.575**
碳氮比								1	0.683**

**和*分别表示在 0.01 和 0.05 水平（双侧）上显著相关。

3. 土壤理化性状与水文、植被、土壤水分的 Pearson 相关性分析

Pearson 相关性分析显示，针对蚌湖湿地土壤（表 4.14），其淹水天数对土壤 pH 与土壤有效磷含量存在极显著正相关关系（$p<0.01$），相关系数（r）分别为 0.703**和 0.675**；洲滩高程对土壤 pH 和有效磷存在极显著负相关关系（$p<0.01$），相关系数（r）分别为−0.716**和−0.689**；地上部分生物量也对土壤 pH、全磷和有效磷存在极显著负相关关系（$p<0.01$），相关系数（r）分别为−0.530**、−0.476**和−0.692**，对土壤硝态氮存在极显著正相关关系（$p<0.01$），相关系数（r）为 0.483**；土壤含水量对土壤 pH、全磷、有效磷存在极显著正相关关系（$p<0.01$），相关系数（r）分别为 0.538**、0.762**和 0.837**，对土壤全氮存在显著相关关系（$p<0.05$），相关系数为 0.454*。

表 4.14　水文、植被、土壤水分与蚌湖土壤理化性状之间的 Pearson 相关系数

指标	pH	有机碳	全氮	碱解氮	硝态氮	铵态氮	全磷	有效磷	碳氮比	碳磷比
淹水天数	0.703**	0.113	0.183	0.042	0.032	0.064	0.429*	0.675**	−0.020	−0.026
洲滩高程	−0.716**	−0.107	−0.178	−0.037	−0.023	−0.066	−0.447*	−0.689**	0.028	0.040
地上部分生物量	−0.530**	−0.022	−0.082	0.059	0.483**	0.334	−0.476**	−0.692**	0.116	0.152
土壤含水量	0.538**	0.319	0.454*	0.351	0.108	0.214	0.762**	0.837**	0.011	−0.005

**和*分别表示在 0.01 和 0.05 水平（双侧）上显著相关。

Pearson 相关性分析显示，针对泗洲头湿地土壤（表 4.15），其淹水天数对土壤 pH、铵态氮、全磷、有效磷、碳磷比含量存在极显著正相关关系（$p<0.01$），相关系数（r）分别为 0.741**、0.576**、0.731**、0.557**、0.741**；洲滩高程对土壤 pH、铵态氮、全磷、有效磷、碳磷比存在极显著负相关关系（$p<0.01$），相关系数（r）分别为−0.746**、−0.580**、−0.741**、−0.570**、−0.746**；地上部分生物量也对土壤 pH、有效磷、碳磷比存在显著负相关关系（$p<0.05$），相关系数（r）分别为−0.428*、−0.506**和−0.428*，对土壤硝态氮存在显著正相关关系（$p<0.05$），相关系数（r）为 0.422*；土壤含水量对土壤有机碳、全氮、铵态氮、全磷存在极显著正相关关系（$p<0.01$），相关系数（r）分别为 0.591**、0.540**、0.738**、0.547**，对土壤有效磷和碳氮比存在显著相关关系（$p<0.05$），相关系数为 0.399*和 0.382*。

表 4.15　水文、植被、土壤水分对泗洲头土壤理化性状之间的 Pearson 相关系数

指标	土壤 pH	有机碳	全氮	碱解氮	硝态氮	铵态氮	全磷	有效磷	碳氮比	碳磷比
淹水天数	0.741**	0.068	−0.023	−0.252	−0.318	0.576**	0.731**	0.557**	0.372	0.741**
洲滩高程	−0.746**	−0.060	0.030	0.258	0.315	−0.580**	−0.741**	−0.570**	−0.370	−0.746**
地上部分生物量	−0.428*	0.230	0.142	0.297	0.422*	−0.139	−0.324	−0.506**	0.031	−0.428*
土壤含水量	0.264	0.591**	0.540**	0.210	−0.257	0.738**	0.547**	0.399*	0.382*	0.264

**和*分别表示在 0.01 和 0.05 水平（双侧）上显著相关。

Pearson 相关性分析显示，针对常湖池湿地土壤（表 4.16），其淹水天数对土壤铵态氮含量存在极显著正相关关系（$p<0.01$），相关系数（r）分别为 0.642**；洲滩高程对土壤铵态氮存在极显著负相关关系（$p<0.01$），相关系数（r）分别为−0.649**；地上部分生物量对土壤铵态氮存在极显著负相关关系（$p<0.01$），其相关系数为 0.570**，对土壤全磷和有效磷存在显著负相关关系（$p<0.05$），其相关系数分别为−0.471*、−0.461*；土壤含水量对土壤有机碳、全氮、碱解氮、碳氮比存在极显著正相关关系（$p<0.01$），其相关系数分别为 0.746**、0.763**、0.777**、0.600**，对土壤有效磷存在显著正相关关系（$p<0.05$），相关系数为 0.496*，对土壤 pH、碳磷比存在极显著负相关关系（$p<0.01$），相关系数均为−0.598**。

表 4.16　水文、植被、土壤水分对常湖池土壤理化性状之间的 Pearson 相关系数

指标	土壤 pH	有机碳	全氮	碱解氮	硝态氮	铵态氮	全磷	有效磷	碳氮比	碳磷比
淹水天数	0.276	−0.222	−0.238	−0.297	−0.175	0.642**	0.353	0.118	−0.199	0.276
洲滩高程	−0.280	0.222	0.237	0.296	0.176	−0.649**	−0.352	−0.123	0.204	−0.280
地上部分生物量	0.297	−0.096	−0.048	−0.048	0.275	−0.570**	−0.471*	−0.461*	−0.136	0.297
土壤含水量	−0.598**	0.746**	0.763**	0.777**	0.117	0.114	0.342	0.496*	0.600**	−0.598**

**和*分别表示在 0.01 和 0.05 水平（双侧）上显著相关。

4.2.7　土壤碳氮的影响因素分析

主成分分析结果证明，土壤有机碳、全氮、碱解氮是湿地土壤理化性状的重要指标［图 4.1（b）］。因而，以土壤有机碳、全氮、碱解氮为湿地土壤理化性状的代表，采用 ABTs 算法，研究鄱阳湖洲滩景观类型、水域特征、坡度、湖底高程、植被类型、地上部分生物量、土壤深度、年份及其他土壤性质（土壤含水量、土壤 pH、铵态氮、硝态氮、全磷、有效磷、碳氮比、碳磷比）等环境因素对土壤有机碳、全氮和碱解氮的相对影响，揭示其重要影响因子。为了确定哪一种环境变量应该包括在最后的模型中，在进行 ABTs 分析之前需要对模型进行优化，通过重复运行模型，去除相对贡献率<1%的变量，得出最优的 ABTs 模型。

1. 土壤有机碳影响因素分析

针对各种环境因素对湿地土壤有机碳分析的 ABTs 模型，景观类型（0.82%）、硝态氮（0.61%）、地上部分生物量（0.54%）、铵态氮（0.38%）、坡度（0.19%）、土壤深度（0.18%）、年份（0.12%）、洲滩高程（0.11%）、水域特征（0.10%）、植物类型（0.06%）、多年平均淹水天数（0.05%）和湖底高程（0.00%）因其相对影响<1%而被去除，进入最优 ABTs 模型的变量为全氮、碱解氮、土壤 pH、有效磷和土壤含水量，见图 4.3。

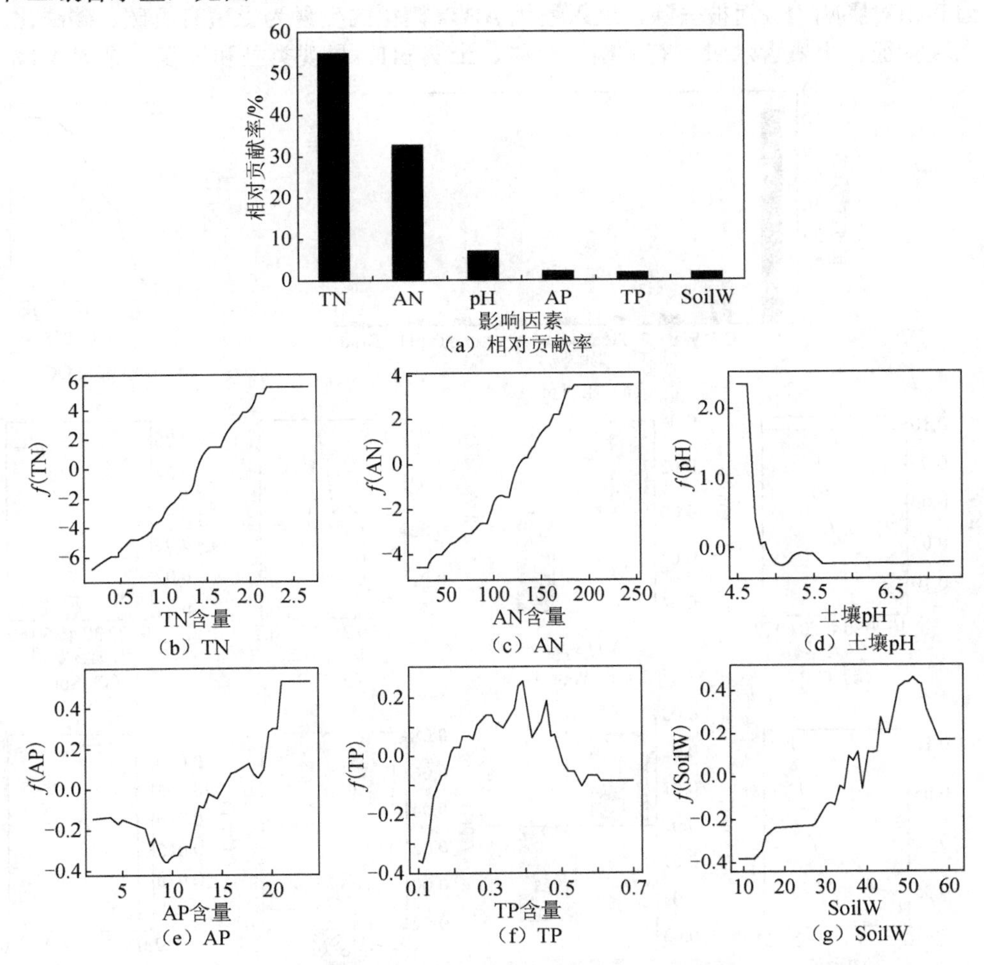

图 4.3　环境因素对土壤有机碳的相对影响及偏相关的优化 ABTs 模型

TN 表示土壤全氮；AN 表示碱解氮；AP 表示有效磷；TP 表示全磷；SoilW 表示土壤含水量

优化的 ABTs 模型显示，对于土壤有机碳，进入最优 ABTs 模型的环境变量中，土壤全氮是最重要的影响因子，相对贡献率达到了 55.00%；其次是碱解氮，具有中等程度的影响，其相对贡献率为 32.80%；土壤 pH 的影响较弱，其相对贡献率为 6.70%；而有效磷、全磷和土壤含水量的影响微乎其微，其相对贡献率分别为 2.07%、1.75%和 1.68%（图 4.3）。

2. 土壤全氮影响因素分析

针对各种环境因素对于土壤全氮分析的 ABTs 模型，硝态氮（0.66%）、铵态氮（0.46%）、地上部分生物量（0.24%）、洲滩高程（0.13%）、土壤深度（0.09%）、多年淹水平均天数（0.04%）、年份（0.03%）、植物类型（0.02%）、湖底高程（0.00%）因其相对影响<1%而被去除，进入最优 ABTs 模型的变量为土壤有机碳、碳磷比、水域特征、土壤含水量、有效磷、全磷、土壤 pH、景观类型和坡度，见图 4.4。

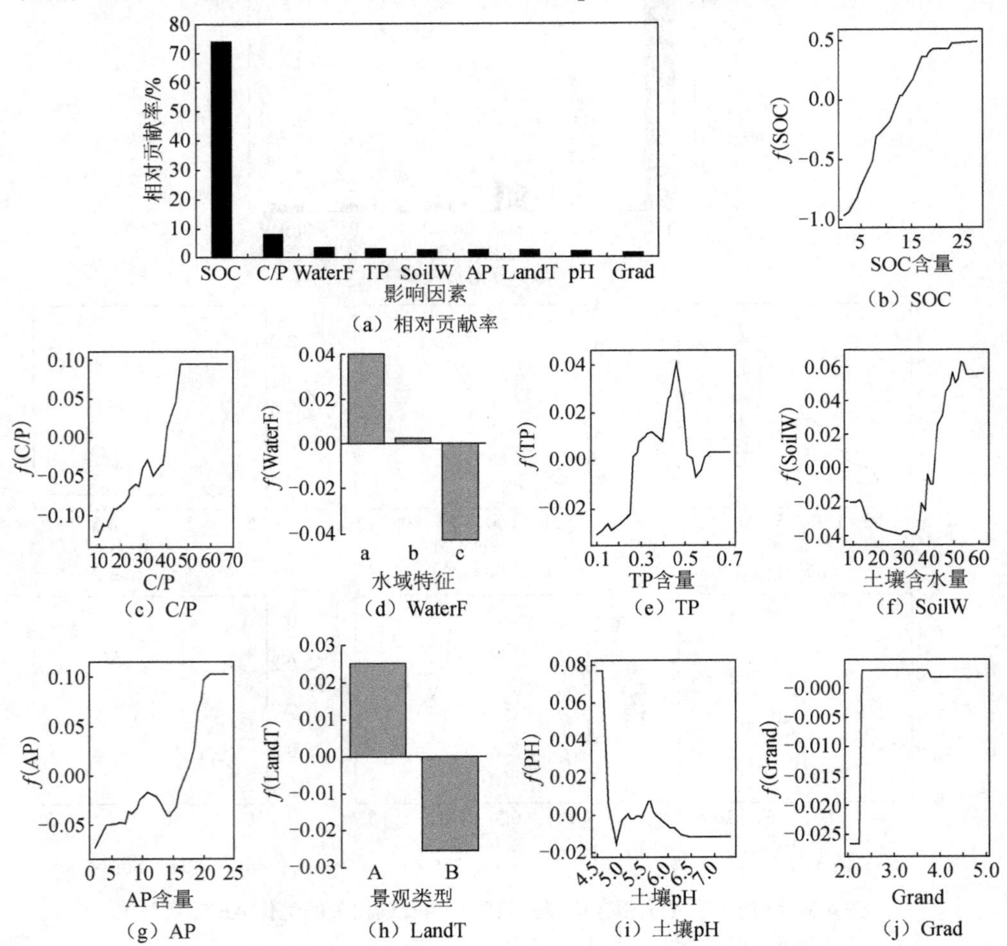

图 4.4　环境因素对土壤全氮的相对影响及偏相关的优化 ABTs 模型

SOC 表示土壤有机碳；C/P 表示碳磷比；WaterF 表示水域特征；TP 表示全磷；SoilW 表示土壤含水量；AP 表示有效磷；LandT 表示景观类型；Grand 表示坡度

针对湿地土壤全氮，进入最优 ABTs 模型的环境变量中，土壤有机碳是主要控制因子，相对贡献率达到了74.24%；其次是碳磷比，具有相对较小的影响，其相对贡献率为8.07%；水域特征和全磷的相对影响类似，相对贡献率分别为3.51%和3.24%；土壤含水量、有效磷、景观类型也具有类似较弱的相对影响，相对贡献率分别为2.63%、2.58%和2.34%；土壤 pH 和坡度也具有微乎其微的相对影响，相对贡献率分别为1.96%和1.43%（图4.4）。

3. 土壤碱解氮影响因素分析

针对各种环境因素对于土壤碱解氮分析的 ABTs 模型，铵态氮（0.50%）、洲滩高程（0.39%）、地上部分生物量（0.32%）、多年平均淹水天数（0.20%）、坡度（0.10%）、年份（0.09%）、景观类型（0.08%）、土壤深度（0.08%）、水域特征（0.04%）、植物类型（0.01%）、湖底高程（0.00%）因其相对影响<1%而被去除，进入最优 ABTs 模型的变量是土壤有机碳、全氮、碳氮比、碳磷比、有效磷、土壤 pH、全磷、土壤含水量和硝态氮，见图4.5。

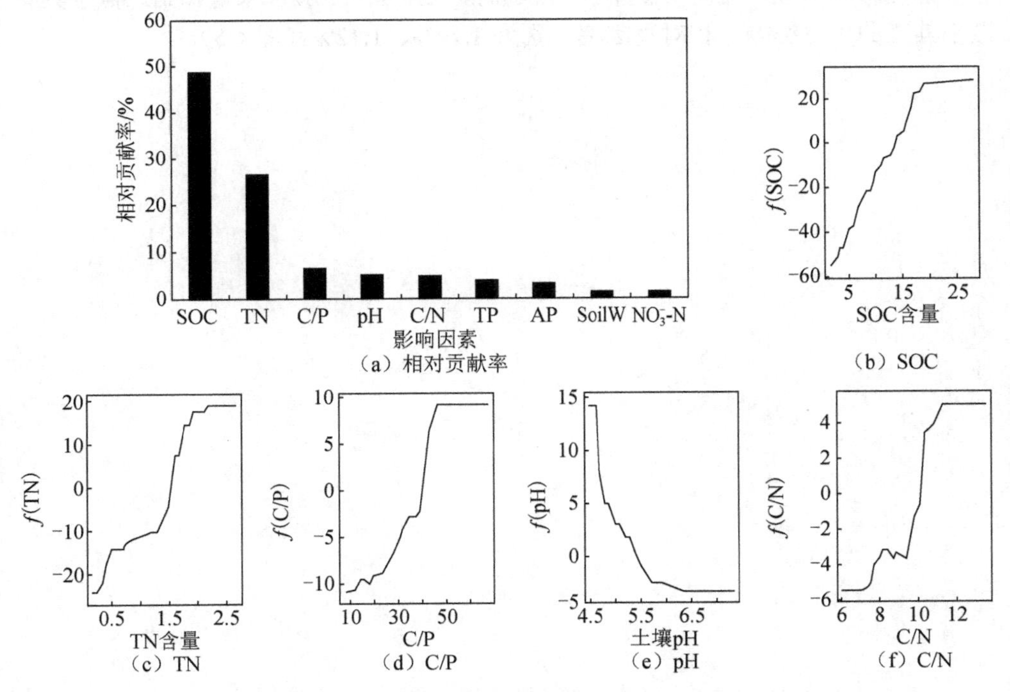

图4.5　环境因素对土壤碱解氮的相对影响及偏相关的优化 ABTs 模型

SOC 表示土壤有机碳；TN 表示全氮；C/P 表示碳磷比；C/N 表示碳氮比；TP 表示全磷；AP 表示有效磷；SoilW 表示土壤含水量；NO_3^--N 表示硝态氮

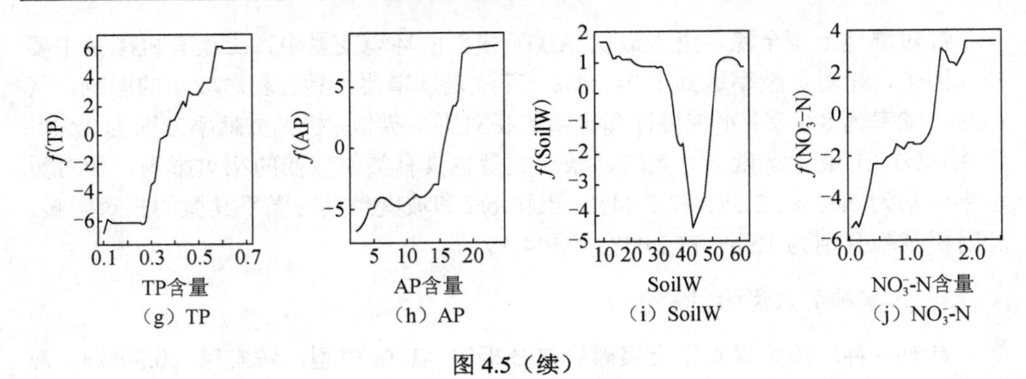

（g）TP　（h）AP　（i）SoilW　（j）NO_3^--N

图 4.5（续）

针对湿地土壤碱解氮，进入最优 ABTs 模型的环境变量中，土壤有机碳是重要影响因子，相对贡献率达到了 48.77%；其次是全氮，具有中等程度的影响，其相对贡献率为 26.42%；碳磷比的相对影响较弱，相对贡献率为 6.33%；土壤 pH 和碳氮比具有类似较弱的相对影响，相对贡献率分别为 4.99%和 4.59%；全磷和有效磷的影响类似，相对贡献率为 3.68%和 2.96%；土壤含水量和硝态氮也具有微乎其微的相对影响，相对贡献率分别为 1.14%、1.12%（图 4.5）。

第 5 章　鄱阳湖湿地生态功能分区

5.1　湿地生态功能分区的原则依据与方法

5.1.1　湿地生态功能分区的原则依据

1. 鄱阳湖湿地生态功能分区的基本原则

鄱阳湖湿地是我国乃至世界重要的湿地资源，是中国最早加入《湿地公约》的湿地（Art，2006）。鄱阳湖湿地生态系统服务功能价值巨大，鄱阳湖湿地对长江下游地区的社会经济发展具有重要作用。在温家宝做出“保护一湖清水”的重要批示和江西省委、省政府提出建设“鄱阳湖生态经济区”的重大战略举措的背景下，鄱阳湖湿地生态功能分区应当坚持以下原则。

1）生态保护优先、经济适当发展原则。人是生态系统的重要组成部分，不能以人为本地解决湖区百姓的生存、发展乃至基本的健康问题的生态保护只能是空谈，是不现实、不可靠的。在强调生态保护的基础上，对鄱阳湖进行适度开发、利用，既有利于人与自然的和谐相处，又有利于湿地生态的长远保护。

2）主体因素原则。在鄱阳湖湿地生态功能分区过程中，多种因素的干扰会出现一个区域几个生态功能区交叉重叠的结果，这就需要对各种因素进行评估，找出主体因素。

3）综合性原则。鄱阳湖湿地生态系统是由“水—草—鱼—鸟—人”构成的复合生态系统，是一个有机的整体，任何割裂的所谓保护，如过多地强调鸟类的保护或过多地注重人类经济的发展，都不利于整个生态系统的健康与稳定。

4）行政一致性原则。湿地生态功能区的划分主要是便于湿地管理者能更有效地掌握湿地动态、管理湿地资源。因此，功能区的划分一定要合理可行，实施方案要基本一致，且容易操作。为了破解“九龙治水”的难题，在分区过程中尽可能坚持行政一致性，避免不同生态功能区跨行政区域的做法，便于行政上组织协调和管理。

5）人与自然和谐原则。人与自然和谐是指人与自然系统之间和谐共处。从系统论和自然食物链角度考虑，人类只不过是自然系统中的一员，在自然系统中，所有生物都是平等的，人类处于生物链的某一位点，但绝不是控制点。每一种生物都有生态位点，一类物种的消失，会使自然系统不完整，甚至会影响和破坏整个自然生态系统的稳定与平衡。

鄱阳湖湿地生态系统是一个各环节相辅相成的有机整体，人们现在的关注点多集中在鸟类上，过度地强调某一方面的保护，一看到鸟类多便盛赞环境保护得力。其实，对整体而言，鸟的种类减少而个别物种的数量过多也未必是好事，对鱼、对草、对生态系统的维护都不利。生态保护应该综合考虑各个环节，考虑生态系统的平衡与稳定，在如今人为过度利用和干扰处于亚健康的鄱阳湖，实施科学的保护措施，维持人与自然和谐，保护、调节鄱阳湖生态系统新的平衡，促进鄱阳湖“水—草—鱼—鸟—人”复合生态系统的健康发展。

2. 鄱阳湖湿地生态功能分区的主要依据

（1）《中华人民共和国宪法》基础

《中华人民共和国宪法》（以下简称《宪法》）中并没有明确提及“湿地”一词，也没有专门将湿地作为调整对象的条款。但是，自1954年第一部《宪法》制定开始，我国即已通过明确资源权属的方式将作为“湿地”类型之一的“水流”纳入国家法律调整范畴；其后，在1982年及以后的各部《宪法》中，“滩涂”“草地”等湿地或与湿地相关的资源类型也被明确列入调整范围。与此同时，自1978年开始，《宪法》还明确写入“保护环境和自然资源，防治污染和其他公害”的条款；又于1982年及以后的《宪法》中，将上述条款修正为“国家保障自然资源的合理利用，保护珍贵的动物和植物，禁止任何组织或者个人用任何手段侵占或破坏自然资源”。可见，《宪法》的制定与修正，实际上已在为我国湿地资源保护和合理利用提供必要的法律保证，是我国进行湿地保护和湿地保护立法的根本法律基础。

（2）其他部门法的规定

在《宪法》的基础上，1979年《中华人民共和国刑法》（以下简称《刑法》）和1987年《中华人民共和国民法通则》（以下简称《民法通则》）也分别规定了破坏“水源”“水产资源”“野生动物资源”等行为的刑事责任和处罚方式；明确规定了“滩涂”“水面”“草原”等自然资源所有权人、使用权人及管理人对自然资源所拥有的权利、权力和应尽的义务。此外，为了加强对资源环境的保护力度和对破坏资源环境犯罪行为的惩罚力度，1997年的《刑法》中专门列出了“破坏环境资源保护罪”的罪名。

（3）资源保护管理法律法规的规定

我国目前尚无关于湿地保护的专门立法，由于湿地是整个生态系统的重要组成部分，每个湿地本身又是包含土地、动植物、水等资源在内的相对独立的生态系统。因此，国家有关土地和其他自然资源的开发、利用、保护、管理的所有立法也都适用于湿地。与湿地的利用和保护密切相关的立法主要有三类：一是有关土地和海域资源的立法；二是有关动植物保护的立法；三是有关自然保护区建设和管理的立法。

（4）国际政府间协议和公约

国际政府间协议和公约主要有《湿地公约》、《濒危野生动植物国际贸易公约》（《华盛顿公约》）、《保护世界文化和自然遗产公约》（《世界遗产公约》）、《生物多样性公约》、《保护迁徙野生动物物种公约》等。

1）《湿地公约》。20 世纪 60 年代，在国际水禽与湿地研究局（1995 年，其与亚洲湿地局、美洲湿地组织合并组成现在的湿地国际）的倡议下，国际社会召开了一系列保护全球湿地的国际会议，开始制定有关的国际法律文书，终于产生了《湿地公约》。《湿地公约》不仅要求各缔约国承诺在本国境内对湿地进行管理，而且为湿地保护提供资助和监测，从而为湿地的保护建立国际性框架。《湿地公约》要求通过国际合作保护湿地。《湿地公约》的核心任务是制定国际重要湿地名册。每一个缔约国签署、认可或者批准《湿地公约》时应该在国际重要湿地名册中至少列入本国的一处湿地。中国现有 21 处湿地列入国际重要湿地名册，鄱阳湖是中国最早一批加入湿地名录的湿地。

2）《华盛顿公约》。《华盛顿公约》于 1973 年 6 月 21 日在美国华盛顿签署，1975 年 7 月 1 日正式生效。该公约的精神在于管制而非完全禁止野生物种的国际贸易，其用物种分级与许可证的方式保障野生物市场的永续利用性。该公约的附录物种名录由缔约国大会投票决定，缔约国大会每两年至两年半召开一次。在大会中只有缔约国有权投票，一国一票。该公约并不反对贸易，因为野生动物贸易迄今仍为人类所依赖，而部分附录物种的贸易也是支持保育工作的重要助力。中国于 1980 年 12 月 25 日签订了这个公约，并于 1981 年 4 月 8 日对中国正式生效。

3）《世界遗产公约》。联合国教育、科学及文化组织大会于 1972 年 11 月 16 日通过《世界遗产公约》。该公约定义的自然遗产之二为从科学或保护角度看具有突出的普遍价值的地质和自然地理结构，以及明确划为受威胁的动物和植物生境区；从科学、保护或自然美角度看具有突出的普遍价值的天然名胜或明确划分的自然区域。

4）《生物多样性公约》。《生物多样性公约》在 1992 年 6 月 5 日制定于里约热内卢。目标是按照该公约有关条款从事保护生物多样性、持续利用其组成部分及公平合理分享由利用遗传资源而产生的惠益。实施手段包括遗传资源的适当取得及有关技术的适当转让，但需顾及对这些资源和技术的一切权利，以及提供适当资金。

5）《保护迁徙野生动物物种公约》。该公约于 1979 年 6 月 23 日制定于波恩，1983 年 12 月 1 日生效。目标在于保护陆地、海洋和空中的迁徙物种的活动空间范围，在于保护通过国家管辖边界以外的野生动物中的迁徙物种。

（5）与鄱阳湖湿地有关的保护条例和法律法规

与鄱阳湖湿地有关的保护条例和法律法规主要包括《江西省湿地保护条例》《江西省五河源头和鄱阳湖生态环境保护条例（征求意见稿）》等。2012 年 5 月 1

日，《江西省湿地保护条例》开始实施，同时《江西省鄱阳湖湿地保护条例》废止。《江西省五河源头和鄱阳湖生态环境保护条例（征求意见稿）》是江西省政府 2009 年立法工作计划中的省政府地方性法规，目标是每月对赣江、抚河等五河及鄱阳湖的水质情况进行公布，并保证江豚洄游通道畅通。

（6）与鄱阳湖湿地有关的各种社会经济发展政策和规划

与鄱阳湖湿地有关的各种社会经济发展政策和规划主要包括有关鄱阳湖湿地的综合规划和专项规划，国家、江西省和鄱阳湖周边各县市的规划等，如《全国生态功能区划》《全国湿地保护工程规划（2002—2030）》《全国湿地保护工程实施规划（2005—2010）》《中国湿地保护行动计划》《环鄱阳湖经济圈规划（2006—2010）》《鄱阳湖生态经济区规划》，以鄱阳湖周边的湖口县、柴桑区、德安县、都昌县、鄱阳县、永修县、新建区、南昌县、进贤县、余干县等的社会经济发展规划中的有关鄱阳湖湿地的社会经济发展规划。

《全国生态功能区划》是环境保护部会同中国科学院于 2008 年联合发布的研究成果。《全国湿地保护工程规划（2002—2030）》的总体目标是，到 2030 年全国湿地保护区达到 713 个、国际重要湿地达到 80 个，使 90%以上的天然湿地得到有效保护；完成湿地恢复工程 140.4 万 hm^2，在全国范围内建成 53 个国家湿地保护与合理利用示范区；建立比较完善的湿地保护、管理与合理利用的法律、政策和监测科研体系；形成较为完整的湿地区保护、管理、建设体系，使我国成为湿地保护和管理的先进国家。

5.1.2　湿地生态功能类型与评价方法

（1）湿地生态功能类型

鄱阳湖湿地是国际重要湿地，发挥着国际濒危物种的生态保护功能，特别是濒危候鸟水禽的保护功能，如白鹤、黑鹳、大鸨、小天鹅、灰鹤、白枕鹤、白头鹤等。鄱阳湖湿地是重要野生动物和鱼类资源的保护区，如白鳍豚、江豚、中华鲟、鲥鱼等。鄱阳湖湿地是长江中下游血吸虫病的重要防护区。鄱阳湖周边地区是庐山市、都昌县、鄱阳县、永修县等县城据点，鄱阳湖也是这些地区的重要水源地。近年来，鄱阳湖湿地候鸟景观吸引了来自海内外的众多游客，鄱阳湖湿地也逐渐成为江西省重要旅游景点之一，是国内外湿地生态旅游的重要集聚地。鄱阳湖具有重要的经济功能，每年为江西省提供 60%的鱼类产品。综合以上各种要素，鄱阳湖湿地生态功能主要体现为越冬候鸟保护生态功能、珍稀鱼类资源保护生态功能、血吸虫病防控生态功能、饮用水源地保护生态功能、生态渔业产业功能、生态旅游功能、区域生态保障功能。本章将从这些方面对其重要性进行评价。

（2）湿地生态功能评价方法

为了明确生态功能重要性在空间上的分布，基于湿地自然环境和人类活动特征，将生态功能分为两个评价指标，指标由多个评价指数构成，将评价指数划分为 4 个等级，即极重要、非常重要、重要和一般重要，依次赋值为 10、7、4、1。其中指标的重要性采用式（5.1）计算，生态功能的重要性采用式（5.2）计算。

$$SS_i = \sqrt[4]{\prod_{i=1}^{4} C_i} \tag{5.1}$$

式中，SS_i 为生态功能评价指标的等级值；C_i 为评价指数的等级值。

$$SI_j = \sum_{i=1}^{2} SS_i \tag{5.2}$$

式中，SI_j 为湿地生态功能综合评价的重要值；SS_i 为生态功能评价指标的等级值。

5.2　湿地生态功能重要性评价

湿地生态功能重要性评价是进行湿地生态功能分区的基础，通过对不同生态功能的重要性进行评价，明确其功能价值和地理空间分布。生态功能重要性评价指标是描述生态功能特征的主要方式，是揭示生态功能结构、过程和状态的重要途径。

5.2.1　越冬候鸟保护生态功能重要性评价

（1）建立评价指标

鄱阳湖湿地是许多珍稀候鸟越冬的重要场所，越冬候鸟对湿地生境要求主要是水草适宜、食物丰富。根据候鸟习性的特点，结合鄱阳湖湿地自然地理环境特征，建立自然环境和人类活动两个评价指标，自然环境指标包括湿地景观类型指数、湿地裸露指数、候鸟空间分布指数和湿地水生植被指数，人类活动指标包括人类活动干扰指数和湿地水质敏感指数（表 5.1）。

表 5.1　越冬候鸟保护生态功能重要性评价指标

评价指数		极重要	非常重要	重要	一般重要	备注
自然环境	湿地景观类型指数（平水位）	湖池	草洲	库塘	湖泊岛屿及裸地	
	湿地裸露指数/天	<30	30～169.5	170～271.5	>271.5	
	候鸟空间分布指数	集中分布	一般分布	偶然分布	极少分布	候鸟出现的频率
	湿地水生植被指数/%	>50	30～50	5～12.9	裸地和水体	
人类活动	人类活动干扰指数/km	>5.0	2.0～5.0	0.5～1.9	<0.5	以湿地边界作为缓冲
	湿地水质敏感指数/km	>20	10.0～20.0	3～9.9	<3	以五河入湖口作为缓冲
C_i		10	7	4	1	
SI_j		>15	10～15	6～9	2～5	

（2）评价结果与分析

根据地理信息系统（geographic information system，GIS）空间分析计算的结果，鄱阳湖湿地越冬候鸟保护生态功能重要性的空间分布情况如下：极重要区、非常重要区、重要区和一般重要区的面积分布为567km^2、863km^2、1213km^2、525km^2。

5.2.2　珍稀鱼类资源保护生态功能重要性评价

（1）建立评价指标

鄱阳湖湿地具有多种重要鱼类，包括鲟科的大中华鲟和白鲟，鲱科的鲥鱼，银鱼科的太湖新银鱼等（张堂林等，2007）。此外，哺乳动物中长江江豚和白鳍豚对鄱阳湖生境的要求与这些鱼类具有相似性（如水质和水深），因此一并考虑（魏卓等，2003），构建的评价指标体系见表5.2。

表5.2　珍稀鱼类资源保护生态功能重要性评价指标

评价指数		极重要	非常重要	重要	一般重要	备注
自然环境	鱼类资源空间分布	保护鱼类和经济鱼类出现区	保护鱼类分布区	经济鱼类分布区	无鱼类分布区	
	湿地裸露指数/天	<30	30～169.5	170～271.5	>271.5	
	湿地景观类型（平水位）	湖池	库塘	草滩	湖泊岛屿及裸地	
人类活动	人类活动干扰指数/km	>5.0	2.0～5.5	0.5～1.9	<0.5	以湿地边界作为缓冲
	湿地水质敏感指数/km	>20	10～20	3～9.9	<3	以五河入湖口作为缓冲
	C_i	10	7	4	1	
	SI_j	>14	10～14	6～9	2～5	

（2）评价结果与分析

根据GIS空间分析计算的结果，鄱阳湖湿地珍稀鱼类资源保护生态功能重要性的空间分布情况如下：极重要区、非常重要区、重要区和一般重要区的面积分别为526km^2、883km^2、1492km^2、227km^2。

5.2.3　血吸虫病防控生态功能重要性评价

（1）建立评价指标

防控血吸虫病蔓延和爆发的有效措施是消除血吸虫的中间寄主钉螺的存在，然而在鄱阳湖广袤的区域中，要完全清除钉螺非常困难。另外一个重要措施是避免人畜接触血吸虫钉螺生存地带，因此从感染钉螺密度或活螺密度指数、湿地景观类型、人类易接近指数几个方面加以管治，可以避免血吸虫病的蔓延和暴发（表5.3）。

表 5.3　血吸虫病防控生态功能重要性评价指标

评价指数		极重要	非常重要	重要	一般重要	备注
自然环境	感染钉螺密度或活螺密度指数/（只/m²）	感染钉螺密度>0.045	感染钉螺密度<0.045 或活螺密度>18	无螺或无感染螺且活螺密度<18的草洲和沼泽地	滩涂、裸地和岛屿	
	湿地景观类型（平水位）	草滩	湖池	库塘	湖泊岛屿及裸地	
人类活动	人类易接近指数/km	<0.5	0.5～2.0	2.0～5.0	>5.0	以湿地边界作为缓冲
	C_i	10	7	4	1	
	SI_j	>15	10～15	6～10	2～6	

（2）评价结果与分析

根据 GIS 空间分析计算的结果，鄱阳湖湿地血吸虫病防控生态功能重要性的空间分布情况如下：极重要区、非常重要区、重要区和一般重要区的面积分别为 122km²、887km²、1414km²、745km²。

5.2.4　饮用水源地保护生态功能重要性评价

（1）建立评价指标

饮用水源地主要为周边县市和乡镇提供饮用水源，因此它与周边县城和乡镇的邻近距离的相关性最大。此外，饮用水源地受到人类活动的干扰程度要最小，以保障水源水质（表 5.4）。

表 5.4　饮用水源地保护生态功能重要性评价指标

评价指数		极重要	非常重要	重要	一般重要	备注
自然环境	可供水源的有效距离/km	<2	2～5	5～10	>10	
人类活动	湿地水质敏感指数/km	>20	10～20	3～10	<3	以五河的入湖口作为缓冲
	C_i	10	7	4	1	
	SI_j	>15	10～15	6～10	2～6	

（2）评价结果与分析

根据 GIS 空间分析计算的结果，鄱阳湖湿地饮用水源地保护生态功能重要性的空间分布情况如下：极重要区、非常重要区、重要区和一般重要区的面积分别为 90km²、994km²、1435km²、649km²。

5.2.5　生态渔业产业重要性评价

（1）建立评价指标

鄱阳湖湿地生态渔业产业主要包括两个方面：一是生态捕捞业；二是生态养

殖业。满足两个方面的条件分别是鄱阳湖湿地深水区和库塘区。因此，从生态渔业角度考虑，这两个区域是鄱阳湖湿地渔业产业的极重要区。而从渔业经济效益角度出发，与主要城镇的距离越近及与主要交通道路的距离越近的区域，其成本越低、经济效益越高，越能体现生态渔业产业发展的要求（表 5.5）。

表 5.5　生态渔业产业重要性评价指标

评价指数		极重要	非常重要	重要	一般重要	备注
自然环境	湿地景观类型	库塘区	湿地深水区	湿地浅水区	滩涂、裸地和岛屿	
	鱼类资源空间分布	经济鱼类分布区	保护鱼类和经济鱼类出现区	保护鱼类分布区	无鱼类分布区	
人类活动	与主要城镇的距离/km	<5	5～10	10～20	>20	
	与主要交通道路的距离/km	<2	2～5	5～10	10	
	C_i	10	7	4	1	
	SI_j	>15	10～15	6～10	2～6	

（2）评价结果与分析

根据 GIS 空间分析计算结果，鄱阳湖湿地生态渔业产业重要性评价的空间分布情况如下：极重要区、非常重要区、重要区和一般重要区的面积分别为 202km^2、420km^2、1394km^2、1152km^2。

鄱阳湖湿地生态渔业产业重要性评价结果呈现出南北主要态势，但渔业的发展方式可以不同，南面是城市聚集中心，湖汊分布广阔，可以发展生态养殖业，而北面是连通长江的水道，水域一般较深，适合发展生态捕捞业。鄱阳湖一南一北的渔业发展格局，与区域社会经济地理空间分布具有一致性，南部是南昌城市群，北部是九江城市群，可以满足市场对渔业食品的多样性需求，特别是一些特种经济鱼类。在鄱阳湖南部大力发展生态渔业产业，可以为地方经济发展提供动力，也可以减轻对鄱阳湖湿地过度捕捞的压力。

5.2.6　生态旅游功能重要性评价

（1）建立评价指标

发展鄱阳湖湿地生态旅游业与鄱阳湖湿地的生态环境密切相关，湿地生态旅游的发展必须以保护湿地生态环境为前提，并充分考虑开展旅游业的成本和效益。本章从候鸟空间分布、也指旅游适宜地、湿地与主要交通要道的便利性（与主要交通道路的距离）和与主要城镇的距离作为其评价指标体系（表 5.6）。

表 5.6　生态旅游功能重要性评价指标

评价指数		极重要	非常重要	重要	一般重要	备注
自然环境	候鸟空间分布	集中分布	一般分布	偶然分布	极少分布	候鸟出现的频率
	旅游适宜地	湖泊岛屿	草洲	滩涂	水域	
人类活动	与主要城镇的距离/km	<5	5～9.9	10～20	>20	
	与主要交通道路距离/km	<2	2～4.9	5～10	10	
C_i		10	7	4	1	
SI_j		>12	8～12	5～7	2～4	

（2）评价结果与分析

根据 GIS 空间分析计算的结果，鄱阳湖湿地生态旅游功能重要性评价的空间分布情况如下：极重要区、非常重要区、重要区和一般重要区的面积分别为 48km^2、806km^2、1538km^2、776km^2。

5.2.7　区域生态保障功能重要性评价

在全国生态功能区划中，鄱阳湖主要作为洪水调蓄功能区。鄱阳湖湿地区域生态保障功能是多方面的，洪水调蓄功能是其中的一个重要方面。此外，鄱阳湖湿地在涵养水源、净化水质、维持区域水气平衡、调节区域气候、保护区域典型生物多样性等方面的重要性也非常明显。鄱阳湖湿地区域生态保障功能已经受到人们广泛的关注，相关研究结果也比较多，一些学者还就鄱阳湖湿地区域生态保障功能进行了货币化核算，其经济效益可观。当然，鄱阳湖湿地区域生态保障功能价值的正常发挥，与鄱阳湖湿地自然生态系统的状况有密切关系。最近几年，鄱阳湖流域降水量偏少，加上长江上游水源补充较少，鄱阳湖湿地出现较为严重的干旱现象，湿地水位下降非常明显，并且枯水期比往年要提前，低水位持续的时间也逐年增长。例如，鄱阳湖星子站 2006～2007 年 10m 以下水位的枯水期长达 157 天，而 1956～1957 年为 107 天，1978～1979 年为 113 天（闵骞，2007）。一些研究成果也表明，21 世纪 10 年代鄱阳湖气候严重干旱为偏多状态，未来十几年的抗旱形势依然十分严峻。干旱的水文变化较气候变化更为剧烈，且单向性变化趋势更加显著，这说明鄱阳湖抗旱水资源利用困难程度呈现加大趋势，旱期供水形势极为严峻（闵骞等，2010）。湿地在干旱缺水的情况下，生态功能难以正常发挥，湿地区域的生态保障功能受到极大的影响，甚至丧失其具有的生态功能。

5.3　湿地生态功能分区的类型及内容

5.3.1　湿地生态功能分区的类型

功能分区的主要目标是区分不同区域主要承担的生态功能价值，发挥资源高效利用和地理空间优化配置的作用。根据 GIS 空间分析计算的结果和鄱阳湖湿地的自然地理特征及其生态系统服务功能的主要任务，结合鄱阳湖行政区域边界，依据湿地生态环境保护和资源湿地开发利用的总体要求和原则，将鄱阳湖湿地划分为湿地候鸟保护和血吸虫病防控功能区、湿地珍稀鱼类资源保护和饮用水资源功能区、湿地生态旅游观光和宣传教育功能区、湿地生态水产养殖和重要鱼类繁育功能区、湿地生态渔业捕捞功能区。各个功能区的空间分布见图 5.1。鄱阳湖湿地作为一个整体，虽然不同生态功能区发挥的功能价值不同，但是总体上还是以湿地生态环境保护为主，对于湿地资源开发利用的主导生态功能区，也必须注重资源开发利用的方式和措施，避免损害和破坏湿地的做法。

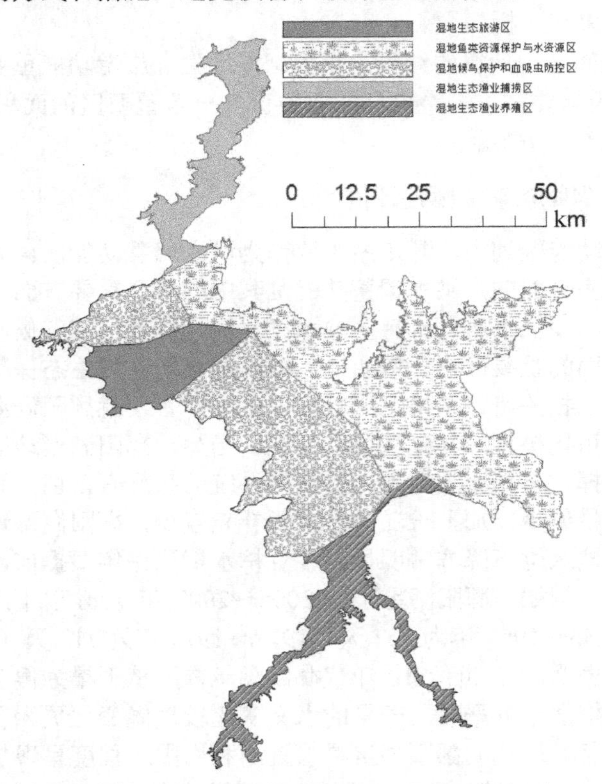

图 5.1　鄱阳湖湿地生态功能分区示意图

5.3.2　湿地生态功能分区的内容

鄱阳湖湿地生态功能分区体现了湿地生态保护和资源高效利用的总体原则，从鄱阳湖湿地的自然地理特征和资源特色方面提出了发展鄱阳湖湿地生态旅游观光产业，建立鄱阳湖湿地宣教中心的主要发展方向，同时提出了鄱阳湖湿地渔业产业的地理空间布局和主要规划方向。功能分区的主要内容见表 5.7。

表 5.7　鄱阳湖湿地生态功能分区的主要内容

编码	功能区类型	面积/km^2	生态功能区基本特征
I	湿地生态渔业捕捞功能区	385	鄱阳湖通往长江的要道，终年被水淹没，湖体较深，能够满足深水捕捞作业要求；应有节制地进行生态捕捞，确保休渔期没有人类活动干扰
II	湿地珍稀鱼类资源保护和饮用水资源功能区	1239	全年被水淹没，是重要鱼类的繁育区，对于珍稀鱼类保护重要性明显。该区域有许多乡镇，但是没有提供水源的河流，鄱阳湖湿地是其重要的水源地。此外，该区域对于候鸟保护的价值也非常明显，是候鸟较为集中分布的区域，因此也具有候鸟保护功能；禁止人类活动
III	湿地候鸟保护和血吸虫病防控功能区	902	主要保护湿地候鸟资源，防控血吸虫病的蔓延和爆发，这一地带水浅草丰，全年被水淹没的时间较短，因此不利于鱼类资源保护和渔业产业的发展，是候鸟主要的集中区域；禁止人类活动
IV	湿地生态水产养殖和重要鱼类繁育功能区	982	城镇分布密集，与南昌市较近，发展生态渔业可以满足市场对鱼类食品的要求，作为重要渔业资源的保育中心，大力发展特种鱼类，提高渔业产品附加值；应发展绿色生态低碳水产养殖业
V	湿地生态旅游观光和宣传教育功能区	378	湿地生态旅游聚集地和湿地文化传播的中心区，以吴城为驻点，以周边候鸟资源和湿地风光作为旅游景点和教学实践标本，发展湿地生态旅游业，宣传湿地文化和价值；进行有限制的人类活动

湿地生态渔业捕捞功能区位于庐山市、湖口县和九江市一带，是鄱阳湖连通长江的渠道。这一区域常年积水，鱼类资源丰富，开展有计划的捕捞作业，有利于满足市场对鄱阳湖野生鱼类食品的需求。这一区域是江西第二大城市九江市所在区域，发展生态渔业捕捞产业，能够保障鱼类产品的市场供应，有利于促进当地社会经济发展。

湿地珍稀鱼类资源保护和饮用水资源功能区位于鄱阳县和都昌县一带。这一区域常年积水，是鄱阳湖主要珍稀鱼类繁殖区域，同时该区域乡镇密集、人口较多，是饮用水的取水区域，对鄱阳湖野生鱼类资源保护和饮用水供应都具有重要作用。

湿地候鸟保护和血吸虫病防控功能区主要位于新建区、庐山市、南昌县和永修县一带。这里水草丰茂，一年中大部分时间裸露，湖汊星罗棋布，是候鸟栖息繁殖的主要区域，也是血吸虫寄主钉螺主要分布的区域，应以保护为主，禁止人类活动，一方面保护湿地生物多样性，另一方面防控血吸虫病蔓延。

湿地生态水产养殖和重要鱼类繁育功能功能区位于进贤县和余干县一带。这一区域与南昌市较近，水热条件较好，交通基础设施便利，有利于开展产学研相结合的工业化模式，形成重要的鱼类资源繁育基地、发展生态水产养殖业，满足市场对鱼类食品的需求，对于促进区域社会经济发展的作用明显。

湿地生态旅游观光和宣传教育功能区主要以永修县的吴城为据点，以越冬候鸟作为湿地旅游资源，在发展生态旅游产业的同时，加强湿地的宣传教育工作，传播湿地知识和湿地保护的法律法规及有关政策，让旅客在游乐中认识自然湿地、了解自然湿地的功能价值，激发民众保护湿地的热情，从而以实际行动保护湿地。

不同生态功能区在空间上的分布是其生态功能的重要体现，但是在某种意义上，每一个生态功能区也具备其他生态功能价值。例如，湿地候鸟保护和血吸虫防控功能区，对鱼类资源保护也具有重要意义；湿地珍稀鱼类资源保护和饮用水资源功能区，同样具有候鸟保护的生态功能；湿地生态水产养殖和重要鱼类繁育功能区、湿地生态渔业捕捞功能区虽然以利用湿地资源为主，但也发挥着保护湿地资源的生态功能。

5.4　鄱阳湖湿地生态功能区保护对策

鄱阳湖湿地是国际重要湿地，鄱阳湖是中国最大的淡水湖泊。然而，社会对鄱阳湖研究的投入和关注的程度并没有与其地位相对称，通过中国知网以湖泊名为主题检索五大淡水湖泊（鄱阳湖、洞庭湖、太湖、洪泽湖、巢湖）的论文成果（截止时间为 2016 年 12 月 31 日）和通过百度检索有关五大淡水湖泊的词条，其结果见表 5.8。社会对鄱阳湖的研究成果与洞庭湖相当，略好于洪泽湖和巢湖，远低于太湖；社会对鄱阳湖的关注仅高于洪泽湖，低于洞庭湖、巢湖，远低于太湖。为了保护中国最大的淡水湖泊，社会需要加大对鄱阳湖研究的投入，加强鄱阳湖湿地生态环境保护的力度。由于湿地在空间上不具备比较有形的边界，加上湿地演变是一个自然动态的过程，因此在一定程度上增加了湿地保护的难度。本章将对鄱阳湖的五个功能区及综合保障机制建设方面的保护对策提出建议。

表 5.8　鄱阳湖与中国其他四大淡水湖泊的检索数量比较

检索工具	鄱阳湖	洞庭湖	太湖	洪泽湖	巢湖
中国知网/篇	16 572	13 266	32 959	2 167	9 836
百度/条	12 300 000	13 400 000	15 600 000	5 390 000	13 000 000

5.4.1　湿地生态渔业捕捞功能区保护对策

1. 制定休渔制度

每年 3 月都是鲫鱼、鲤鱼等鄱阳湖定居性鱼类的产卵期。禁港休渔是保护、增殖鄱阳湖渔业资源的一项重要措施。采取发放捕捞许可证、控制捕捞强度、健全禁渔期制度、确定禁渔区等措施，使渔业资源得到有效的保护。休渔制度要以法律的形式颁布，以增强休渔政策的执行力。

2. 定期放养鱼苗

人工增殖放流是直接增加鱼类种群规模、恢复渔业资源的有效途径，也是禁渔工作的重要环节之一。通过放养鱼苗，逐步改善渔业生态环境，增殖渔业资源，促进渔业增效、渔民增收，推进江西省渔业经济健康持续发展。同时，提高全社会保护水生生物资源和渔业生态环境的意识，积极鼓励企业、民间组织及个人认捐、赠捐鱼苗，利用社会资金和力量，扩大放流规模，加快生态文明建设和增殖放流事业健康快速发展。开展人工放流，实施自然增殖与人工增殖相结合的举措，增加资源的可捕量。

3. 规范捕鱼作业

规范捕鱼作业，一是要制定严格的规章制度，做到有法可依，规范捕鱼作业的行为；二是要定期开展打击电鱼、毒鱼专项整治行动，收缴电捕工具和电捕船，查缴无证作业渔船；三是要加大宣传教育，使湖区百姓知法、懂法、守法和维护法律，自觉规范捕鱼作业行为，维护湖泊生态环境，保护湖泊鱼类资源。

5.4.2　湿地珍稀鱼类资源保护和饮用水资源功能区保护对策

1. 建立国家级自然保护区

湿地珍稀鱼类资源保护和饮用水资源功能区已经建立了两个自然保护区，分别是都昌自然保护区和白沙洲自然保护区，但是这两个自然保护区级别不高，都昌自然保护区属于省级自然保护区，白沙洲自然保护区属于县级自然保护区。省级及以下级别的自然保护区建设投入力度不够，因此应在该功能区内建立国际级自然保护区。

2. 制定饮用水源地保护的法律法规

完善的政策和法制体系是有效进行污染防治和保护水环境的关键。虽然江西省为合理开发、利用、节约、保护和管理水资源，发挥水资源的综合效益，保护生态环境，实现水资源的可持续利用，制定了《江西省水资源条例》，但是条例不同于法律。从性质来看，条例一般指行政机关制定的规范性文件；法律是人民代表大会通过的规范性文件。从效力来看，条例一般没有法律那么有强制力。因此，除制定相关条例外，还应制定饮用水源地的相关法律法规。

3. 实行有偿取水制度

鄱阳湖周边的居民对于水的稀缺性和重要性缺乏感性认识，因此没有形成节约用水的习惯。只有通过有效的经济措施，实行有偿取水制度，才能从根本上逐步使鄱阳湖周边居民重视节约用水、认识到水的价值和珍贵。实行有偿取水制度应进一步完善污水、垃圾处理收费制度；逐年将污水处理收费标准提高；改进征收方式，提高收缴率，加强对自备水源用户收费的管理，实行梯度收费标准；制定自然资源与环境有偿使用政策，对资源受益者征收资源开发补偿费和生态环境补偿费。

4. 实行严格的排污制度

1）严厉打击违法排污行为。依法尽快完成所有排污单位排污许可证核发工作，对未达到排污规定标准的企业要实施限产限排。对典型环境违法问题，实行挂牌督办，依法实施高限处罚。对污染治理设施不能稳定达标或超总量排污的企业要坚决责令整改直至关闭。

2）加大执法检查力度。严格执行建设项目环境影响评价制度和环保“三同时”（建设项目中防治污染的设施与主体工程同时设计、同时施工、同时投产使用）制度，切实防止加重污染的低水平重复建设，或落后生产工艺设备引进。加强对有关法规实施情况的执法检查，对严重违反环境保护、自然资源利用等法律法规的重大问题，依法进行处置。加强环境保护司法工作，及时受理环境保护民事、行政、刑事案件，对严重破坏资源、污染环境的单位和个人依法严厉查处。

5. 建立湖岸线保护带

湖岸线保护带对截留面源污染物及防止水土流失有重要的生态作用。为了保护鄱阳湖水环境，湖岸线保护带建设具有重要意义。

在构建合适的湖岸线植被缓冲带时，首先要考虑缓冲带植被的搭配，主要为垂直分层和水平分异。

在垂直分层方面，缓冲带植被可划分为乔木层、小乔木层、灌木层、蔓生植物层和草本植物层，在构建缓冲带时注重乔、灌、草的合理搭配，形成立体的植被体系。

在水平分异方面，缓冲带植被需要仔细确定，根据具体水文、地形、地势条件进行分区带设计，物种的分布取决于径流情况、地下水状况、土壤类型和排水条件，且随着时间发生动态变化。

缓冲带植被的选取要遵循自然规律。自然选择已经为该流域选出最适宜的植物种类。通过调查河岸周围，我们可以了解适应当地环境的优势种。缓冲带植被中土著物种越多，缓冲带就越接近天然状态，并且它的生态功能也就越强。此外，本地的野生动植物之间也会更加和谐。

5.4.3 湿地候鸟保护和血吸虫病防控功能区保护对策

1. 加强自然保护区建设

湿地候鸟保护和血吸虫病防控功能区已经建立了鄱阳湖国家级自然保护区，

这是江西省为保护鄱阳湖湿地和候鸟建立的第一个国家级自然保护区。然而，该保护区存在一些问题。例如，该保护区在行政区划上跨越3个县级行政区，分别是新建区、永修县、庐山市，因此在管理上存在一定的资源协调和调度的困难。鄱阳湖湿地保护区不像森林自然保护区，空间上有比较明显的界线，特别是受其水位的影响，湿地保护区在地理空间上的界线比较模糊。由于没有成形的实物给予阻挡，因此湿地保护区更容易受到人类活动的干扰。例如，在保护区仍然存在布网捕鸟和投毒捕鸟的现象。

为加强鄱阳湖国家级自然保护区建设、保护候鸟，需要加强以下方面的工作：加大打击力度，遏制在保护区范围内网捕、毒杀、贩卖野生动物等现象的发生。加强培训，不断提高保护人员的执法水平。从经费、设施、设备上，向基层保护组织倾斜，加强湖区监测保护工作，使保护工作规范化、法制化、制度化。密切加强与沿湖周边各级政府组织、各有关单位的联系。

2. 建立湿地监测中心

建立湿地监测中心，可以采用遥感技术、无线传感技术等，开展鄱阳湖湿地生态环境动态监测、生态环境基线调查，构建快速、有效、全面的湿地生态环境综合监测技术体系，建立鄱阳湖湿地生态环境综合数据库及信息发布共享平台，为鄱阳湖湿地生态环境保护和自然资源综合利用提供科技支撑。

3. 建立候鸟监测中心

建立候鸟监测中心，可以通过观测和研究不同候鸟与水位、水质、水草、土质、气温等环境因子的关系，研究不同的候鸟喜欢的湿地环境类型，为候鸟营造适宜的栖息环境；在鄱阳湖区甚至更大的范围内，寻找适合候鸟栖息的湿地环境，以提前加以保护、扩大鸟类的生存空间。

在候鸟监测过程中，应该从地面和空中两个角度开展监测工作。地面监测的优势包括：成本较低，比较经济；观鸟时间充分，易于鉴别鸟种，发现较小的和较隐蔽的鸟，易对视线范围内的鸟进行准确的计数；易于将候鸟与其所栖息的环境进行比较、分析。但地面监测也有其劣势：观鸟时间跨度大，不便于在同一时间内准确统计鸟群总体数量，工作效率低；观鸟范围和视线狭小，容易漏计鸟群。与地面监测相比，空中监测的优势：观鸟时间跨度小，易于在同一时间内准确统计鸟群总体数量，工作效率高；观鸟面积范围大，视线开阔，不易漏计鸟群。但空中监测也有其劣势：成本较高，不经济；观鸟时间短，不利于鉴别鸟种，对一些较小的和较隐蔽的鸟难以发现。鉴于地面监测与空中监测各有优劣势，应将两者结合起来，扬长避短。例如，每隔一两年进行一次航空调查，结合地面调查，全面掌握候鸟的种群数量、分布等情况；通过大量环志，给部分候鸟安装卫星定位仪，进行地面监测和卫星跟踪，了解候鸟迁徙路线等（文思标等，2008）。

对于候鸟的主要栖息地要进行定点监测，即固定时间、固定地点重点监测。通过定点监测，重点研究候鸟的生活习性。同时，要对候鸟的整个栖息地进行全面监测，总体了解候鸟的种类、数量和分布情况。将定点监测与全面监测相结合，既可抓住重点，又可兼顾全面。

加强候鸟个体习性研究，通过野外观察，或结合饲养试验，研究不同候鸟的个体生态行为、主要食物等。

4. 控制血吸虫病传播

鄱阳湖区辽阔的湖滩草地，是江西省和我国最严重的血吸虫病流行区之一。

控制血吸虫传播的生态途径包括：针对血吸虫生长、繁殖的习性，用低坝拦堵湖汊，使湖汊水体与鄱阳湖主水体隔离，减少人畜与血吸虫疫水接触的机会，湖汊水体可用于水产、水禽养殖；岸边低洼地或农田开挖成精养鱼池，稳定水位；水边植树造林，形成隔离带；高处的水田改为旱地，调整作物结构，种植水果蔬菜，以减少耕牛数量，生猪实行圈养；在血吸虫病高发期，草洲禁牧；乡村改水改厕，利用手压机井解决生活用水问题，建设沼气池卫生厕所，消灭人畜粪便中的虫卵；通过健康教育增强人们的保健意识，养成文明卫生的生活方式。

在血吸虫寄主钉螺主要分布区域，人们可以实行集中灭螺的方式，通过喷洒化学药剂消除钉螺，减少血吸虫的中间寄生，能够有效防止血吸虫病的传播。研究还表明，长期淹水可致钉螺死亡。水影响钉螺的分布、生长发育、活动和交配，一般钉螺交配最盛时期为 4 月、5 月，9 月、10 月、11 月次之，绝大多数钉螺在近水的潮湿泥土表面及草根附近交配，很少在水中交配。4～5 月水淹可抑制螺卵胚胎发育，4～5 月水淹 10 天螺卵发育滞缓，20 天畸胚率达 26%，40 天螺卵全部死亡或呈畸胚样变。因此，有条件地稳定鄱阳湖的水位也是消除血吸虫的一种有效方式（夏全斌等，1983；余冬保等，1995；张利娟，2008）。

5.4.4 湿地生态水产养殖和重要鱼类繁育功能区保护对策

1. 建立淡水鱼类资源繁育基地

鄱阳湖由于江、湖之间物质和能量的频繁交换，加上静水、流水生境的互补作用，孕育出相当复杂的淡水生物群落，鱼类资源丰富。鄱阳湖既是江湖徊游性鱼类重要的摄食和育肥场所，也是某些过河口徊游性鱼类的通道或繁殖场，对长江鱼类种质资源保护及种群的维持具有重大意义（张堂林等，2007）。

为保持鱼类资源种类的多样化，可持续发展鄱阳湖渔业，应建立鄱阳湖淡水鱼类资源繁育基地。首先，调查鱼类特别是重要名贵鱼类的产卵场分布、产卵高峰期和产卵持续时间，研究它们的渔业生物学特性，跟踪监测鱼类资源的动态变化。其次，开展鱼类种类基因工程研究，掌握鱼类的基因密码，以便改良和保护鱼类特别是名贵鱼类资源。最后，建立鄱阳湖渔业品牌，以部分名贵鱼类作为主打产品，发挥品牌的优势。鄱阳湖有一些凶猛性鱼类资源，保护和增殖这些鱼类资源，能够提高鄱阳湖鱼产品质量和经济效益。

2. 建立水产品加工基地

当前，鄱阳湖水产品品种单一，营销手段落后，主要以销售鲜活水产品为主，销售区域主要在南昌地区。鲜活水产品受运输条件和自身条件的限制，长途运输成本和风险较大，产品缺乏竞争力。随着水产品产量的提升，仅通过销售鲜活水产品难以发展壮大鄱阳湖渔业规模，满足不了市场对水产品的不同需要。通过对水产品进行再加工和深加工，有利于建立产品品牌，方便运输和销售，提升产品竞争力；有利于缓解水产品市场供需矛盾、产销矛盾，实现水产品种类多、产品附加值高的目标；水产品加工属于人员密集型加工企业，劳动用工较多，有利于增加区域劳动力就业，发展区域经济。

3. 控制水质污染

水产养殖业为人类贡献了大量优质食物蛋白，已成为解决“粮食紧缺”、保障食品安全的重要农业产业，但其发展可持续性没有得到保证。水产养殖模式利用投饵获得尽可能多的鱼产品，生产中产生的残饵、残骸、鱼体排泄物和施放的化肥、药物在水体中分解并消耗氧，分解产物的主要成分为氨氮。水中的溶氧降低，氨氮上升，造成水质恶化，对水产养殖水环境产生自污染（张小栓等，2007）。结果可能改变水底的生物结构、危害生物多样性，使水体富营养化。许多研究已把鱼类养殖中的过量投饵当作底栖群落结构变化的原因，因为过量的饵料供给可能使一些生物优胜于另一些生物，而且定居动物可能因微生物分解导致缺氧而窒息，而移动群体可能迁移到其他区域。饵料中的抗生素和其他治病化学品作为未被吃的药丸分解物释放时可以影响其他生物。在鱼类养殖中使用的许多药物会对水生态环境产生微小的有害影响（杨吝译，2005）。集约鱼类养殖日益巨大的影响是养殖地周围的水或容纳水产养殖流出物的河流湖泊的富营养化，鱼类的排泄物和粪便与过量饵料释放出来的营养物质相结合，使营养量提高，大大超过正常值，为藻华的形成创造理想环境。针对水产养殖对水质造成污染的问题，一些学者提出了对策，如改变饲料成分及其配比、建立养殖环境自动检测系统、开发生物治水技术等（王建平等，2008）。

5.4.5 湿地生态旅游观光和宣传教育功能区保护对策

1. 建立湿地科普中心

贾治邦（2009）指出，湿地保护是一项社会性、公益性很强的事业，要把宣传教育作为湿地保护的一项根本性措施，常抓不懈。湿地科普中心的建设，能更好地向世人展示鄱阳湖湿地资源状况、政府和社会各界对湿地保护所开展的行动和取得的成就，进一步推动鄱阳湖湿地保护工作的开展。湿地科普中心是展示湿地生态文化的重要场所，是湿地生态文化建设的重要内容。湿地科普中心的建设有利于加大宣传教育力度，不断提高全民湿地保护意识和湿地生态文化道德素质，更好地促进湿地保护工作的健康发展。建设湿地科普中心，与鄱阳湖湿地公园形成室内与室外、实景与虚景、历史与现代的湿地生态科普科研基地，为全国乃至全球搭建湿地生态研究的平台，同时集聚科研人才，进一步提高湿地保护和管理水平，进一步促进湿地生态的修复和保护工作。

鄱阳湖湿地科普中心建设的重点是向民众展示世界和中国湿地资源现状、湿地的主要生态系统服务功能价值、湿地在人类文明进程中的作用、鄱阳湖湿地的起源、鄱阳湖湿地的生态环境状况、鄱阳湖湿地生物多样性、鄱阳湖湿地的保护意义、鄱阳湖湿地保护的相关行动等。

2. 规划湿地旅游资源

湿地旅游资源规划的思想主要是坚持湿地保护与合理开发利用相结合的原则，在全面保护的基础上合理利用，适度开展科研、科普及游览活动，发挥湿地的经济和社会效益；坚持突出重点、体现特色、因地制宜、分步实施的原则。维护湿地生物多样性及湿地生态系统结构和功能的完整性，集湿地保护、生态休闲、人文景观于一体，既是生态屏障景观，又彰显出很好的经济和社会效益。

在规划鄱阳湖湿地旅游资源时，重点规划内容包括以下方面。

1）稳定湿地水量。水是湿地的基础和保障，在开发湿地旅游资源时，必须确保湿地水量稳定和充足，避免改变湿地的蓄水和水的景观格局。

2）候鸟栖息地的保护和修复。由于部分湿地萎缩和退化，部分湿地围垦现象十分严重，生物多样性受到影响和威胁，影响了湿地生态平衡。对水禽栖息地修复和恢复，要通过局部开挖或堆土，适当设置一些浅滩和缓坡，或形成鸟禽栖息岛，通过调节控制水位、水量，恢复湿地水生植被和湖滨植被带等措施，恢复和改善栖息地环境，增加鸟禽种群和数量。

3）水污染防治和改善水质。在湿地旅游开发过程中，由于人类活动干扰产生的生活污水和湿地周边使用农药、化肥的残留物通过农田退水进入湿地，部分工业企业污水排放，以及水循环不畅等，会使湿地水质被污染。防治水污染的措施如下：一是加强工业、生活污水处理和农业生产污染源治理。消除生活污水对湿地的污染，加强工业废水处理达标的监督管理。二是整治沟、渠。对部分沟通湿地的排灌沟渠进行整治和清淤疏浚，疏通水系。治理沟水污染，争取清污分流。三是净化水泡、水道水质。

4）恢复和修复水生植物。在湿地旅游开发过程中，为了美化湿地景观会人为地引进一些水生植物。构建湿地植物景观时，要尽量发挥本土水生植物的优势和作用，适当引进外来的植物资源。

5）构建生态的基础设施。湿地旅游开发需要建设基础设施，以生态工程的方式建设基础设施。例如，湿地道路建设尽量避免硬化，并曲直适当，避免视觉过于通畅，造成人的活动过多地干扰湿地生物。营造人与自然和谐、人与生物和谐共处的生境。

6）湿地承载力分析。通过科学分析湿地旅游资源可能承受的人流量，合理控制旅游开发规模和观光人流量。

5.4.6　综合保障机制建设方面的保护对策

1. 组织保障体系

组织保障体系方面的保护对策包括以下方面。

1）建立统一的鄱阳湖水资源决策与管理机制和管理机构。鄱阳湖面积较大，跨越 11 个县（区、市），存在流域水资源多部门分管、多同级行政区域分割的分散状况，管理难度很大。对鄱阳湖的资源管理必须实行统一领导，分级管理。既要确保政令统一，又要依靠沿湖各级政府的重视、支持，管理体制务必要统分结合。借鉴国外大江大河流域可持续发展和水资源保护的成功经验，建立高效、权威并具有科学运行机制的流域管理机构，强化对流域的宏观调控和重大决策权力，实行流域统一规划、统筹安排、统一管理。确立鄱阳湖流域管理与区域管理相结合的行政新关系。

2）组建专门的鄱阳湖湿地管理机构，实施湿地的统一规划管理。鄱阳湖湿地管理的执法主体多，管理体制不顺。现行的执法主体主要有保护区管理部门和省市政府有关主管部门（包括农林、水利、环保等部门），还有交通、建设、国土资源、卫生、财政、旅游、公安等职能部门。政出多门，分权管理，易出现相互推诿、效率低下甚至管理空白等现象，不利于形成鄱阳湖湿地资源保护的长效机制和从根本上解决问题。因此，可考虑设立一个专门的管理机构。由一位副省级领导牵头，从农业、林业、环保、水利旅游、国土资源等相关职能部门抽调专人组成，统一行使法定职责，对鄱阳湖的水资源、渔业资源及湿地环境等方面实施综合管理，有利于实现鄱阳湖湿地资源保护与开发过程中的统筹兼顾、科学规划、有序渐进，有利于其生态环境的永续保护。专门的鄱阳湖湿地管理机构不应单独从属于某一部门，以避免因本位主义的片面认识而造成顾此失彼。

3）建立经济调控机制，妥善处理沿湖群众生产生活与湿地保护的关系，改变沿湖群众对湿地资源依赖的状况，改善湖区产业结构，尤其是农业结构，如把捕捞与养殖结合起来，改变单一依靠捕捞为生的状况，降低捕捞强度，才能有效地保护、增殖渔业资源。积极地引导和开发湖区的替代产业，切实解决群众的生计问题和提高人们的生活水平。

2. 政策保障措施

健全、完善的政策法规体系是有效保护鄱阳湖水资源可持续利用的关键，也是鄱阳湖水资源管理的重要依据。我国对湿地资源的现有立法主要是从其经济效用的角度加以考虑的，很少考虑湿地生态功能的价值，其目的在于更好地对资源进行开发、利用而非保护。在这种重利用、轻保护的思想指导下，无节制开发利用湿地资源，最终导致了湿地面积和资源的日益减少，功能效益下降，生物多样性丧失。显然，这种思想指导下的湿地资源立法难以对湿地起到切实的保护作用（郭晓旭等，2009）。我国已有的《中华人民共和国水法》、《中华人民共和国防洪法》、《中华人民共和国渔业法》、《中华人民共和国野生动物保护法》（以下简称《野生动物保护法》）、《中华人民共和国野生植物保护法》、《中华人民共和国环境保护法》（以下简称《环境保护法》）和《中华人民共和国水污染防治法》等法律是水资源保护法规体系的重要组成部分，是当前依法保护水资源的主要依据。但由于我国幅员辽阔，自然地理条件相对复杂，加之经济发展不平衡，地方政府必须结合流域自然条件、生态规律和经济发展状况，根据国家有关法律的要求和自身水环境保护的需要，建立健全地方水环境保护法规，对国家法律进行补充和完善。鄱阳湖作为我国第一大淡水湖，具有独特的地位和唯一的特性，许多问题在其他地方并不多见，国家也不可能对此专门立法。因此，鄱阳湖流域水环境立法作为国家立法的补充是十分必要的。同时，鄱阳湖流域的内在统一性决定了地方立法不能局限于湖泊或湖区，也不能局限于水体，而应当考虑立法的系统性。

目前，需要针对鄱阳湖水资源问题，抓紧制定鄱阳湖水资源保护行动计划及相关的法律法规。对现有的法律法规中与鄱阳湖水资源保护相抵触的条文进行修改，使鄱阳湖水资源保护和合理利用走上法制的轨道，保证水资源的利用和保护有法可依、有章可循。当前，应针对鄱阳湖水资源管理的现状，组织有关力量，制定和完善《鄱阳湖湿地保护条例》《鄱阳湖自然保护区保护条例》等法律法规，制定促进循环经济发展的政策和法律法规，以规范鄱阳湖水资源的保护和合理利用。

制定和完善与湿地有关的法律法规和政策体系是有效保护湿地和实现湿地资源可持续利用的关键。湿地生态环境的保护涉及水利、航运、血防、渔政、农林等多个部门，因此，需要各有关部门的共同参与，部门间应通力合作，营造一种有利于调动各方面积极性的湿地保护工作机制，改变过去条块分割、多头管理、政令不一的混乱状况，形成多部门有效合作的湿地保护与综合管理协调机制。同时，应依照国家有关法律进一步强化湿地保护的法律监督和管理，凡以湿地为对象的各类开发活动和开发项目都必须进行环境影响评价，并且要依照有关法律严格管理，做到把开发利用的强度限制在湿地生态系统可承受的限度之内，使其得以持续利用。

3. 宣传教育保障

《21世纪议程》中指出："环境教育是一股强大的力量，可以使公众根据所接受的环境教育，采取简单的措施来管理和控制自己的环境。"湖泊水资源短缺、污染等问题的解决需要公众广泛参与。加强环境教育，向公众宣传湖泊水资源的价值及其在湖泊流域可持续发展中的作用，提高公众环境意识和对湖泊水资源、湖泊生态系统价值的认识，才有可能使公众自觉参与湖泊水资源保护活动，在湖泊水资源开发利用的"3R"环节，即reduce（节约）、reuse（再利用）、recycle（再循环）中发挥积极作用。

此外，我国由于引进湿地概念的时间相对较晚，还未形成管理湿地的完整的法律体系。湿地资源保护的有效性和湿地合理利用水平的提高很大程度上取决于公众和管理决策者对湿地重要性的认识及观念的转变。沿湖地区公众对湿地的作用和功能及其保护认识不够，只从局部利益和眼前利益出发，对湿地生态系统形成人为的威胁，带来一定程度的破坏。目前，在教育鼓励每一位公众自觉履行保护湿地的义务、权利方面，在调动公众对湿地资源自觉保护的积极性方面，在改变湖区百姓"靠湖吃湖"的传统观念方面，在赋予公众参与保护及自主管理方面，仍然要加大力度，扩大战果，真正树立和形成全社会自觉参与湿地资源保护、人人共享优良生态家园的理念意识。

所以，有关部门应及时掌握国内外最新的学术动态，总结和推广湿地保护的成功经验。通过举办水环境和湿地管理培训班，对环境保护及管理单位的工作人员特别是在沿湖乡、镇设专职技术员进行培训，学习水环境和湿地保护及合理利用的知识与技能；扩大合作领域，广泛进行国内、国际交流和合作，开展多学科的课题研究，在实践中培养人才。制作各种类型的水环境和湿地生态保护教育资料，深入开展宣传教育活动，提高公众对水环境和湿地功能的认识，强化公众的湿地保护意识和资源忧患意识，形成全民对鄱阳湖湿地生态保护的新理念、新精神（胡细英，2007）。

4. 社会参与

加大宣传力度，扩大公众、社会团体对环境保护的知情权、参与权，鼓励全社会积极参与生态环境的建设和保护，努力提高全社会生态环境文明素质。对鄱阳湖区生态环境的保护价值、传统的对湖区生态环境的利用情况和管理实践，与熟悉当地生态系统的民众进行商讨。在对鄱阳湖区生态系统进行广泛而细致的调查研究之前，可组织民众积极参加鄱阳湖区生态保护区的管理规划的准备工作，这种方法快捷、经济且较准确地确保湿地管理工作中同机构人员之间的协调和合作，以避免决策失当。鼓励当地民众积极参与生态保护区管理的各项活动，如湿地监测时利用鸟类作为指示物，通过对鸟类的观察来判断湿地的数量和质量的变化。同样，通过一些全国性的项目来鼓励公众积极参与鄱阳湖区保护和管理活动。对在环境整治和生态建设中做出突出贡献的单位和个人给予精神鼓励和物质奖励。加强环保法律、政策和技术咨询服务，鼓励非政府组织参与生态环境建设和保护的政策研究及技术推广，充分发挥中介机构在生态环境建设和保护工作中的积极作用，提高公众参与生态环境建设和保护的积极性及自觉性，扩大和保护社会公众享有的环境权益。

第6章　鄱阳湖湿地渔民生计问题

湿地与人类的发展史紧密相关。湿地特别是湖泊湿地蕴藏着丰富的生物资源，如鱼类资源、水生植物资源、底栖动物资源等，成为当地居民赖以生存的基础（Asunción et al.，2011）。湿地作为水陆生态系统过渡区，具有较高的生态系统价值（Lee，1999；Mwakubo et al.，2007）。湿地是世界上生产力最高的自然环境，由于人口膨胀和极端贫困，许多依赖湿地生存的当地民众被迫过度开发湿地资源（Munro et al.，1991）。湖泊湿地是主要的淡水湿地资源，向人类特别是当地居民提供了非常丰富的食物和经济资源，在没有正确认识和恰当的管制下，湖泊湿地资源被过度开垦和掠夺的现象普遍存在（Ambastha et al.，2007）。湿地资源过度开发和掠夺导致湿地功能退化，致使当地居民生活日渐窘迫（Mwakaje，2009）。

鄱阳湖是中国最大的淡水湖泊，有着重要的生态功能价值；鄱阳湖湿地是世界重要湿地。近年来，随着全球变化和人类活动干扰的不断增强，鄱阳湖湿地生态环境处于剧烈的变化之中。诸多因素严重影响了鄱阳湖湿地的演变，破坏了湿地生态系统的平衡，导致了湿地生物多样性的减少，鄱阳湖湿地生态环境的脆弱性进一步加剧（廖富强等，2008）。当地居民的生计正遭遇前所未有的挑战。由此导致鄱阳湖天然捕捞渔民面临“无鱼可捕”和“无路可出”的双重尴尬局面，渔民积贫返贫的现象反复上演（刘勇，2011）。作者通过查阅有关文献资料、采用半结构式访谈等方法，探讨了鄱阳湖湿地天然捕捞渔民的生计现状及困境，为鄱阳湖渔业资源保护和渔民可持续生计提供参考。

6.1　问题研究方法

通过文献资料检索和部门资料收集，获得近60年来鄱阳湖湿地水文变化和渔业资源捕获量变化特征，通过3S技术分析鄱阳湖湿地景观变化特征，通过半结构访谈获取渔民构成和生计现状。

本章应用的主要方法有以下几种。

1）文献综述法：通过中英文数据库和各类专业网站，收集鄱阳湖湿地相关的数据和信息。

2）二手资料法：走访有关部门，如江西省农业厅、江西省水产科学研究所，收集鄱阳湖湿地相关数据和信息。

3）3S技术法：基于鄱阳湖湿地相关遥感影像数据、DEM数据，分析湿地景观变化特征。

4）结构性访谈法：通过设计调查大纲，走访湖区渔民，收集渔民的组成结构特征和生计现状。

6.2 渔民生计问题

6.2.1 鄱阳湖湿地天然捕捞渔民生计困境现状

资料显示，鄱阳湖湖域水产总量在21世纪前6年内为3.2万～3.6万t，2009年下降到1.6万t，2010年偶然性“丰收”时也只有3.1万t。捕捞人口只增无减，渔民采用传统的捕捞工具已打不到鱼，转而使用高强度的捕捞方式，以期从共有资源中获取最大化利益，最终造成资源锐减，收入直线下降。据有关部门调查，上饶市某县渔民人均纯收入2009年为4000元、2010年为6600元、2011年为1600元，2011年该县湖区渔民纯收入仅为2010年的25%左右。据有关部门调查，鄱阳湖现有渔船15 286艘，全年船均约减收2.71万元，受灾损失达4.14亿元。而且湖水退得太快，大型渔网被困在湖面草洲的淤泥中，只有在来年大水来时才能收回，实际上等于全部报废。而为添置这些网具，渔村渔民通常需大量借款。在持续低水位状况下，鄱阳湖渔民的生存将日益艰难（孙京波，2012；李欣拯，2015）。

6.2.2 鄱阳湖湿地天然捕捞渔民生计困境分析

1. 渔民生计困境外部因素分析

通过文献资源检索、部门资料收集和遥感技术分析，总结出鄱阳湖湿地渔民生计困境的外部因素主要体现在以下方面。

（1）湿地渔业资源逐渐枯竭

渔业资源是渔业生产的基础。近年来，受各种因素的影响，鄱阳湖生态系统的稳定性遭到破坏，湖区渔民赖以生存的渔业资源无论是在总量上还是在品种上，都呈锐减态势（吴仁，2011）。大型鱼类越来越少、鱼类种类日益减少，渔业资源陷入“越捕越少、越少越捕”的恶性循环当中。20世纪90年代初，国家渔业部门对鄱阳湖的鱼类进行了普查，当时有158种鱼。根据鄱阳湖科学考察成果报道，通过对鄱阳湖主湖区鱼类资源考察，共监测到89种鱼。不到30年的时间，鱼类减少了近70种。而且，湿地主要经济鱼类的低龄化、小型化、低质化情况严重。青鱼、草鱼、鲢鱼、鳙鱼、鲤鱼、鲫鱼、鲇鱼、鳜鱼、翘嘴鲌、黄颡鱼、短颌鲚、鳊鱼以1龄鱼为主的比例逐年上升，而2龄、3龄、4龄鱼的比例则逐年减少，5龄、6龄鱼的比例很小。此外，我国特有的名贵经济鱼类鲥鱼，已有20多年没有监测到。图6.1为2013年鄱阳湖渔获物年龄组成。

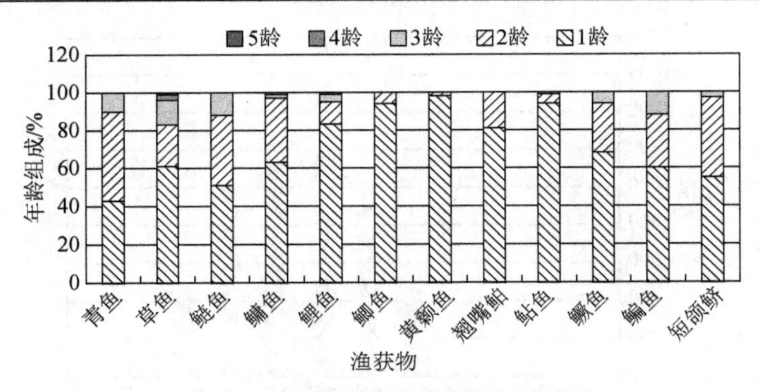

图 6.1　2013 年鄱阳湖渔获物年龄组成

（2）湿地干旱加快

进入 21 世纪后，鄱阳湖流域旱情不断。2003～2013 年这 11 年是鄱阳湖有史以来最枯时期，除 2005 年、2012 年之外，其他 9 年均为鄱阳湖严重枯水年；尤其是 2006～2011 年，为年平均水位 6 年滑动平均值最小值年段，是鄱阳湖有完整水文纪录以来的 62 年中水位最低时期。根据渔民捕捞经验，当星子站（吴淞高程）水位低至 14m 时，鄱阳湖天然捕捞就受到限制；当星子站水位低至 10m 时，洲滩完全裸露，湖不能行船，网不能下水，无鱼可捕（李颀拯，2015）。只有星子站水位高至 16m 以上时，才是天然捕捞的理想水位。

根据鄱阳湖水文数据，星子站水位近年来低于 8m、10m 和 12m 的天数不断增加，并且出现连续性的低水位现象（图 1.6）。而水位高于 16m 的天数却不断减少，也存在连续性低高水位现象。从高水位出现的频率来看，主要集中在每年的 5～10 月（图 6.2 和图 6.3）。从 2002 年起，鄱阳湖开始实行禁渔制度，每年的 3 月 20 日 12 时～6 月 20 日 12 时为鄱阳湖的禁渔期。在这段时间内，渔民不能从事天然捕捞作业，这在一定程度上也影响了天然捕捞渔民的年捕获量，从而影响到渔民的生计。

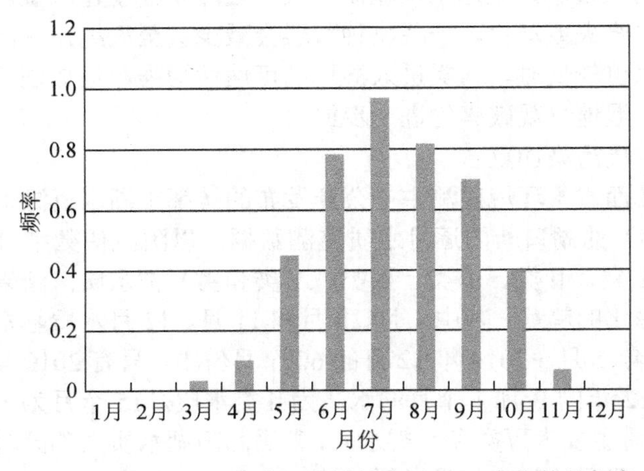

图 6.2　1954～2013 年鄱阳湖湿地高于 16m 水位的月频率

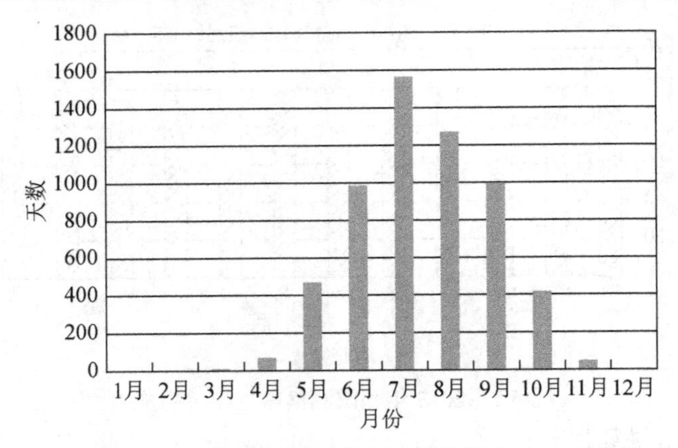

图 6.3　1954～2013 年鄱阳湖湿地不同月份高于 16m 水位的天数

干旱使湖区水面面积减少，滩涂、沼泽地面积增加，使当地渔业生产受到影响。因为湖区草洲是鱼类主要的繁殖场所，如草洲的薹草是鲤鱼、鲫鱼（这两种鱼占鄱阳湖鱼类总产量的一半）的产卵地，但在 5 月鱼类繁殖高峰期发生干旱，许多草洲裸露于水外，大量鱼类错失繁殖季，致使鄱阳湖鱼类捕获量大幅降低。受干旱影响，2011 年 5 月，江西省天然捕捞渔民收入同比减少 70%以上。罕见旱情，使 2011 年鄱阳湖定居性鱼类几乎无产卵繁殖，一些虾、蟹、贝类直接干死。

（3）湿地景观破碎化加大

利用多年遥感影像数据研究表明，水位是影响鄱阳湖湿地景观变化的主要驱动力。随着水位下降，鄱阳湖湿地景观类型面积变化非常显著。在湿地水位较高时，湿地景观类型主要是湖泊、草洲、网箱、裸地和居民地。其中，湖泊面积占主要部分，当水位下降时，湿地景观类型增多，湖泊和库塘等水域面积减少，草洲、裸地面积增加；在极低水位情况下，湿地景观类型以草洲和裸地为主，湖泊和库塘等水域面积较小。湿地水位越低，景观破碎化程度越严重。景观破碎化会引起生物生境的丧失或退化，一些物种种群会减少甚至灭绝，从而造成生物多样性的丧失。当水位较低时，人类进入湿地的可达性增强，也加剧了人类活动对湿地景观的干扰，湿地景观破碎化进一步加大。

（4）湿地水质污染加重

本章采用江西省水环境监测中心公开发布的《鄱阳湖水资源动态监测通报》（2010～2014 年）的湖口断面逐月水质监测数据。以阿拉伯数字 1、2、3、4、5 和 6 分别代替Ⅰ类、Ⅱ类、Ⅲ类、Ⅳ类、Ⅴ类和劣Ⅴ类水质。结果表明，鄱阳湖水质呈现不断恶化的趋势，其中 1 月、2 月和 11 月、12 月水质基本处于超标状态（图 6.4），2010 年 1 月～2014 年 12 月的 60 个月份中，只有 2010 年的 6 月、2012 年的 6 月和 2012 年的 9 月 3 个月的水质为Ⅱ类水质，15 个月为Ⅲ类水质，而其他 42 个月的水质主要为Ⅳ类和Ⅴ类水质，表明鄱阳湖水质大部分时候处于超标状态，超标物质主要是总氮和总磷（图 6.5）。

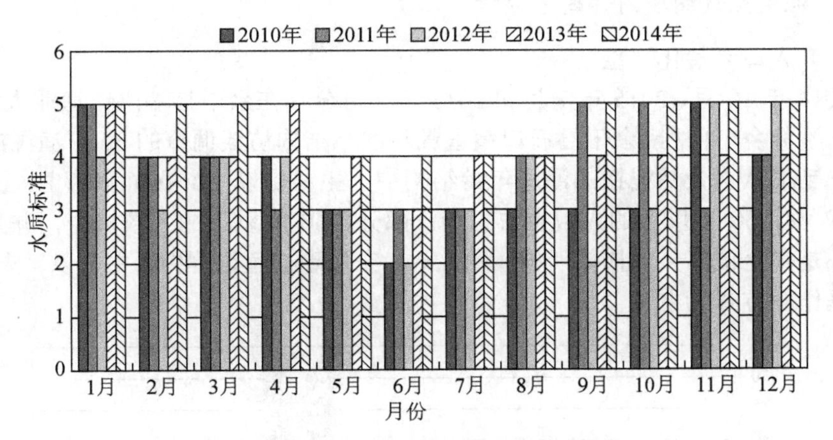

图 6.4　2010～2014 年鄱阳湖水质变化

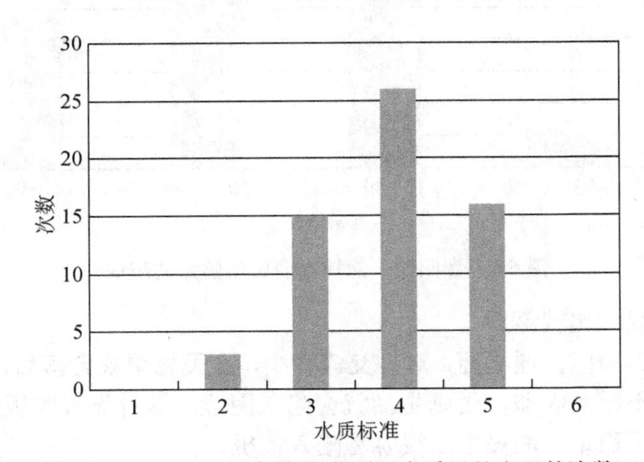

图 6.5　2010～2014 年鄱阳湖不同水质月份出现的次数

（5）人类活动干扰加深

人类活动对鄱阳湖湿地干扰主要表现在放牧、采砂、吸螺采蚌和使用非法网具等方面。虽然鄱阳湖湿地禁止放牧，但是局部放牧现象普遍存在。长江禁止采砂后，原在长江采砂作业的船只涌入鄱阳湖，无序采砂，搅水扰鱼，既破坏鱼类栖息、洄游和繁殖的场所，又污染水质，致使鄱阳湖鱼类资源减少。大量吸螺采蚌不但吸走了大量螺蚌，也严重破坏了湖底的水草和水质，导致鱼虾数量急剧减少。近年来，随着渔船、网具的改革，电拖网和斩秋湖等竭泽而渔的违法作业给鄱阳湖鱼类资源的休养生息带来极大威胁。另外，捕捞的鱼类个体越来越小，根本没有繁殖再生的机会，严重影响鱼类种群的恢复。

2. 渔民生计困境内部因素分析

（1）人口老龄化严重

2014 年 10 月、2015 年 1 月和 2015 年 2 月分别在余干县瑞洪镇渔业大队、鄱阳县白沙洲乡车门村、余干县石口镇重洲村的半结构访谈调查的 36 户渔民的结果表明，当前从事天然捕捞的渔民年龄结构中，主要是以 50～60 岁为主，其次是 40～49 岁，60 岁以上的人数也占相当一部分，40 岁以下的人数极少，并且家庭收入不是完全依靠天然捕捞所得（图 6.6）。在从事捕鱼过程中，主要以“夫妻店”的家庭作业方式为主。

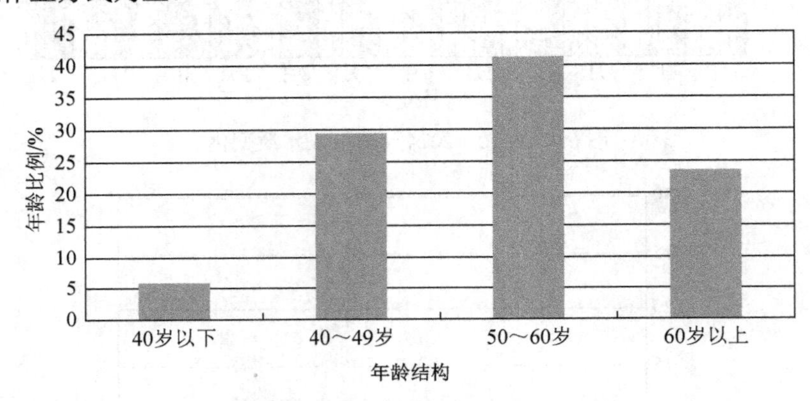

图 6.6　鄱阳湖天然捕捞渔民年龄结构组成

（2）思想观念比较落后

由于鄱阳湖地区交通不便，对外交流较少，渔民思想观念落后。如果渔汛好，当年渔民会有不错的收益，否则生活就会陷入困境。这种靠天吃饭的生存方式使渔民收入极其不稳定，渔民生活很容易陷入危机。

（3）文化素质较低

渔民整体素质相对较低。同时受渔业作业方式的影响，渔民子女上学相当困难，教育成本较高，教育效果差。鄱阳湖渔民大部分为初中及以下文化水平（占 80%以上），受教育程度高的人基本慢慢放弃渔业。在渔村中，渔民多属专业渔民，世代以渔业为生，除了会下湖捕鱼外没有其他技能。文化水平低、缺乏技能在很大程度上限制了渔民从事其他工作的可能性。

（4）生产经营方式落后

自渔业经营转制以来，湖区渔业由集体经营转为分散经营，多以单船为单位自行组织，分散捕鱼，生产经营方式落后。这意味着渔民须完全支付船只、柴油等方面的生产成本和承担各种意外造成的损失。近年来，柴油、钢材等生产成本上升，致使渔业利润下降。

6.3　渔民生计发展对策与建议

6.3.1　现有渔民政策分析

1. 燃油补贴政策

2006 年伊始，鄱阳湖湿地实行渔民燃油补贴政策，发放对象是有渔民捕捞证的渔民。但是鄱阳湖湿地在 2004 年实行渔民捕捞证更换时，由于当时没有燃油补贴政策，很多真正意义上的天然捕捞渔民并没有及时更换渔民捕捞证，从而领不到燃油补贴，而少数以前并没有从事天然捕捞作业的居民，受惠于对政策的了解和掌握，领取了燃油补贴，结果造成了不良的社会影响。例如，政府在鄱阳湖湿地实行其他政策时，如休渔政策，会有很多传统渔民抵制，从而削弱了政府对鄱阳湖湿地保护的政策执行力度。

2. 休渔制度

从 2002 年起，鄱阳湖湿地全湖开始实行禁渔制度，每年的 3 月 20 日 12 时～6 月 20 日 12 时，为鄱阳湖的禁渔期，在这段时间内，在规定禁渔范围内，禁止所有捕捞作业（包括捕螺、蚬、虾等）及其他任何形式的破坏渔业资源和渔业生态环境的作业活动。然而，由于监督力度有限、休渔期渔民没有替代生计等，禁渔期渔民进行偷捕现象仍然存在，渔民偷捕对湿地渔业资源破坏非常大（朱文标，2009）。

随着渔业资源的衰退，渔船经济效益不断下降，渔民收入逐年减少，渔民生计面临困境。为了解决渔民生计问题，江西省政府曾多次拨款补助。与此同时，为了保护渔业资源，近年来不断有学者呼吁要“实行鄱阳湖全面、全年禁渔”。2012 年，中国科学院水生生物研究所建议长江流域要全年、全流域禁渔。因此，无论是从渔民生计改善还是从渔业资源保护来看，鄱阳湖天然捕捞渔民的转产转业已成为必然选择。

6.3.2　渔民可持续生计发展对策与建议

渔民可持续生计保障是人权的基本体现（辛格等，2000）。鄱阳湖湿地渔民无田无土，也缺乏捕捞以外的生存技能，在转产转型的过程中特别需要政府的引导和帮助。在对渔民的补偿和安置过程中，应该尽量引导渔民接受长期支持，而不是一次性补助；尽量有针对性地用招商引资、职业培训和再就业辅导等措施来代替现金补偿。只有真正解决湖区捕捞渔民生产、生活困难，才能从根本上保护鄱阳湖的生物资源多样性和水域生态环境，促进鄱阳湖区经济的健康发展（郭宇冈等，2014）。

1. 建立渔民自助组织，帮助渔民形成符合自身特点的转产转业规划

调查发现渔民对产业调整缺乏清晰的认识，对未来转产转业也缺乏明确的长远规划，为此，需要有一个机构来了解渔民的真实想法，引导渔民正确认识转产转业问题，形成自己的行动规划。渔民自助组织可发挥政府与渔民的桥梁作用；一方面，向政府转达渔民对转产转业的合理诉求，争取相关的政策支持；另一方面，结合政府政策和渔民特点，帮助渔民制定符合个人实际的转产转业规划。同时，渔民自助组织还是渔民转产转业信息交流的平台，是培养渔民转产转业成功典型的摇篮，是示范和宣传渔民转产转业成功典型的窗口。

2. 结合地方经济转型，因地制宜实施渔民转产转业

针对沿湖各县不同的经济转型策略和县域经济发展的特征，把渔民转产转业与地方经济转型相结合，将吸纳转产转业渔民纳入地方经济转型规划，走各具特色的渔民转产转业道路，拓宽渔民转产转业的思路与途径。

1）在养殖技术基础好的地方，可以依靠技术培训和资金支持实现从“捕捞”到“养殖”的转变。例如，进贤县的养殖产业化模式、鄱阳县的特色养殖基地模式、彭泽县的生态鱼庄模式、余干县的水产专业合作社模式。

2）发展生态旅游。生态旅游是在鄱阳湖湿地区域内保护生态环境、不干扰当地自然环境、降低旅游负面影响并提高当地渔民福利，为渔民提供有益社会和经济价值的一种有责任的旅游行为（刘勇，2011）。由于鄱阳湖地区水旱灾害频发、湿地资源被掠夺式开发利用，环境退化十分明显。在这种情况下要实现渔民可持续发展必须发挥湿地生态性这一特性。没有完善、独特的生态系统，生态旅游就失去了赖以生存的基础。鄱阳湖湿地在发展生态旅游的过程中，要充分保护这里的生态环境，维持原有的自然风貌，展示其独特的自然特色。不大搞人工风景区建设，必要的人工设施也力求自然古朴，布局与自然环境、风俗民情相协调。例如，南矶湿地国家级自然保护区生态旅游开发构想中指出，在不影响候鸟的栖息环境，不破坏当地生态系统的前提下，适度开发。依托历史形成的公路与太子河为主要出入通道不再建造新的交通线，减少对当地脆弱的生态的影响，在实际开发中，采取区域轮休的方式进行调整。

3）以工业化和城市化为动力，吸纳渔民上岸就业。未来鄱阳湖沿湖各县的工业化和城市化程度将进一步提高，在这个过程中可以优先考虑为渔民提供就业和落户的优惠政策，吸引渔民进城安居。

3. 实行生态补偿制度

鄱阳湖地区应按照“资源共享，成本共担”的原则，由国家出面制定生态环境补偿政策，建立生态补偿机制，调节利益相关者的关系，对保护环境的渔民要进行补偿，以激励限制开发区域内的生态环境保护工作。

4. 构建有效的转产转业渔民就业培训与安置体系

渔民因知识和经济水平低，对未来转产转业缺乏明确的长远规划，普遍希望得到现金补偿。但以往的经验显示，一次性资金补偿并不能从根本上保障渔民的未来生活，唯一可靠的途径是构建有效的转产转业渔民就业培训与安置体系，实施渔民转产安置和再就业工程。

根据调查统计，受教育程度较高、较年轻的渔民更希望从事旅游方面的工作，这不仅需要政府规划旅游资源和招商引资，也需要给这一部分渔民进行职业培训和再就业辅导。针对这部分渔民的特点，对于未达到法定退休年龄的渔民，在 2 年的时间内发放基本生活费。在此期间，渔民必须每周到再就业中心报道，政府根据其希望从事的职业进行职业培训，在 2 年内保证推荐 3 次工作。

5. 制定渔民转产优惠信贷政策，为渔民转产提供资金支持

在对渔民的访谈中发现，很大一部分的天然捕捞渔民希望能够从事水产养殖工作。水产养殖需要的资金投入较大，对养殖技术的要求也比较高，因此受教育程度较高、家庭经济情况较好的渔民更有条件从事水产养殖。为了让更多有技术、有基础的渔民实现创业梦想，应及时给这部分渔民提供技术支持，并提供金融和税收方面的优惠，扶持其创办小型养殖企业。创业渔民事业的发展也可以带动整体渔民完成转产再就业。

6. 建立健全转产转业渔民的养老保障体系

通过对鄱阳湖天然捕捞渔民的经济行为分析，我们发现年龄因素对渔民的经济行为有明显的影响。年龄越大的渔民转产的意愿越低，学习的能力也越差，倾向越消极，越希望得到现金补偿。针对此点，我们建议对达到退休年龄的老龄渔民，实行按月发放生活费的补偿安置措施，使他们老有所养、老有所依（张胜等，2013）。而对于未达到法定退休年龄的渔民，应该积极引导其进行转产再就业，同时纳入社会养老保险体系。

第7章　鄱阳湖渔业发展问题

近年来，由于气候变化和人类干扰的强烈影响，鄱阳湖生态环境发生了显著变化，湿地生态系统退化趋势加剧，湿地渔业资源日益衰退，对区域社会经济发展造成了不利影响。本章将从认识鄱阳湖渔业资源出发，以滨湖县区渔业社会经济资料为主，分析鄱阳湖湿地渔业生产的结构和格局变化，并对该区域渔业生产发展提出相关建议。

7.1　鄱阳湖的渔业资源

7.1.1　鱼类资源

中国约有淡水鱼类 800 种，其中长江水系约有 400 种、江西省约有 205 种，鄱阳湖的鱼类分别占上述数据的 17%、34%和 66%（曹文宣，2008；杨富亿等，2011）。

鄱阳湖鱼类记录资料显示，1955～1963 年鄱阳湖有鱼类 121 种，1974 年有 118 种，1981 年有 115 种，1982～1990 年有 105 种，1997～1999 年有 122 种，1997～2000 年有 101 种；《中国湖泊志》《鄱阳湖：水文、生物、沉积、湿地、开发整治》《鄱阳湖研究》均记录为 122 种，《中国五大淡水湖》记录为 107 种（《鄱阳湖研究》编委会，1988；王苏民，窦鸿身，1998）。据第二次鄱阳湖科学考察，鄱阳湖已记载的鱼类有 134 种，分隶于 12 目 26 科 77 属，以鲤科鱼多，计 71 种，占总种类数的 53.0%；其次是鲶科 12 种，占总种类数的 9.0%；鳅科 8 种，占总种类数的 6.0%；鮨科 5 种，占总种类数的 3.7%；银鱼科和钝头鮠科各 4 种，均占 3.0%；塘鳢科和虾虎鱼科各 3 种，均占 2.2%；其余各科合计占 17.9%。

根据洄游和栖息习性，鄱阳湖鱼类可分为湖泊定居性鱼类、江湖半洄游性鱼类、海河洄游性鱼类和山溪性鱼类。

（1）湖泊定居性鱼类

湖泊定居性鱼类的繁殖、生长和越冬等都在湖中进行，大多数经济鱼类属于此类型，主要有鲤鱼、鲫鱼、鳊鱼、鲌鱼、鲶鱼、鳜鱼、乌鳢、黄鳝、黄颡鱼和银鱼等，共计约 65 种。

（2）江湖半洄游性鱼类

江湖半洄游性鱼类在湖中生长、发育，到江河中产卵，在生命周期中在湖泊和江河间洄游。江湖半洄游性鱼类约有 19 种，主要有青鱼、草鱼、鲢鱼、鳙鱼等

(赣江的吉安至赣州段有它们的产卵场，但鄱阳湖中四大家鱼鱼苗主要依赖于长江)。

（3）海河洄游性鱼类

海河洄游性鱼类在江河或湖泊中繁殖，到海洋中生长；或在海洋中繁殖，到江湖中生长。它们一生中必须在海、河之间进行规律性洄游。海河洄游性鱼类约有 8 种，分别是长颌鲚、鲥鱼、鳗鲡、窄体舌鳎、半滑三线舌鳎、弓斑东方鲀，暗色东方鲀、中华鲟等。

（4）山溪性鱼类

山溪性鱼类本是山溪定居性鱼类，随水流从鄱阳湖五大水系进入鄱阳湖。山溪性鱼类约有 42 种，包括胡子鲶、月鳢、中华纹胸鮡等。

上述渔业生物资源，既包括中华鲟、白鲟、胭脂鱼等国家级重点保护野生动物，也有鲥鱼、鲚鱼、青鱼、草鱼、鲢鱼、鳙鱼、鲇鱼、赤眼鳟、翘嘴鲌等 36 种列入《国家重点保护经济水生动植物资源名录》的鱼类。

7.1.2　虾蟹类资源

虾蟹类是鄱阳湖渔业生物资源结构中的另一大生态类群。

李长春等（1990）、洪一江等（2003）的研究和第二次鄱阳湖科学考察的调查结果表明，鄱阳湖区有虾类 14 种，分别是日本沼虾、江西沼虾、粗糙沼虾、九江沼虾、贪食沼虾、韩氏沼虾、春沼虾、安徽沼虾、秀丽白虾、中华小长臂虾、细螯沼虾、中华新米虾、细足米虾、克氏原螯虾，其中日本沼虾和秀丽白虾为优势种。日本沼虾在全湖区均有分布，其他种类仅局部分布，且数量相对较少。克氏原螯虾俗名小龙虾、淡水龙虾等，是入侵鄱阳湖的外来物种。经过多年的繁衍，原产北美的克氏原螯虾已成为鄱阳湖生态系统的重要组成部分和湖区渔民收入的主要来源之一。2009～2013 年的调查资料表明，鄱阳湖克氏原螯虾捕捞产量已经占到虾类捕捞总产量的 50%以上，平均达 2.5 万吨（张燕萍等，2014）。

鄱阳湖蟹类主要有 2 种，是中华绒螯蟹和束腰蟹。中华绒螯蟹俗称河蟹，是分布在鄱阳湖的土著物种，但目前天然产量很少。

7.1.3　饵料生物资源

鄱阳湖饵料生物资源包括浮游植物、浮游动物、底栖动物和水生维管束植物。

鄱阳湖有浮游植物 154 属，分隶于 8 门 54 科，以绿藻门、硅藻门和蓝藻门为主，是滤食性鱼类的饵料。鄱阳湖浮游植物的分布密度较大，年平均 51.52 万个/L。湖中浮游植物初级生产力折合浮游植物的年鲜重产量为 488.50 万 t（王晓鸿等，2004）。

浮游动物是鱼类和贝类的食料。鄱阳湖浮游动物的数量有明显的季节变动，已鉴定的浮游动物有 183 种。其中，原生动物 14 科 26 种、轮虫类 12 科 85 种、枝角类 7 科 48 种、桡足类 5 科 23 种和水母。鄱阳湖中的轮虫类、枝角类和桡足类的分布平均密度均为 6.5～19.8 个/L。

底栖动物是鱼类和鸟类等的天然食物，也是水环境质量监测指示生物。底栖动物有多孔动物门的淡水海绵，腔肠动物门的水螅，扁形动物门的线虫和腹毛虫，环节动物门的寡毛类和蛭类，软体动物门的腹足类和瓣腮类，节肢动物门的甲壳类、水螨和昆虫，苔藓动物门的羽苔虫。据 1981～1992 年调查，鄱阳湖有底栖动物 95 种，隶属于软体动物、环节动物、节肢动物 3 个门。其中，瓣鳃纲有 3 科 17 属 52 种，腹足纲有 5 科 9 属 14 种，水生昆虫有 5 目 8 科 17 种，寡毛类有 12 种（谢钦铭等，1995）。2012～2013 年第二次鄱阳湖科学考察采集到 83 种底栖动物，其中属环节动物门的占 14.3%、属软体动物门的占 71.4%、属节肢动物门的占 14.3%；平均密度为 348.64 个/m^2，生物量为 65.24g/m^2。

水生维管束植物有 102 种，分隶于 38 科，全湖水生维管束植被面积达 2262km^2，总生物量为 431.76 万 t，优势种是芦苇、南荻、菰、薹草、苦草、黑藻、竹叶眼子菜、菹草等。水生维管束植物是草食性鱼类的主要食料，也是草上产卵鱼类的附着物。水生维管束植物群落从湖岸到湖心随水深的变化呈不规则的带状分布，可分为湿生植物带、挺水植物带、浮叶植物带和沉水植物带。第二次鄱阳湖科学考察发现，水生植物优势种出现较大变化，竹叶眼子菜仅零星出现，未见有以竹叶眼子菜为优势种的群落；而苦草常以单优势种存在，菹草逐渐取代竹叶眼子菜成为优势种；菰迅速扩展，侵占沉水植物空间。

7.2　鄱阳湖渔业生产格局

根据最新的行政区划，与鄱阳湖毗邻的县级行政单元共计 11 个，包括南昌县、新建县（2015 年行政区划调整为南昌市新建区）、进贤县、星子县（2016 年行政区划调整为庐山市）、永修县、湖口县、都昌县、鄱阳县、余干县、九江市庐山区（2016 年行政区划调整为濂溪区）、共青城开放开发区（2010 年行政区划调整为共青城市），总面积约 1.9 万 km^2（占江西省总面积的 11.4%），人口约 755 万人（占江西省总人口的 16.5%）。考虑到行政区划的变动和统计数据的完整性，除上述 11 个直接临湖的县区外，本章将德安县、九江市辖区和南昌市辖区（不含新建区）也包括进来，一起称为鄱阳湖滨湖地区。

7.2.1　产量及其构成变化

根据鄱阳湖滨湖地区的渔业统计资料，其水产品总量一直处于逐年稳步增长的状态，从 1996 年的 39.8 万 t，增加到 2013 年的 85.5 万 t，年均增长率约为 6.4%（图 7.1）。水产品产量主要由人工养殖和天然捕捞两部分组成。从 1996～2013 年的年均生产情况看，人工养殖约占水产品总量的 77.2%，一直是鄱阳湖水产品的主体；天然捕捞量约占水产品总量的 22.8%，且呈现波动降低的趋势（图 7.2）。自 20 世纪 80 年代以来，江西省水产养殖业在“以养为主”方针的指导下，其生产理念、技术手段和基础设施等方面发生了重大转变，人工养殖的水产品数量和质量都得到了显著增长，成为鄱阳湖水产品的主体。随着鄱阳湖鱼类资源的日益衰退和渔业资源保护政策的加强，天然捕捞水产品在水产品总量中的比重逐年减少，在特殊的大水年份（如 1998 年、1999 年）天然捕捞量占水产品总量的比重才能超过 30%，大部分平水和枯水年份，天然捕捞量占水产品总量的比重在 20%左右。

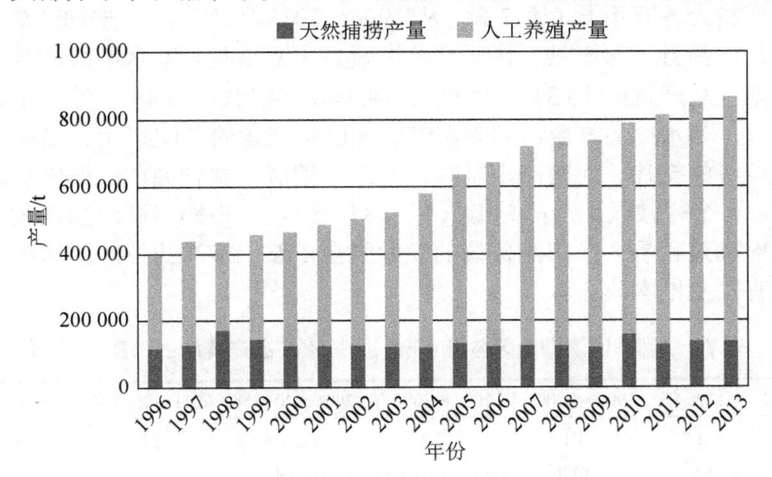

图 7.1　鄱阳湖滨湖地区渔业产量变化

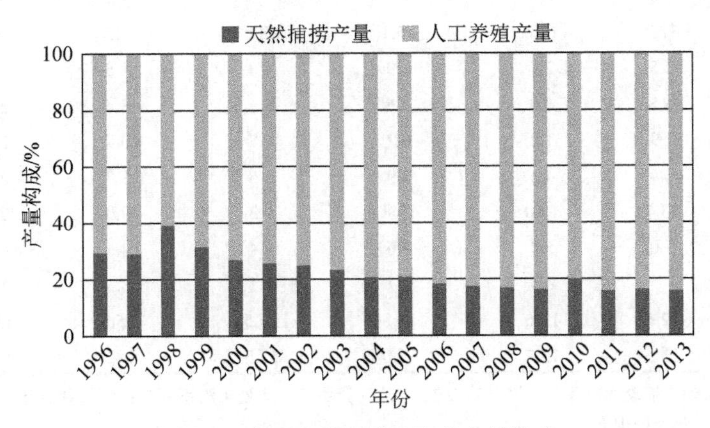

图 7.2　鄱阳湖滨湖地区渔业产量构成

造成鄱阳湖天然捕捞产量在大水年份增加的原因有很多，其中最为重要的原因是鄱阳湖本身的生态水文特点。鄱阳湖是一个过水性、吞吐型湖泊，洪枯季节水面面积差异很大，其渔业资源主要依靠外源补充。由于当洪水来临时，一方面，大量鱼类资源会从赣江、抚河、信江、饶河、修河五条支流进入鄱阳湖；另一方面，当长江水位高于鄱阳湖时会发生江水倒灌现象，长江渔业资源会冲入鄱阳湖。丰富的渔业资源、辽阔的洪水湖面，造就了鄱阳湖大水年份天然捕捞产量激增的脉冲现象。此外，洪水年份会给湖区人工养殖造成严重灾情，降低人工养殖的产量。这一增一减，使鄱阳湖天然捕捞量在不断衰退中出现一次次的增产高潮。

7.2.2　渔业生产的空间格局

受到生产条件、产业政策、环境政策的影响，鄱阳湖滨湖地区 13 个行政单元的渔业生产能力各有不同（表 7.1）。从 1996～2013 年水产品年平均产量看，排在前五位的是南昌县、鄱阳县、余干县、进贤县和都昌县，其水产品产量分别占鄱阳湖滨湖地区总产量的 16.3%、15.6%、14.3%、14.1%、10.4%。这 5 个县渔业生产能力很强，其水产品产量占鄱阳湖滨湖地区总产量的 70%以上，是鄱阳湖滨湖地区渔业经济的支柱。而南昌市辖区、九江市辖区、共青城市、德安县渔业生产能力很弱，4 个行政区水产品总量只有 3.85 万 t，仅占鄱阳湖滨湖地区总产量的 6.3%。从时间过程看，鄱阳湖传统的渔业强县依然保持渔业生产的优势，其产业地位并没有发生根本改变。

表 7.1　鄱阳湖滨湖地区各县（市、区）水产品产量所占比重　　单位：%

县（市、区）	1996 年	1996～2000 年	2001～2005 年	2006～2010 年	2011～2013 年	2013 年	平均
南昌市辖区	3.7	3.1	2.5	2.4	2.0	1.9	2.6
南昌县	17.7	17.4	16.3	15.5	15.3	15.1	16.3
新建县	7.8	8.6	9.1	9.5	9.2	9.1	9.1
进贤县	11.7	14.0	15.1	13.5	13.7	13.6	14.1
九江市辖区	2.5	2.1	1.9	1.8	1.5	1.4	1.9
永修县	5.5	6.0	5.6	5.5	5.4	5.4	5.7
德安县	1.9	1.2	0.7	0.7	0.7	0.7	0.8
星子县	4.4	4.5	3.9	3.5	3.7	3.6	3.9
都昌县	13.7	12.0	10.8	9.3	9.0	9.1	10.4
湖口县	5.0	5.0	4.6	4.4	4.3	4.3	4.6
共青城市	—	0.4	0.7	1.1	1.3	1.4	1.0
余干县	12.6	12.6	13.8	15.5	15.8	15.9	14.3
鄱阳县	13.5	13.2	15.0	17.3	18.3	18.5	15.6

注：新建县 2015 年改为新建区，星子县 2016 年改为庐山市，此处仍沿用原名；而共青城开放开发区 2010 年调整为共青城市，此处用现名。

为了分析鄱阳湖渔业生产的空间格局变化，将 1996～2013 年分为四个时段：1996～2000 年、2001～2005 年、2006～2010 年、2011～2013 年。分别计算各时段鄱阳湖滨湖地区的水产品产量比重，构造鄱阳湖滨湖地区渔业生产的空间格局（图 7.3）。图 7.3 清晰地展示出鄱阳湖渔业生产的空间分布特点：①鄱阳湖渔业生产的主体主要在湖泊的东部和南部区域，主要包括南昌县、鄱阳县、余干县、进贤县；②从西南到西北，鄱阳湖渔业生产能力逐步降低；③1996～2013 年，鄱阳湖渔业生产的空间格局并没有发生显著变化；④部分县区由于产业结构调整和渔业资源衰退等原因，水产品产量在鄱阳湖滨湖地区总产量中的比重显著下降，如星子县、都昌县和南昌县；⑤部分县区的水产品产量在鄱阳湖滨湖地区总产量中的比重显著增加，原因主要是人工养殖规模的扩大和养殖单产的提高，如鄱阳县和余干县的人工养殖产量年均以 15%左右的速度增长。

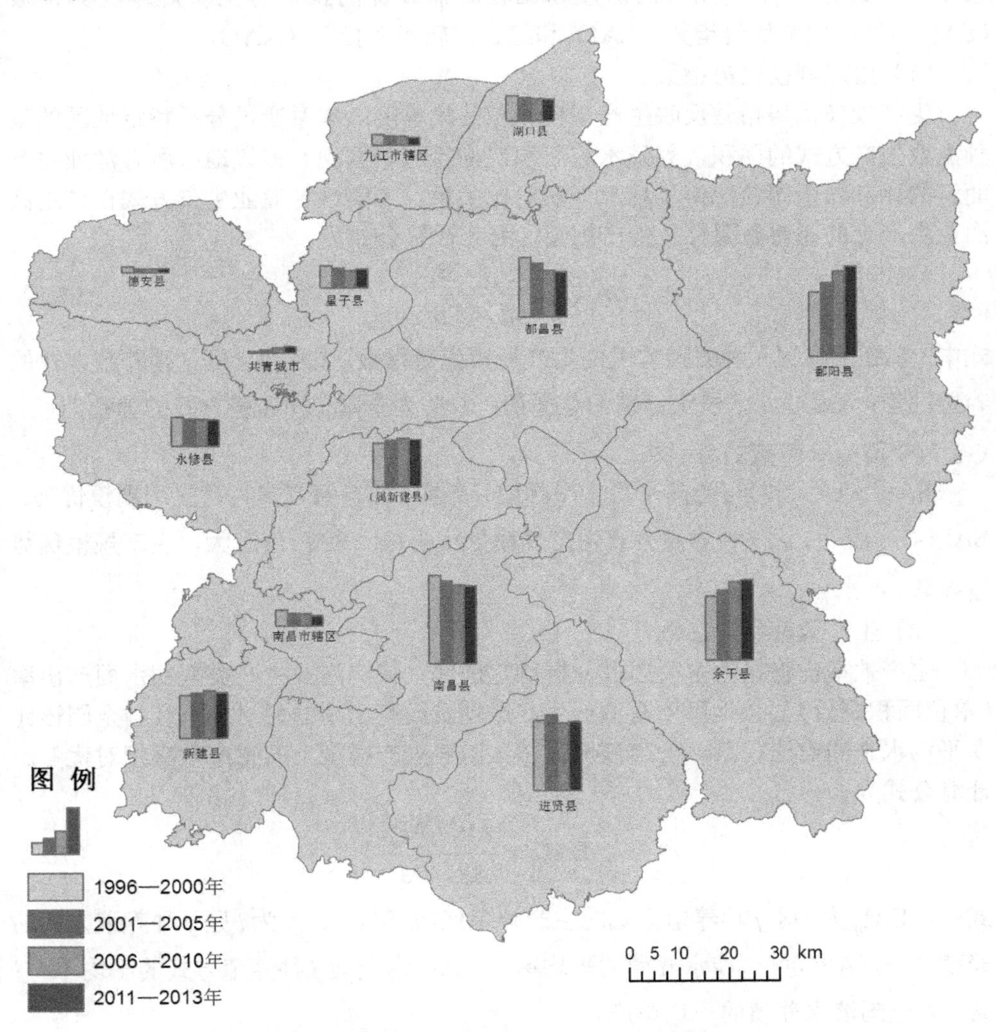

图 7.3　鄱阳湖滨湖地区渔业生产的空间格局

柱状图为各县区不同时段水产品产量占区域总产量的比重，具体数值如表 7.1 所示；
新建县 2015 年改为新建区，星子县 2016 年改为庐山市，此处仍沿用原名；
而共青城开放开发区 2010 年调整为共青城市，此处用现名

7.3　鄱阳湖渔业发展的分析方法及比较优势分析

7.3.1　鄱阳湖渔业发展的分析方法

综合比较优势指数法适合于在一国范围内、不同区域之间某种产品或同一区域不同产品之间比较优势的衡量和比较。需计算的指标有生产规模优势指数（SAI）、生产效率优势指数（EAI）和综合比较优势指数（AAI）。

（1）生产规模优势指数

生产规模优势指数反映生产规模和专业化程度。本章通过分析特定地区的某种渔业生产方式的面积（养殖水域面积或捕捞水域面积）占该地区所有渔业生产面积的比例与全国该比例平均水平的对比关系，考察该种渔业生产方式在该地区渔业生产上的相对重要性及生产规模优势。计算公式为

$$\mathrm{SAI}_{ij}=\frac{\mathrm{GS}_{ij}/\mathrm{GS}_i}{\mathrm{GS}_j/\mathrm{GS}} \tag{7.1}$$

式中，SAI_{ij}为i区j种养殖方式的生产规模优势指数；GS_{ij}为i区j种养殖方式的养殖面积；GS_i为i区淡水养殖的总面积；GS_j为全国j种养殖方式的养殖面积；GS为全国淡水养殖的总面积。

$\mathrm{SAI}_{ij}>1$，表明与全国平均水平相比，i区j种养殖方式具有生产规模优势；$\mathrm{SAI}_{ij}<1$，表明i区j种养殖方式生产规模处于劣势。SAI_{ij}值越大，生产规模优势越显著。

（2）生产效率优势指数

生产效率优势指数主要通过分析特定地区、特定渔业生产类型的水面产出率（单位面积产量）与该地区所有渔业生产平均水面产出率的相对水平及与全国该比率平均水平的对比关系，考察该地区在该渔业生产类型上的生产效率相对优势。计算公式为

$$\mathrm{EAI}_{ij}=\frac{\mathrm{AP}_{ij}/\mathrm{AP}_i}{\mathrm{AP}_j/\mathrm{AP}} \tag{7.2}$$

式中，EAI_{ij}为i区j种养殖方式的生产效率优势指数；AP_{ij}为i区j种养殖方式的养殖单产；AP_i为i区淡水养殖的平均单产；AP_j为全国j种养殖方式的平均单产；AP 为全国淡水养殖的平均单产。

$\mathrm{EAI}_{ij}>1$，表明与全国平均水平相比，i区j种养殖方式具有生产效率优势；$\mathrm{EAI}_{ij}<1$，表明i区j种养殖方式的生产效率处于劣势。EAI_{ij}值越大，生产效率优势越显著。

（3）综合比较优势指数

综合比较优势指数是从相对生产效率和由市场、技术、气候、地理区位等综合因素决定的规模优势两个方面，综合衡量地区淡水渔业生产的相对比较优势，是生产规模优势指数与生产效率优势指数的综合结果，能够更为全面地反映一个地区某种渔业生产的优势度。计算公式为

$$AAI_{ij}=\sqrt{EAI_{ij}\cdot SAI_{ij}} \tag{7.3}$$

式中，AAI_{ij} 为综合比较优势指数。

$AAI_{ij}>1$，表明与全国平均水平相比，i 区 j 种养殖方式具有比较优势；$AAI_{ij}<1$，表明 i 区 j 种养殖方式的生产水平与全国平均水平相比没有优势。AAI_{ij} 值越大，综合比较优势越显著。

7.3.2　鄱阳湖渔业发展的比较优势分析

鄱阳湖滨湖地区渔业生产包括天然捕捞和人工养殖两个组成部分，但是从水产品产量分析，人工养殖已经成为鄱阳湖滨湖地区渔业经济的主要支柱。因此，未来鄱阳湖滨湖地区渔业生产的发展重点是人工养殖，天然捕捞已经退居为从属地位。从不同养殖水面的产量贡献看，2011～2013 年鄱阳湖滨湖地区各县（市、区）的池塘、湖泊、水库、河沟、稻田和其他养殖方式的产量分别占养殖总产量的 48.14%、33.55%、12.37%、4.49%、0.80%和 0.81%。池塘和湖泊已成为鄱阳湖滨湖地区人工养殖的主要类型。

从人工养殖的面积和单产水平看，2013 年全国淡水养殖总面积为 600.613 万 hm^2，养殖产量达 2802.43 万 t，平均养殖单产为 4666kg/hm^2；同期，鄱阳湖滨湖地区的人工养殖总面积为 15.428 万 hm^2，养殖产量为 73.01 万 t，平均养殖单产高于全国平均水平，为 4732kg/hm^2。为了比较鄱阳湖滨湖地区各县（市、区）的人工养殖产出水平，将各县（市、区）平均养殖单产除以同期全国平均淡水养殖单产，计算出相对单产指数（图 7.4）。计算结果表明，从人工养殖产出效率看，南昌县、新建县、星子县显著高于全国平均水平，南昌市辖区、永修县、都昌县、湖口县、共青城市、余干县、鄱阳县处于全国平均水平。值得注意的是，鄱阳县、余干县、都昌县和进贤县是该地区的渔业大县，但其人工养殖水平却不高，甚至低于全国平均水平。

在 2011～2013 年鄱阳湖滨湖地区各县（市、区）的养殖水面构成中，池塘、湖泊、水库、河沟、稻田和其他养殖方式的面积分别占养殖总面积的 25.25%、55.84%、13.76%、4.01%、1.54%和 0.60%。为了进一步分析不同水面资源的利用效率，本章计算了 2013 年鄱阳湖滨湖地区各县（市、区）不同养殖水面的生产规模优势指数、生产效率优势指数和综合比较优势指数。从生产规模优势指数看（表 7.2），池塘养鱼只有南昌县（1.60）具有一定生产规模优势；湖泊养殖方面，

除南昌县、永修县、德安县外，其余各地均具有显著的生产规模优势；水库养殖方面，永修县、德安县具有显著的生产规模优势；河沟养殖方面，永修县、德安县、星子县具有显著的生产规模优势；稻田养殖方面，除南昌县、新建县、永修县、德安县外，其余各地均具有显著的生产规模优势。从生产效率优势指数看（表 7.3），池塘养殖具有一定生产效率优势的是南昌县、新建县、进贤县、星子县、余干县；湖泊养殖具有普遍的生产效率优势，其中南昌县、新建县、星子县、余干县、鄱阳县的生产效率优势特别突出；水库养殖方面在鄱阳湖滨湖地区也具有普遍优势，其中南昌县、新建县、进贤县、星子县、湖口县的生产效率优势特别突出；河沟养殖方面，南昌县、新建县、进贤县、星子县、湖口县具有比较大的生产效率优势；稻田养殖方面，进贤县和南昌县具有特别显著的生产效率优势。

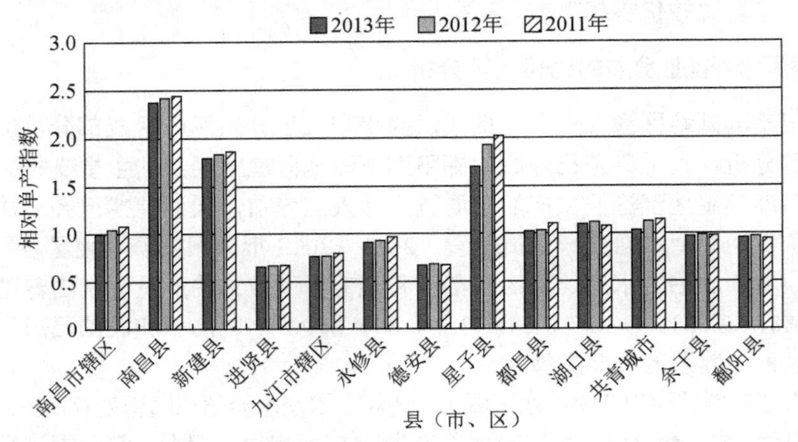

图 7.4　鄱阳湖滨湖地区各县（市、区）的人工养殖相对单产指数

新建县 2015 年改为新建区，星子县 2016 年改为庐山市，此处仍沿用原名；
而共青城开放开发区 2010 年调整为共青城市，此处用现名

表 7.2　鄱阳湖滨湖地区各县（市、区）不同养殖水面的生产规模优势指数

地区	池塘	湖泊	水库	河沟	稻田	其他
南昌市辖区	0.95	2.95	0.18	0.53	1.99	0.00
南昌县	1.60	0.62	0.03	3.75	0.42	0.00
新建县	0.72	1.52	0.84	1.38	1.02	3.57
进贤县	0.16	5.02	0.17	0.24	3.38	0.00
九江市辖区	0.52	4.36	0.09	0.01	2.93	0.04
永修县	0.71	1.08	1.33	0.87	0.73	0.00
德安县	0.83	0.00	1.61	2.20	0.00	0.34
星子县	0.83	2.52	0.32	2.27	1.70	0.00
都昌县	0.98	2.56	0.32	0.45	1.72	0.50

续表

地区	池塘	湖泊	水库	河沟	稻田	其他
湖口县	0.97	2.58	0.29	0.66	1.74	0.60
共青城市	0.88	3.34	0.08	0.42	2.25	0.00
余干县	0.41	4.34	0.13	0.84	2.92	0.08
鄱阳县	0.37	3.16	0.71	0.43	2.13	0.00

注：新建县2015年改为新建区，星子县2016年改为庐山市，此处仍沿用原名；而共青城开放开发区2010年调整为共青城市，此处用现名。

表7.3　鄱阳湖滨湖地区各县（市、区）不同养殖水面的生产效率优势指数

地区	池塘	湖泊	水库	河沟	稻田	其他
南昌市辖区	1.03	1.30	1.44	1.27		
南昌县	1.47	3.26	2.71	1.83	9.87	
新建县	1.43	3.00	5.09	1.91	1.55	1.28
进贤县	1.57	1.21	3.29	2.26	6.20	
九江市辖区	1.09	1.31	1.22	1.00		0.80
永修县	1.14	1.36	1.09	0.56	0.40	
德安县	0.67		1.05	0.56	1.65	0.98
星子县	1.21	4.32	4.38	1.88		
都昌县	0.87	1.84	1.90	1.12		1.25
湖口县	0.84	1.61	3.15	2.27		0.72
共青城市	1.03	1.44	2.24	1.13		
余干县	1.26	1.98	1.80	1.54		1.36
鄱阳县	1.08	2.05	2.06	1.50	1.55	

注：新建县2015年改为新建区，星子县2016年改为庐山市，此处仍沿用原名；而共青城开放开发区2010年调整为共青城市，此处用现名。

从综合比较优势指数看（表7.4），池塘养殖只有南昌县（综合比较优势指数为1.53）具有较好的综合比较优势，而新建县和星子县略有综合比较优势；湖泊养殖在全国具有非常显著的综合比较优势（$1.21<AAI<3.30$），这与鄱阳湖滨湖地区拥有优良的湖泊水面资源密切相关；水库养殖方面，新建县、永修县、德安县、星子县和鄱阳县具有一定的优势（$1.18<AAI<2.06$）；河沟养殖方面，南昌县、新建县、星子县、湖口县具有一定的优势；稻田养鱼方面，南昌县、进贤县、鄱阳县具有比较突出的优势。

表7.4　鄱阳湖滨湖地区各县（市、区）不同养殖水面的综合比较优势指数

地区	池塘	湖泊	水库	河沟	稻田	其他
南昌市辖区	0.99	1.96	0.51	0.82		
南昌县	1.53	1.42	0.27	2.62	2.02	
新建县	1.01	2.13	2.06	1.62	1.26	2.14
进贤县	0.51	2.46	0.75	0.73	4.58	
九江市辖区	0.75	2.39	0.34	0.10		0.18

续表

地区	池塘	湖泊	水库	河沟	稻田	其他
永修县	0.90	1.21	1.20	0.70	0.54	
德安县	0.74		1.30	1.11		0.57
星子县	1.00	3.30	1.18	2.07		
都昌县	0.92	2.17	0.78	0.71		0.79
湖口县	0.90	2.04	0.95	1.22		0.66
共青城市	0.95	2.20	0.43	0.69		
余干县	0.72	2.93	0.48	1.14		0.33
鄱阳县	0.63	2.55	1.21	0.81	1.82	

注：新建县2015年改为新建区，星子县2016年改为庐山市，此处仍沿用原名；而共青城开放开发区2010年调整为共青城市，此处用现名。

7.4　鄱阳湖渔业发展的资源环境约束及对策

7.4.1　渔业发展的资源环境约束

鄱阳湖是江湖洄游性鱼类重要的索饵和育肥场所，也是海河洄游性鱼类洄游的通道或繁殖场，对长江鱼类种质资源保护及种群的维持具有重大意义。但是，20世纪90年代以来，日益严重的水污染、过度捕捞、采砂、水利工程建设等因素，致使鄱阳湖生态环境恶化，鱼类“三场”（越冬场、产卵场、索饵场）破坏严重，渔业资源呈现出衰退的趋势，渔业发展面临多方面的严峻挑战，主要表现在以下方面（张堂林等，2007；官少飞，2009；杨富亿等，2011；姜红等，2013；江西省山江湖开发治理委员会办公室等，2015；夏少霞等，2016）。

1. *滥捕导致渔业资源严重衰退，天然捕捞面临转产困境*

天然捕捞强度过大，捕捞没有严格的配额制度，加之有害渔具渔法（如斩秋湖、电捕鱼、炸鱼、毒鱼、迷魂阵等）的违规使用，于是出现了“越捕越少，越少越捕”的恶性循环，导致鄱阳湖鱼类小型化、低龄化趋势明显，严重影响了鱼类种群的自然恢复，加剧了鄱阳湖渔业资源退化的趋势。

从捕捞产量来看，2000～2006年，鄱阳湖年均鱼类捕捞产量为3.36万t，2006～2009年，年均鱼类捕捞产量2.9万t，年捕捞产量虽呈现一定的波动，但1998年之后总体呈下降趋势。2011年，遭遇罕见的春夏连旱，捕捞产量仅相当于常规年份的1/3。

从捕捞种类来看，捕捞种类明显减少。2010年，监测到的鱼类种数仅为74种，较有记录的133种少了59种。2012～2013年，鄱阳湖第二次科学考察期间，调查到的鱼类只有89种。

从渔获物的年龄组成来看，鲤鱼、鲢鱼、鲫鱼、青鱼、草鱼、鳜鱼等都以当年鱼为主，如鲤鱼在 2006 年渔获物中 0 龄和 1 龄鱼占到 75.9%，亲鱼补充群体严重不足。鄱阳湖第二次科学考察发现，2012～2013 年，鄱阳湖区主要经济鱼类的年龄结构中 1 龄鱼和 2 龄鱼占到 80%左右。高捕捞强度破坏了凶猛鱼类和其他大、中型鱼类的生活史，渔获物中鱼类呈低龄化、低质化和个体小型化趋势明显，致使捕捞生产效率和经济效益不断下降。

2. 水利工程建设、无序采砂等人类活动导致鱼类生境遭受严重破坏

水利工程设施阻断了许多鱼类的上溯产卵通道或破坏了鱼类的产卵场，导致半洄游性“四大家鱼”不能进入江河产卵，江河鱼苗不能进入湖区育肥，严重影响到鱼类的产卵繁殖。例如，赣江万安水电站的建设，导致长江鲥鱼因洄游通道被阻断而灭绝，新干、峡江江段原有的十余处“四大家鱼”产卵场也同时消失；信江的界牌水利枢纽工程，致使该江段的翘嘴鲌等鲌鱼和鲴鱼等鱼类的产卵场被破坏。此外，一些地方筑堤围湖、堵塞河道，不仅毁坏草带，破坏湖区生态环境，而且堵塞鱼类洄游通道，严重影响了鱼类产卵繁殖。

鄱阳湖滨湖地区采砂活动频繁，尤其是浅水区域的采砂活动，严重破坏了水生生物的繁衍和栖息环境，阻断了水生生物洄游路线，影响了鱼类资源的自然更新。据了解，鄱阳湖滨湖地区的采砂船挖砂深度超过 30m，直接将湖底的底泥和草场吸走、清除，导致湖底“沙漠化”。此外，采砂作业严重影响了水环境质量，采砂区域湖水的透明度几乎为零，严重破坏了水生生物的生存环境。据湖口站的数据显示，1998 年鄱阳湖含沙量为 0.004～0.007kg/m^3，而到 2004 年 11 月鄱阳湖含沙量为 0.35kg/m^3，6 年的时间，鄱阳湖的水浑浊了 50 多倍。

3. 日趋严峻的水环境污染，危害渔业的健康发展

一方面，流域上游五河（赣江、抚河、饶河、修河和信江）的污染物顺流而下，造成鄱阳湖严重的污染问题，使湖水环境质量日趋下降，影响鱼类的生存环境。据历年《江西省环境状况公报》和《江西省水资源公报》，鄱阳湖水质总体上呈下降趋势，20 世纪 90 年代以Ⅰ类、Ⅱ类为主，平均占 70%；进入 21 世纪，特别是 2003 年以后，Ⅰ类、Ⅱ类水只占 50%，下降趋势明显。2008 年以后，Ⅰ类、Ⅱ类水质在鄱阳湖基本难觅踪迹；2011 年，Ⅲ类及以上水质占 70%；2015 年，Ⅲ类及以上水质仅占 25.7%。

另一方面，随着捕捞渔民转产养殖规模的不断扩大，过量使用渔用药物和渔用饲料使养殖区环境不断恶化，水体富营养化现象时有发生。养殖污染的加重不仅影响鱼类的生存环境，也影响周边居民的生产生活。

7.4.2　鄱阳湖渔业发展对策

近年来，鄱阳湖滨湖地区的枯水期提前且持续时间延长，这进一步加剧了湖

区的水生态和水环境恶化的趋势，灌溉、供水发生困难，渔业资源更加难以为继。随着渔业资源衰退，鄱阳湖渔业资源保护与利用矛盾日益凸显，渔业陷入了“资源量越少、捕捞强度越大、资源破坏越重、渔民生计越难”的怪圈。要破解这一怪圈，必须结合地方发展优势，统筹布局水产捕捞业和水产养殖业升级发展思路，优化生产格局，促进渔业资源的可持续利用和渔业经济的健康发展。

1. 加强资源养护，控制水产捕捞业规模

鉴于鄱阳湖渔业资源日益衰退的严峻现实，大幅度削减捕捞压力是保护鄱阳湖渔业资源的必然选择。从近年来的渔业经济统计数据看，水产捕捞对水产品的产量贡献一直在较低水平徘徊，专业捕捞渔民的收入不断降低，实际从业人数也逐步减少，这为水产捕捞业的转型发展提供了契机。未来，鄱阳湖应该进一步完善和严格实施禁渔期制度、捕捞许可制度、增殖放流制度，通过休养生息让渔业资源得以恢复；同时，应该加强捕捞业从业渔民的管理，出台更加积极的引导政策，加快渔民转产转业步伐，将捕捞渔民数量限制在一个合理的范围内。

2. 发挥地方优势，优化渔业生产布局

从渔业生产的空间格局看，鄱阳湖渔业主要分布在东部和南部。从产量构成比例看，池塘、湖泊、水库是鄱阳湖滨湖地区人工养殖的三大主要类型。池塘养殖只有南昌县具有较好的综合比较优势，而新建区和庐山市略有优势，未来需要大力提高鄱阳湖滨湖地区池塘养殖的技术水平。利用湖泊发展养殖业是鄱阳湖滨湖地区最具优势的生产类型，但是，由于鄱阳湖生态环境保护的力度逐步加强，在鄱阳湖滨湖地区从事渔业生产将受到越来越严格的资源环境约束，因此，鄱阳湖滨湖地区的渔业发展应以转型升级为主要方向。此外，鄱阳湖滨湖地区水面资源非常丰富，新建区、永修县、德安县、庐山市和鄱阳县的水库养殖也具有良好的比较优势，可在此基础上建立水产品养殖加工示范基地，延长渔业生产的价值链，提高渔业经济效益。

3. 发展生态渔业，实现渔业转型升级

随着人们环境意识的觉醒和生活水平的提高，人们对食物质量和环境质量的要求也越来越高。人们要求渔业生产不仅能提供高质量的水产品，还要能维护水生态系统的健康。生态渔业是一种充分认识并利用渔业生态系统内的生产者、消费者和分解者之间的分层多级能量转化和物质循环作用，使特定的水生生物和特定的渔业水域环境相适应，以实现持续、稳定、高效发展的一种渔业生产模式。生态渔业是建设资源节约型、环境友好型渔业的有效途径，是现代渔业的发展方向。在发展生态渔业时，必须加强渔业生态系统与其他生态系统的联系，在更大的范围内实现物质的循环高效利用。

4. 发展休闲渔业，打造渔业经济新增长极

我国的休闲渔业始于20世纪90年代初，广东、福建和浙江等沿海省份率先发展。现在，随着全域旅游理念的提出，将渔业和旅游有机结合，对于促进渔业转型升级和全域旅游的发展具有非常重要的意义。渔业生产不仅提供了人类赖以生存的食物，也创造了独具特色的渔业文化。渔业可为旅游业提供多种旅游活动，贯穿吃、住、行、游、购、娱的所有环节。根据生产活动的特点，水产捕捞业可以打造以“水上人家”为主题的体验型旅游产品，发展融乘渔船、赏水景、识渔具、撒渔网、学捕鱼、吃湖鲜等于一体的特色旅游活动；水产养殖业可以打造以“生态鱼庄”为主题的休闲型旅游产品，发展融垂钓、观光、农家乐、美食等于一体的优质旅游活动。

第 8 章　鄱阳湖湿地旅游生态承载力研究——以鄱阳湖国家湿地公园为例

湿地是人类生存和发展的环境之一，但由于人类没有合理地开发湿地，而对湿地进行破坏活动，致使湿地的数量不断减少，质量也不断下降。第一次全国湿地资源调查结果显示，2000 年江西省天然湿地面积为 116.61 万 hm^2（刘信中，叶居新，2000）。2013 年第二次全国湿地资源调查结果显示，江西省天然湿地面积 71.07 万 hm^2（周承东，2014），与第一次调查结果相比，天然湿地面积减少了 45.54 万 hm^2，减少天然湿地的面积占原天然湿地总面积的近 40%，这不得不引起人们的反思。

鉴于现今湿地保护面临的众多困难，建立湿地公园是一种保护湿地生态系统和开发湿地旅游资源的有效方式。这就对湿地公园旅游业的可持续发展提出了要求。如何实现湿地公园旅游业的可持续发展？要解决这个问题，首先应对旅游环境承载力和旅游可持续发展能力进行评估。旅游生态足迹是生态足迹理论在旅游业领域的运用。它从旅游者消费角度来综合考虑旅游活动对旅游景区环境的影响，将旅游者的旅游活动产生的生态足迹和旅游景区环境承载力进行比较，从而得出旅游景区处于生态赤字或生态盈余阶段的结论。

8.1　旅游可持续发展研究方法

8.1.1　旅游可持续发展的评价方法

国内外研究者对旅游业可持续发展理念比较认可，而如何合理地评价旅游景区发展的可持续性，一直是旅游界研究的热点话题之一。国内外研究者主要通过旅游对于环境效应进行间接评估，采用旅游环境承载力、环境影响评价法、旅游生态足迹理论、景区最大承载量核定导则等进行旅游可持续发展分析。本章主要将旅游生态足迹理论和旅游生态承载力相结合对鄱阳湖国家湿地公园进行可持续发展分析。

（1）旅游环境承载力

旅游环境承载力是指在旅游景区内生态系统所能承受的最大旅游活动强度，即在旅游活动中所涉及的地域范围的所有生态系统资源和功能，对旅游活动本身及其带来的所有影响的最大承受能力，也就是生态系统的最大缓冲能力，或者说是资源和功能的最大自我恢复能力。它是在环境科学中的环境容量、环境承载力和生态承载力的理论基础上，随着旅游环境容量和旅游环境承载力研究的日渐深入，以及生态旅游在世界范围的兴起而产生发展起来的。

（2）环境影响评价法

环境影响评价是对环境影响测度的方式，即对某一项目的开发对于所在地的环境的影响进行评价和分析的过程。环境影响评价可以在项目规划期间与项目整体开发过程相结合，有助于减少项目执行后期对其进行调整而产生的负面影响。环境影响评价法在旅游项目开发前期中的应用，对于减少旅游开发对生态环境的负面效应作用明显，是保证旅游业可持续发展的重要方法。

（3）旅游生态足迹理论

旅游生态足迹是指在一定时空范围内，由旅游活动所引起的各种资源消耗和废弃物吸收所必需的生物生产土地面积。同时，这种土地面积是全球统一的，具有直接可比性，通过这种面积观念容易理解旅游活动的生态消耗和旅游可持续发展的深刻内涵。

（4）景区最大承载量核定导则

根据国家旅游局下发的《景区最大承载量核定导则》，要求各大景区核算景区游客的最大承载量，并制订游客流量控制预案。《景区最大承载量核定导则》于 2015 年 4 月 1 日起开始实施。

《景区最大承载量核定导则》对景区出现大客流的预警做了规范要求。当旅游者数量达到景区最大承载量的 80%时，应对外公告并立即停止售票，同时向当地政府报告，并在当地政府指挥、指导、协助下，配合景区相关部门和旅游行政部门启动应急预案。

8.1.2　旅游可持续发展方法研究进展

1. 旅游生态足迹理论的研究进展

（1）旅游生态足迹理论国外研究进展

经济学家 Thomas White 通过分析亚洲、欧洲、南美洲、北美洲、非洲、大洋洲 6 大洲人们的食物构成，得出以肉食为主要食物摄入的生活方式相对于以素食为主要食物摄入的生活方式来说，所消耗的自然生物资源要更多，即以肉类为主食的生活方式对生态环境的影响要更大一些（周忠国，2007）。

Cole 和 Sinclair（2002）通过对 1964～1994 年印度喜马拉雅山山麓的一个小村庄的变化情况进行研究，得出在不同的地区 1 个床位的 1 夜的生态足迹是完全不相同的，如在塞浦路斯 1 夜 1 个床位的生态足迹为 $0.07hm^2$，而在马约卡岛为 $0.03hm^2$。

Gerbens-Leenes 等（2002）把消费分成 3 个层次：第一层是基础；第二层是生存；第三层是文化。把食物分为饮料、脂类、奶制品、肉类和蛋类。其中，饮料包括茶、咖啡、酒，脂类包括植物油、低脂涂抹料和人造黄油，奶制品包括黄油、奶酪、全脂奶、白脱牛奶、丝滑奶等，肉类包括各种牛肉、羊肉、猪肉、鸡肉、鸭肉等，蛋类包括鸡蛋、鸭蛋、鹅蛋、鸽蛋等。他们在食物和消费分类的基础上，对美国和欧洲的居民消费方式进行深入的探究，结果表明：第三层次（文化）的消费要比第一层次（基础）的消费所需的农业生产土地面积大，由于消费结构的不同，在地区和代际所需要的农业生产土地面积也不同，甚至相差几十倍。

Wiedmann 对英国常见的交通方式进行研究，得到各种交通方式的生态足迹：飞机短途为 0.004 72hm^2/（千人 · km）、长途为 0.002 93hm^2/（千人 · km），长途巴士为 0.0170hm^2/（千人 · km），火车为 0.0174hm^2/（千人 · km），小轿车（柴油）为 0.0293 hm^2/（千人 · km）、小轿车（汽油）为 0.0455hm^2/（千人 · km），出租车为 0.080 80hm^2/（千人 · km）（杨桂华等，2005）。

Baglian 和 Villa 把威尼斯作为研究的对象，结果显示旅游生态足迹的不断扩展会导致威尼斯生态足迹扩大（王亚娟，2013）。

Colin（2002）提出了旅游净生态足迹的概念，以在新西兰旅游为例，计算出来自美国和澳大利亚的游客在新西兰旅游停留 12 天产生的净生态足迹分别为 0.09hm^2、0.66hm^2，并详细说明了计算过程，给准确评估旅游活动对全球环境造成的影响提供了新的计算方法，具有重要的意义。

（2）旅游生态足迹理论国内研究进展

国内对旅游生态的足迹研究相对于国外来说比较晚，近几年才有几位学者利用有关生态足迹较成熟的方法和理论对旅游生态足迹进行初步探析，并将旅游生态足迹分析法带入可持续发展旅游的领域（韩光伟，2008）。

张一群和杨桂华（2009）认为，游客出游产生的旅游生态足迹=总的旅游生态足迹-游客在家中生活同样天数所产生的旅游生态足迹，这样才能比较客观地评价旅游活动对环境的影响，这是中国学者首次将旅游净生态足迹的思想引入国内。

随后，在旅游净生态足迹研究的基础上，章锦河和张捷（2004）提出旅游生态足迹的概念，来对旅游目的地的生态足迹进行研究，并建立旅游生态足迹计算子模型，在这个模型中，章锦河等把游览、娱乐、餐饮、住宿、购物和旅游交通都纳入核算体系，然后实证分析了 2002 年安徽黄山市旅客的旅游生态足迹。

杨桂华和李鹏（2005）则把旅游生态足迹建立在与旅游相关的旅游者、旅游产品、旅游产业、企业生态、旅游目的地、大众旅游 6 个方面的测度上，并阐述了旅游生态的计算方法与计算步骤。

蒋依依等（2007）在建立旅游生态足迹模型的基础上，构建了由 5 个子系统组成的生态足迹模型，这 5 个子系统分别涉及交通、游览、购物、住宿和餐饮，并结合云南丽江的实际情况进行了实证分析。

曹辉和陈秋华（2005）从旅客消费的角度，将城市中的旅游生态足迹划分为 6 个方面，这 6 个方面和章锦河等构建旅游生态足迹计算子模型中使用的因素一样，为游览、娱乐、餐饮、住宿、购物和旅游交通，并对福建福州 2005 年的国家森林公园的旅游生态足迹进行了核算。鲁丰先等（2006）则从购物、住宿、餐饮、交通 4 个方面建立旅游生态足迹计算模型，并核算了嵩山景区在 2005 年的“五一黄金周”的旅游生态足迹。

其他学者则把某个地区或某个景区作为研究对象，来探讨相关地区和景区的旅游生态足迹。例如，李洪波等（2012）计算了武夷山景区 2000～2004 年的旅游生态足迹。结果表明，在这 5 年间，武夷山的人均旅游生态足迹平均值为 0.038 804 219hm^2，但人均旅游生态承载力平均值仅有 0.022 850 405hm^2。也就是说，武夷山这 5 年间平均存在 0.015 953 814hm^2 的人均旅游生态赤字。这表明，武夷山现有的旅游资源是远远无法满足所有旅客的旅游需求的，如果要保证武夷山旅游的可持续发展，武夷山每年接待游客的总量应减少到一定的水平。孟繁斌（2006）通过数据分析预测，在保持武夷山现有的旅游条件不变的情况下，每年可接待约 158 万人次，才不会使武夷山旅游出现旅游生态赤字的情况，才能缓解目前武夷山地区的“不可持续”的发展状态。户朝雪和秦安臣（2014）分别通过对宁波市和盐城海滨湿地旅游交通生态足迹的分析，得出两个地区的交通能源消耗的生态足迹远远高于建筑空间的占用。董丽（2011）通过对泰安市 2005～2009 年旅游饭店的生态足迹分析，发现该地区的生态足迹在这 5 年间呈整体上升的趋势，而在此期间，旅游饭店主要的消费部分是能源和生物资源。席建超等（2004）以北京的海外旅客为研究对象，初步分析了海外游客对旅游消费生态的占用情况，结果显示，海外旅客每次来北京旅游的人均生态占用率约是北京现有城镇居民年人均占有的 5%，达到 0.095 87hm^2。曹新向（2007）提供了一种评价旅游地生态安全的指标，即旅游地生态安全指标=人均旅游生态足迹/人均旅游用地生态承载力，他利用这种方法计算了开封市 2004 年、2005 年的旅游安全系数，结果分别为 0.36、0.56，被认为是一种比较安全的状态。舒肖明（2008）计算了浙江地区星级饭店的生态足迹，认为二星级和四星级饭店在吸引中低端客户方面具有优势，综合的生态经济效益最高。

2. 旅游环境承载力的研究进展

目前，对旅游环境容量、旅游环境承载力的界定，国内外没有严格的区分方法，国际上也没有对两者的概念进行统一。所以，本章对两者的概念也不进行区分，理论上认为旅游环境容量的含义和旅游环境承载力等同。

（1）旅游环境承载力国外研究进展

肖雄（2011）对旅游环境承载力的研究综述认为：“Lapage 在 1963 年首先提出旅游环境容量的说法，但并未进行深入研究。Stankey 和 Lime 在 1971 年对旅游环境容量进行了进一步的阐述。1977 年，在《旅游和休闲的发展：旅游资源评价手册》中，Lawso 对旅游环境容量的相关问题进行了讨论。1977 年，Wright 和 Wall 首次概括了旅游环境容量的定义。1978～1979 年，旅游环境容量通过《世界旅游组织 6 个地区旅游规划和区域发展的报告》被正式列在国际学术会议和旅游规划管理中。1979 年，Stephen 从水、噪声、土壤和动植物 4 个方面分析了旅游活动对环境的影响程度。”之后，Smith、Lindsay、Pearce、Coke、Lea、Frell 和 Runyan 等对旅游环境容量进行了深入讨论（赵赞等，2008）。

综合来说，国外学者重点研究了旅游环境容量的概念体系、指标体系的建立和模型的构建与计算方法，他们的研究成果经历了 5 个阶段：生态容量研究阶段、设施容量研究阶段、自然容量研究阶段、经济容量研究阶段、社会心理容量研究阶段。近年来，国外对旅游环境容量的研究从游客数量转移到环境影响上，如 Castellani 等在 *A new method for tourism carrying capacity assessment* 中提出的 DPSIR 模型。虽然国外学者在研究旅游环境容量方面已经有很多成果，但是学者认为国际上对旅游环境容量仍然没有确切的定论，也没有统一的衡量标准（Gerbens-Leenes et al.，2002）。

（2）旅游环境承载力国内研究进展

国内对旅游环境承载力的研究始于 20 世纪 80 年代，起步比较晚。赵红红（1983）阐述了旅游环境承载力的概念，将一定空间和时间范围内所容纳的人数作为衡量旅游环境承载力的标准，并以苏州园林为例进行了相关阐述。丁文魁（1988）构建了旅游环境容量的测算复合体系，把风景区的最大可容量、单位规模指标、风景游览、设施周转率、总面积和高峰容量等都纳入核算体系。楚义芳（1992）则把旅游环境承载力分为非基本和基本两个方面。

20 世纪 90 年代中期，中国学者对旅游环境承载力的研究进入一个新的阶段。崔凤军（2001）提出，旅游环境承载力应该包括环境生态承载力、经济承载力、心理承载力和资源空间承载力，而不是仅仅包括资源空间承载力。冯学刚（1999）提出旅游管理容量的概念。刘玲（2000）完善了旅游环境承载力的概念体系，并建立了旅游环境承载力的指标体系。

近年来，生态旅游业在国家的大力倡导下逐渐兴起，相关学者与时俱进地提出了生态旅游环境容量这一概念。孙道玮等（2002）在提出生态旅游环境承载力的概念后，文传浩和杨桂华（2002）就构建了以自然景区为基础的生态旅游环境承载力的综合评价指标体系。杨琪（2003）和董巍等（2004）分别对生态环境承载力的概念体系和指标体系进行了研究。后来学者又将旅游生态足迹、水环境容量等内容纳入旅游环境承载力的研究中，还有一些学者则借助信息化社会的便利，利用计算机对 GIS 进行分析。

总体来讲，国内对旅游环境容量的研究主要有两种观点，即旅游环境承载力和旅游环境容量。有的学者认为旅游环境容量属于旅游环境承载力，是旅游环境承载力的一部分。也有人认为旅游环境容量研究是旅游环境承载力的低级形式，对旅游环境承载力的研究则更为高级。但是，大多数学者认为两者是等同的，不应该做区分。在本章中，如果没有特别说明，均使用旅游环境承载力。

8.1.3　生态足迹的理论分析

1. 生态足迹理论的相关概念

（1）生态足迹的概念

生态足迹经过多年的研究和发展其概念已经成熟，主要含义包括两个部分：一是该地区生产能够满足该地区已知人口所消费的资源的生物生产性土地面积；二是能够吸纳该地区人口所排放出的所有废物的生物生产性土地面积。两者总和就是生态足迹。

生态足迹理论的基本思想是，人类生活在一个大的生态系统当中必然和该生态系统进行物质和能量的交换，人向生态系统索取自身所需的物质和能量并且排放自身所产生的废弃物，给生态系统带来了一定压力。当人类对生态系统的索取没超过生态系统的提供能力时，生态系统处于可持续发展阶段。反之，生态系统可能遭到破坏，发展也处于不可持续状态。

生态足迹的计算必须基于两个基本的理论假设：

1）人类消费生态系统的资源和自身排放的废弃物在质能转换中无损失。

2）人类消费的资源和排放的废弃物可以分别转换成生产的生物生产性土地面积与吸纳的生物生产性土地面积。

（2）生态足迹的理论假设

Wackernagel 等（2002）明确了计算生态足迹的 5 个假设。

1）资源输入和产出可量化。

2）人类消费生态系统的资源和自身排放的废弃物在质能转换中无损失。

3）不同类型且生产能力各异的土地生物生产能力都可以折算成当年的全球土地的平均生产力。

4）不同土地的用途不同，土地的用途不可兼容。例如，一块土地上的森林不可能是可耕地。因此，同一块土地的生物生产能力（即生产力）不可以相互叠加。各类土地在空间上互斥。

5）生态足迹和生态承载力可以统一单位进行比较。

（3）生态足迹的计算步骤

基于上述 5 个假设，生态足迹的计算可分为 5 步。

1）划分生态足迹的项目类型并归类，分别计算各项目的消费量。

2）利用年全球平均产量和均衡因子，把各项目的消费量分别换算成耕地、水域、草地、林地、建成地、化石能源地 6 类生物生产性土地面积。

3）计算总生态足迹和人均生态足迹。

4）计算各种土地类型的生态足迹，各种土地类型的生态足迹之和为该地区总的生态承载力。

5）比较该地区生态承载力与该地区生态足迹。

（4）生物生产性土地

生物生产性土地是可以提供人类所需资源的土地。生物生产过程就是生物持续积累物质与能量的过程。为了方便比较不同类型的土地，把各种资源和能源的消耗换算为生物生产性土地面积，建立统一的比较框架。不同类型且生产能力各异的生物生产性土地可分为6种类型：化石能源地、耕地、草地、林地、建成地、水域（马玉香等，2010）。

1）化石能源地：主要是各种生物遗体和废弃物转化的物质。化石能源地的形成是日积月累的结果。人类短期内消耗大量的化石能源，而且排放出大量二氧化碳和空气污染物。人类短期内很难对其进行补充。

2）耕地：单位生产力最大的一种土地类型。根据联合国教育、科技及文化组织与联合国粮食及农业组织不完全统计，全世界拥有18.29亿hm^2土地，人均耕地为0.26hm^2。

3）草地：多为畜牧业用地，草地的生产能力比耕地要低，草地上的植物积累的物质的能量被动物食用，草地的物质和能量进一步转移到动物身上。在能量转化过程中，不可避免存在能量和物质的损失。

4）林地：生产树木的土地类型。从经济价值角度考虑，森林可提供木材。从生态价值来说，森林具有涵养水源、维持大气水分循环、稳定气候、防止水土流失的功能。相对于获取木材资源，森林的生态价值更大。

5）建成地：用于人类开发建设的土地类型，如公路用地、铁路用地、住房用地等。

6）水域：一定用途的水体所占有的区域，可为人类提供鱼虾等水产品。世界上海洋面积占全球水域面积的90%以上。海洋水产品资源较为集中，世界上95%的海洋产品是由大约20亿hm^2的海洋水域提供的。

（5）生态承载力

生态承载力就是单位面积的生物容量，是指生态系统能够承受的最大压力的生产性土地总面积（杨娟等，2009）。

（6）均衡因子与产量因子

为方便生态足迹的计算，引入均衡因子和产量因子。均衡因子是指该生物生产性土地生产力与全球生态系统平均生产力的比值，所以在不同地区和时间内均衡因子各异。计算生态足迹就是计算该区域各类生物生产性土地面积的总和。计算生物生产性土地面积就要统一不同生产力的生物生产的土地面积。均衡因子使其与各类生物生产性土地面积进行相乘，统一换算成相同生物生产力的面积（刘辛田等，2013；2014）。

区域不同而类型相同的土地的生产能力各异；区域相同而类型不同的土地的生产能力也各异。为了建立统一合理的比较框架需引入产量因子：一个区域（国家或地区）的某种类型的土地的平均生产力与全球同一土地类型的平均生产力的比值。6类生物生产性土地均衡因子和产量因子汇总见表8.1。

表 8.1　6 类生物生产性土地均衡因子和产量因子汇总

生产类型	消费类型	均衡因子	产量因子
耕地	农产品	2.21	1.66
草地	畜牧产品	0.49	0.19
林地	木材	1.34	0.91
水域	水产品	0.36	1
化石能源地	能源的消费	1.34	0
建成地	基础设施	2.21	1.66

资料来源：杨桂华，李鹏，2005．测度旅游可持续发展的新方法[J]．生态学报，25（6）：1475-1480.

2. 生态足迹模型及计算

生态足迹模型的计算包括生态足迹的计算、生态承载力的计算、生态盈余或生态赤字的计算。

（1）生态足迹的计算

生态足迹的计算首先收集研究该区域的项目数据，然后进行项目归类。先分别计算各个类型生产力土地的生态足迹，然后汇总得到该区域总的生态足迹。

生态足迹模型的计算公式为

$$\mathrm{EF} = N\mathrm{ef} = N\sum_{i=1}^{n}(c_i r_i / p_i) \tag{8.1}$$

式中，EF 为总的生态足迹；N 为总人口数；ef 为人均生态足迹；i 为消费类型；r_i 为均衡因子；c_i 为 i 类商品的人均消费量；p_i 为 i 类产品的全球平均生产能力（李俊等，2015）。

（2）生态承载力的计算

生态承载力的计算公式为

$$\mathrm{EC} = N\mathrm{ec} = N\sum_{j=1}^{n}(a_j r_j / y_j) \tag{8.2}$$

式中，EC 为区域总生态承载力；N 为总人口数；ec 为人均生态承载力；a_j 为人均生物生产性土地面积（于航，2008）；r_j 为均衡因子；y_j 为产量因子；j 为生产类型。

有效生态承载力的计算公式为

$$\mathrm{REC} = (1-12\%)\mathrm{EC} \tag{8.3}$$

式中，REC 为有效生态承载力；EC 为区域总生态承载力。

（3）生态盈余或生态赤字的计算

ES/ED 的计算公式为

$$\mathrm{ES/ED}=\mathrm{EC}-\mathrm{EF} \tag{8.4}$$

式中，ES 为生态盈余；ED 为生态赤字。

当 EF<EC，即生态足迹小于生态承载力时，该区域处于生态盈余可持续发展

状态；当 EF>EC，即生态足迹大于生态承载力时，该区域处于生态赤字不可持续发展状态（于航等，2013）。

8.1.4 旅游生态足迹的理论分析

近年来，我国旅游人数逐年攀升形成了一支庞大的旅游大军，这支大军在旅游的过程中不可避免会对旅游景区的生态环境产生相应的影响。如何在满足游客需求的情况下维持旅游景区的发展？旅游生态足迹的模型就是反映游客对景区影响的评价模型。

1. *旅游生态足迹概念及划分*

（1）旅游生态足迹的概念

旅游者在旅游区进行旅游活动，所消耗的生物生产性土地面积为旅游生态足迹。旅游区的旅游生态足迹可以分为两部分（章锦河等，2004）：第一部分是景区当地人对旅游景区产生的旅游生态足迹，被称为区域本体生态足迹；第二部分是外地旅游者在景区活动产生的旅游生态足迹，被定义为外地旅游者生态足迹。该区域旅游生态足迹，是区域本体生态足迹与外地旅游者生态足迹之和。

目前旅游生态足迹的概念有两种：一是旅游生态足迹是指在一定区域内，旅游景区产生能够满足旅游者在旅游活动中资源的消耗和废弃物排放需要的生物生产性土地面积（杨桂华，李鹏，2005）。二是旅游者在旅游区进行旅游活动所消耗的生物生产性土地面积（章锦河，张捷，2004）。两个概念的本质是一样的：旅游生态足迹是指所有参与该区域旅游活动的总人数（包括当地人）对资源的消耗和废弃物的排放所需要该区域提供的生物生产性土地面积。

（2）旅游生态足迹的划分

旅游生态足迹有两种划分方式：一是以土地类型的生产力划分；二是以消费项目划分。按照土地类型的生产力可分为耕地、水域、林地、草地、建成地和化石能源地；按消费项目可分为旅游餐饮生态足迹、旅游住宿生态足迹、旅游交通生态足迹、旅游游憩生态足迹、旅游购物生态足迹和休闲娱乐生态足迹（表 8.2）（罗艳菊等，2005）。图 8.1 为旅游生态足迹框架图。

表 8.2　旅游生态足迹按消费项目划分

旅游生态足迹类型	消费项目内容
旅游餐饮生态足迹	餐饮设施的建成地面积 旅游活动中的食物消费和餐饮设施的能耗
旅游住宿生态足迹	住宿设施（如酒店、宾馆等）的建成地面积 住宿设施所消耗的能源（烧水、照明、电器耗电等）
旅游交通生态足迹	旅游交通工具所占用的建成地面积 交通工具的能耗（从出发地到旅游目的地使用的交通工具：小汽车、客车、飞机、火车等）

续表

旅游生态足迹类型	消费项目内容
旅游游憩生态足迹	旅游者在景区旅游时所占用的建成地面积 旅游者在景区旅行中的能源消耗（旅游交通工具，如游船的能源消耗）
旅游购物生态足迹	旅游者在旅游景区所购买的旅游产品 旅游产品的销售所占用的建成地面积
休闲娱乐生态足迹	旅游者在旅游景区进行的各种休闲娱乐活动：钓鱼、摄影、绘画、表演、游泳等

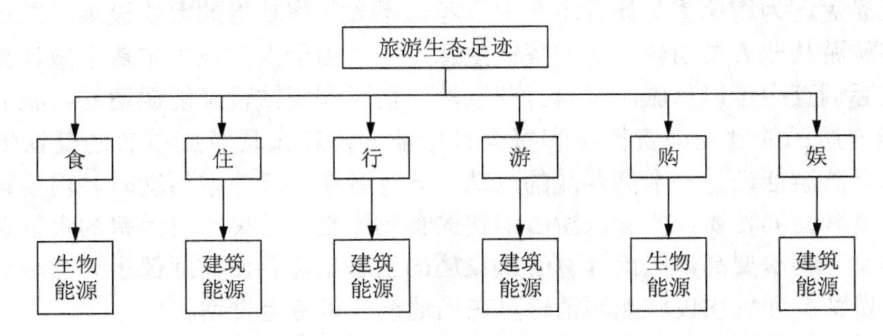

图 8.1　旅游生态足迹框架图

2. 旅游生态足迹模型及计算

（1）旅游生态足迹的计算

根据旅游活动中的消费计算的旅游生态足迹为

$$TEF=TEF_{food}+TEF_{accommodation}+TEF_{transportation}+TEF_{visting}+TEF_{shopping}+TEF_{entertainment} \tag{8.5}$$

式中，TEF 为总的旅游生态足迹（何欢等，2013）；TEF_{food}为旅游餐饮生态足迹；$TEF_{accommodation}$为旅游住宿生态足迹；$TEF_{transportation}$为旅游交通生态足迹；$TEF_{visting}$为旅游游憩生态足迹；$TEF_{shopping}$为旅游购物生态足迹；$TEF_{entertainment}$为休闲娱乐生态足迹。

（2）旅游生态承载力的计算

$$TEC = N\text{tec} = N\sum_{j=1}^{6}(a_j r_j / y_j) \tag{8.6}$$

式中，j 为生物生产性土地的类型；TEC 为旅游活动区域的旅游承载力（李偲等，2011）；N 为接待旅游者的人次数；tec 为人均旅游生态承载力；a_j 为人均生物生产性土地面积；r_j 为均衡因子；y_j 为产量因子。

（3）旅游生态盈余或生态赤字的计算

$$TES=TEC-TEF;\ TED=TEF-TEC$$

式中，TES 为旅游生态盈余；TED 为旅游生态赤字。

3. 旅游生态足迹的计算分析

（1）旅游餐饮生态足迹的计算

旅游餐饮生态足迹的计算包括：一是餐饮设施的建成地面积的生态足迹的计算；二是旅游活动中的食物消费和餐饮设施的能耗的生态足迹的计算。

在计算旅游餐饮生态足迹时需要考虑以下现实问题：一是现实中的酒店、宾馆等提供住宿的同时提供餐饮服务。这部分的生态足迹在计算住宿旅游生态足迹时已经涵盖，为避免重复计算本章中只考虑不含住宿功能的餐饮设施。二是当地居民和旅游从业人员消耗一定的餐饮生态足迹，由于人数较少本章不做计算。三是在实际调查中难以从旅游者自身获取消费情况和餐饮设施能源消耗，我们通过获取当地居民的食物消费情况和餐饮设施能源消耗来代替旅游者的餐饮生态足迹。但是旅游活动是一个高耗能的活动，旅行者在进行旅游活动时，需要补充大量的能量和营养物质，实际旅游者消费的食物比当地居民平时消费的食物含有的能量和营养物质要高，因此计算餐饮设施的生态足迹要比实际值小。当地居民的食物消费情况和餐饮设施能源消耗可在当地统计年鉴上查询。

旅游餐饮生态足迹的计算公式如下：

$$\mathrm{TEF}_{\mathrm{food}} = \sum S_i + \sum (NDC_i / p_i) + \sum (NDE_j / r_j) \tag{8.7}$$

式中，$\mathrm{TEF}_{\mathrm{food}}$为旅游餐饮生态足迹；$S_i$为第 i 个餐饮设施的建成地面积；N为接待旅游者的人次数；D为旅游者平均旅游天数；C_i为旅游者人均每天消耗第 i 种食物的量；p_i为第 i 种食物所属的土地类型的生物生产性土地的年平均生产力（胡和兵，2007）；E_j为旅游者人均每天消耗的第 j 种能源的量；r_j为全球第 j 种能源的单位生物生产性土地面积的平均发热量。

（2）旅游住宿生态足迹的计算

旅游住宿生态足迹的计算包括：一是住宿设施（如酒店、宾馆等）的建成地面积的生态足迹的计算；二是住宿设施所消费的能源（烧水、照明、电器耗电等）的生态足迹的计算。由于不同档次的住宿服务不同，住宿设施的建成地面积和提供的能源服务类型存在差异。一般来说，高档次的住宿设施每个床位的建成地面积和单个床位能源消耗量大，低档次的住宿设施每个床位的建成地面积和单个床位能源消耗量小。不同档次的旅游住宿设施每个床位的建成地面积和能源消耗量见表 8.3。

表 8.3　不同档次的旅游住宿设施每个床位的建成地面积和能源消耗量

住宿设施的档次	建成地面积/m^2	平均每个床位能耗量/GJ
一、二星级酒店	100	0.04
三、四星级酒店	300	0.07
五星级酒店	2000	0.11

续表

住宿设施的档次	建成地面积/m²	平均每个床位能耗量/GJ
公共旅馆	100	0.04
私人旅馆	50	0.03
游轮	15	0.04

旅游住宿生态足迹的计算公式如下：

$$\mathrm{TEF}_{\mathrm{accommodation}}=\sum(N_iS_i)+\sum(365N_iK_iC_i/r_i) \tag{8.8}$$

式中，N_i为第 i 种住宿设施的床位总量；S_i为第 i 种住宿设施平均每个床位所占有的建成地面积；K_i为第 i 种住宿设施的年平均出租率；C_i为第 i 种住宿设施每个床位的能耗量；r_i为第 i 种住宿设施每个床位所消耗能源的全球平均足迹（李俊等，2015）。

（3）旅游交通生态足迹的计算

旅游交通生态足迹的计算包括：一是旅游交通工具所占用的建成地面积的生态足迹的计算；二是交通工具的能耗（从出发地到旅游目的地使用的交通工具：小轿车、客车、飞机、火车等）。

旅游交通工具所占用的建成地面积不是旅游者的交通工具所占有的建成地面积，而是旅游交通设施的建成地面积减去非旅游人员的交通工具及没使用的交通设施建成地面积。旅游交通工具占用的建成地面积包括汽车站、火车站和停车场等的建成地面积。

在本章的计算中，由于鄱阳县没有火车站和飞机场，小轿车和客车成为主要的交通工具。计算旅游交通能耗的生态足迹，需要考虑到交通工具的类型和从出发地到达旅游目的地的距离。交通工具的能耗是旅游者旅行距离与其所选择的交通工具的人均单位距离能耗的乘积。

旅游交通生态足迹的计算公式如下：

$$\mathrm{TEF}_{\mathrm{transportation}}=\sum(S_iR_i)+\sum(N_jD_jC_j) \tag{8.9}$$

式中，S_i为第 i 种交通设施的建成地面积；R_i为第 i 种交通设施的旅游者的平均使用率；N_j为使用第 j 种交通工具的旅游者人数；D_j为使用第 j 种交通工具的旅游者的旅游平均距离；C_j为使用第 j 种交通工具的旅游者人均单位生态足迹。

不同类型的交通工具的人均单位生态足迹见表 8.4。

表 8.4　不同类型的交通工具的人均单位生态足迹

交通工具类型	人均单位生态足迹/km²
小轿车	455
长途大巴（客车）	170
火车	174
飞机（长途）	293
飞机（短途）	472

（4）旅游游憩生态足迹的计算

旅游游憩生态足迹的计算包括：一是旅游者在景区旅游时所占用的建成地面积的生态足迹的计算；二是旅游者在景区旅行中的能源消耗（旅游交通工具，如游船的能源消耗）的生态足迹的计算（于航，2008）。旅游者在景区进行旅游时所占用的建成地面积为旅游区域内的公路、栈道等建成地面积之和，而不是旅游者在旅游区域所看到的景点的建成地面积。

游憩生态足迹的计算公式如下：

$$\mathrm{TEF}_{\mathrm{visting}} = \sum H_i + \sum P_i + \sum V_i + \sum K \tag{8.10}$$

式中，P_i为第 i 个旅游区域游览设施的建成地面积（于航等，2013）；H_i为第 i 个旅游区域内公路的建成地面积；V_i为第 i 个旅游区域观景台的建成地面积；K 为旅游游憩中交通工具的能耗生态足迹。

（5）旅游购物生态足迹的计算

计算旅游购物设施的面积就是求旅游区内销售各类旅游产品的购物设施建成地面积之和。由于难以搜集所有旅游者购买旅游产品的类型、数量和价格，为计算方便，现假定所有旅游者的购物花费都是用来购买同一种产品，一般选择购买当地旅游景区内知名度较高的一种特色产品。通过调查计算可得到平均每人购买该种产品的消费量。据此计算旅游购物生态足迹。

旅游购物生态足迹的计算公式如下：

$$\mathrm{TEF}_{\mathrm{shopping}} = \sum S_i + \sum (R_i / p_j / g_i) \tag{8.11}$$

式中，S_i为第 i 个购物设施的建成地面积；R_i为旅游者购买第 i 种旅游产品的花费；p_j为景区中第 i 种旅游产品的平均价格；g_j为第 i 种单位旅游产品相对应的生物生产性土地的年平均生产力。

（6）休闲娱乐生态足迹的计算

休闲娱乐生态足迹的计算包括旅游者在旅游景区进行的各种休闲娱乐活动：钓鱼、摄影、绘画、表演、游泳等的生态足迹的计算。一般旅游娱乐活动消耗能源较少，而且不易统计。本章不将其计算在内。休闲娱乐生态足迹的计算公式如下：

$$\mathrm{TEF}_{\mathrm{entertainment}} = \sum S_i \tag{8.12}$$

式中，S_i为第 i 类旅游者休闲娱乐设施的建成地面积。

4. 旅游生态足迹指数

旅游区域的生态足迹指数（吴隆杰，2006）是指该区域旅游的承载力与旅游生态足迹之差再除以旅游生态承载力的值，是判断景区可持续发展程度的指标（陈玲玲等，2011）。

旅游生态足迹指数的计算公式如下：

$$\mathrm{TEFI}=(\mathrm{TEC}-\mathrm{TEF})/\mathrm{TEC} \tag{8.13}$$

式中，TEFI为生态足迹指数；TEC为旅游生态承载力；TEF为旅游生态足迹。

旅游生态足迹指数评价表见表8.5。

表8.5　旅游生态足迹指数评价表

生态足迹指数（TEFI）	可持续发展状况
< -1	重不可持续发展
-1～0	不可持续发展
0.01～0.19	弱可持续发展
0.2～0.59	中可持续发展
0.6～1	强可持续发展

5. 旅游生态足迹评价方法的优缺点

（1）旅游生态足迹评价方法的优点

1）旅游生态足迹评价方法易于操作，计算方便。旅游生态足迹模型计算需要的资料易收集，计算可操作性强。旅游生态足迹理论通过引入平衡因子和产量因子把不同项目的旅游生态足迹建立在统一的生态足迹评价框架内，形象具体地表达了旅游业发展与自然资本之间的互补关系。

2）旅游生态足迹理论具有教育价值。本章通过对旅游区域旅游生态足迹的计算分析，可直观地发现旅游者对该区域环境的影响程度。旅游生态足迹的宣传推广可以加强旅游者对旅游区域的环境保护意识，能够更好地引导旅游者合理、健康地安排食物消费，选择节能的交通工具，让旅游者的旅行活动更加有利于该区域的环境保护，推动旅游业可持续发展。

3）旅游生态足迹的涉及面广，实用性强。旅游生态足迹理论可以定量化评价旅游活动对景区的影响，可以为旅游景区的管理和规划开发提供理论支撑，有利于旅游业可持续发展。因此，旅游生态足迹评价方法能够比较全面地为旅游业生产、组织和销售旅游商品提供参考，有助于旅游产业结构调整与升级（刘自娟等，2007）。

（2）旅游生态足迹评价方法的缺点

1）模型的构建尚不完善。在判断旅游区域可持续发展状况时，没有分析旅游从业者和当地居民的旅游生态占用情况，仅把旅游者的生态足迹作为衡量景区可持续发展的标准欠妥。

2）预测时间短，具有一定的时效性，缺乏长期发展的指导意义。旅游生态足迹理论是一种静态的分析方法，对未来长期的动态的旅游业发展预测性不强。它反映的往往是该区域的一段时间内的旅游者的旅游活动对该区域环境的影响状况。

3）均衡因子和产量因子未及时更新。随着科技的进步，各种土地类型的生产力发生了很大变化。就耕地而言，单位面积的土地生产量得到很大提高，其可耕地的均衡因子也会发生变化，在计算现在的旅游区域生态足迹时，均衡因子和产量因子应及时调整。

8.2　鄱阳湖国家湿地公园概况

为了更好地保护全球的湿地生态系统，世界各国签订了《湿地公约》。中国作为签订《湿地公约》的国家之一，特严格履行《湿地公约》中的义务。鄱阳湖国家湿地公园是全球六大湿地之一，拥有丰富的物种资源。作为首批国家湿地公园，鄱阳湖国家湿地公园的建立对中国研究保护湿地资源，尤其是鸟类栖息地具有很高的科研价值。鄱阳湖国家湿地公园也是中国科普教育基地，每年都有很多学生到湿地公园参观学习，认识保护湿地的重要性。湿地的保护，也要兼顾湿地周围地区的经济发展，这就对发展湿地旅游业提出了要求。旅游资源的开发不可避免地对生态系统有一定的影响。这要求在合理保护湿地的同时，促进湿地公园旅游业的发展。如何才能在发展湿地旅游的同时保护湿地资源可持续发展？本章通过利用旅游生态足迹理论研究鄱阳湖国家湿地公园旅游业可持续发展状况。

8.2.1　鄱阳湖国家湿地公园的资源概况

本章研究的鄱阳湖国家湿地公园的区域范围包括鄱阳湖国家湿地公园规划区和湿地公园的外围影响区。具体范围涉及上饶市鄱阳县的 6 个乡镇。鄱阳湖国家湿地公园的地理位置见图 8.2。

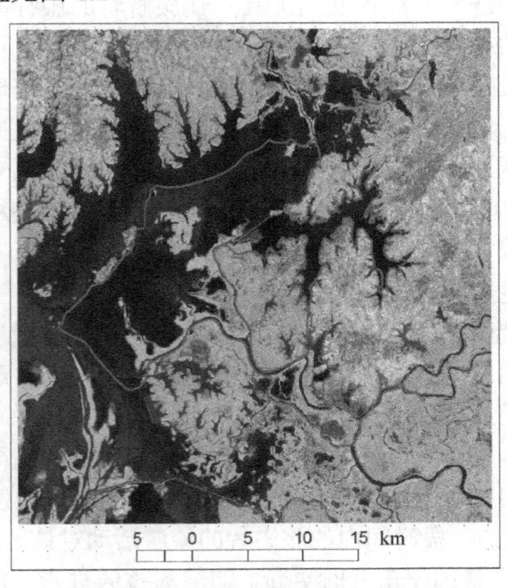

图 8.2　鄱阳湖国家湿地公园的地理位置

1. 鄱阳湖国家湿地公园的地理位置

鄱阳湖国家湿地公园位于江西省上饶市鄱阳县，地处环鄱阳湖经济区中心地带。鄱阳湖国家湿地公园地处东经 116° 23′39″～116° 44′38″，北纬 28° 56′52″～29° 13′31″。鄱阳湖国家湿地公园周围旅游资源丰富，它处在三清山、庐山、龙虎山、黄山四大旅游胜地之间，是周围唯一的以湿地为特色的旅游景点。

2. 鄱阳湖国家湿地公园的行政区划

鄱阳县现有 29 个乡镇 535 个村（含居民委员会）。此外鄱阳县有 2 个水库管理局、1 个农业科技研究所和 1 个街道办事处，双港镇、团林乡、四十里街镇、高家岭镇、珠湖乡和白沙洲乡 6 个乡镇中的一些行政村的部分面积也列入鄱阳湖国家湿地公园的规划范围。鄱阳县行政区划见表 8.6。

表 8.6　鄱阳县行政区划

类别	名称			
镇	鄱阳镇	谢家滩镇	石门街镇	四十里街镇
	油墩街镇	田畈街镇	金盘岭镇	高家岭镇
	凰岗镇	双港镇	古县渡镇	饶丰镇
	乐丰镇	饶埠镇		
乡	侯家岗乡	珠湖乡	柘港乡	三庙前乡
	莲花山乡	白沙洲乡	鸦鹊湖乡	莲湖乡
	响水滩乡	团林乡	银宝湖乡	芦田乡
	枧田街乡	昌洲乡	游城乡	

3. 鄱阳湖国家湿地公园的自然地理概况

（1）鄱阳湖国家湿地公园的气候

鄱阳湖国家湿地公园地处亚热带，雨水较多，日照时间长，霜冻时间短。年均气温为 16.9～17.7℃。鄱阳湖国家湿地公园全年温度最高的月份为 7 月，温度最低的月份为 1 月。7 月平均气温为 29℃，极度高温天气的气温超过 40℃；1 月平均气温为 5℃，最低温度为-13℃。鄱阳湖国家湿地公园日照时间较长。全年平均日照时间超过 2000h。7～8 月日照时间全年最长，2～3 月日照时间全年最短。冬季多偏北风。夏季多偏南风，有时候会出现台风天气。春季、秋季以东北风为主，有时候也会出现偏北风、西北风和偏南风。鄱阳湖国家湿地公园全年平均风速为 3.0m/s，风速变化范围为 2.5～3.7m/s。偶尔出现极端风速可达 30m/s。年平均大风有 9.7 天。鄱阳湖国家湿地公园相邻几年内降水量差异较大，1954 年和 1978 年降水量相差超过 1000mm。季节不同降水量也不同。一般夏季是多雨季节，降水量较大。冬季降水量较小。全年平均降水量为1300～1700mm。鄱阳湖国家湿地公园全年有 140 多天是雨水天气。鄱阳湖国家湿地公园出现早霜冻的时间为10～11月，出现晚霜冻的时间为3～4月，全年无霜日期可达247.5天，见表8.7。

表 8.7　鄱阳湖国家湿地公园的自然条件概况

指标	年平均气温/℃	年平均日照时长/h	平均风速/（m/s）	降雨量/mm	全年无霜期/天
特征值	16.9～17.7	2098	3.0	1300～1700	247.5

（2）鄱阳湖国家湿地公园的水文

鄱阳湖国家湿地公园所处的鄱阳县内河流和湖泊较多，有“中国湖城”之称。鄱阳县最大的湖泊为鄱阳湖，鄱阳湖是江西省五大河流进入长江的汇入口，也是江西省水域中心。鄱阳湖在鄱阳县的水域面积为300km^2，其总岸线超过100km。珠湖也是鄱阳县境内较大湖泊，其部分水域在鄱阳湖国家湿地公园规划区域内。珠湖水域面积为4150hm^2，平均水深为4m，有的湖段水深超过10m。鄱阳湖国家湿地公园规划区内河流在5～6月河水积累较多，这时上中游水位最高。下游水位出现最高峰的时间较上游一般延迟1～2个月。一般在元旦前后1个月内水位最低。由于鄱阳县年降水量变化很大，河流湖泊水位变化也大。在降水比较多的年份，平均水位可达8m以上；在降水量比较少的年份，平均水位会低于6m。

（3）鄱阳湖国家湿地公园的地质地貌

鄱阳湖国家湿地公园所处的鄱阳县的地势从鄱阳县东北到鄱阳湖方向逐渐变低。这是因为鄱阳县东北方向有较多的山丘，其中最高的山丘海拔超过700m。鄱阳湖国家湿地公园的地貌分类见表8.8。

表 8.8　鄱阳湖国家湿地公园的地貌分类

高程/m	地貌分类
100～200	剥蚀低山丘陵区
50～99	侵蚀剥蚀垄岗区
<50	堆积平原

（4）鄱阳湖国家湿地公园的土地面积

鄱阳湖国家湿地公园总规划面积为36 285km^2，土地类型为天然湿地、人工湿地、林地和其他用地（主要为建成地）。其中，天然湿地约占规划土地面积的94%，面积达 34 126.0km^2；其次为其他用地（主要为建成地），约占规划土地面积的3.1%，为1141.4km^2；人工湿地和林地的土地面积最少，分别约占规划土地面积的2.8%和0.1%，分别为990.1hm^{2}和27.5hm^2（表8.9）。

表 8.9　鄱阳湖国家湿地公园土地类型划分

土地类型		土地面积/hm²	占湿地总面积百分比/%	占土地规划总面积百分比/%
天然湿地	湖泊	12 920.9	36.8	35.6
	河流	1125.8	3.2	3.1
	草洲	4312.2	12.3	11.9
	泥滩	13 624.5	38.8	37.5
	岛屿	276.0	0.8	0.8
	泛滥地	1866.6	5.3	5.1
人工湿地	池塘	275.9	0.8	0.8
	灌溉地	714.2	2.0	2.0
林地		27.5		0.1
其他用地		1141.4		3.1

4. 鄱阳湖国家湿地公园的动植物资源概况

（1）鄱阳湖国家湿地公园的植物资源

鄱阳湖国家湿地公园的植物种类丰富、分布较广。常见的植物有湿地松、樟树等。鄱阳湖国家湿地公园共有植物 141 种（含亚种和变种）。其中，裸子植物有 1 科 2 种；蕨类植物有 4 科 5 种；被子植物有 38 科 134 种。

在鄱阳湖国家湿地公园的 141 种植物中，湿生植物种类最多，为 94 种，占鄱阳湖国家湿地公园植物总数的 66.7%。其次为挺水植物，为 19 种，占鄱阳湖国家湿地公园植物总数的 13.5%。浮水植物和沉水植物最少，分别为 16 种和 12 种，分别占鄱阳湖国家湿地公园植物总数的 11.3%和 8.5%。

（2）鄱阳湖国家湿地公园的动物资源

鄱阳湖国家湿地公园内动物种类较多，每年吸引数以万计的鸟类来此越冬。鄱阳湖国家湿地公园内主要动物类型有脊椎动物、两栖动物、爬行动物、哺乳动物和鸟类。脊椎动物种类最多，为 250 种；其次是鸟类，有 132 种，其中国家一级、二级保护鸟类 20 种，省级重点保护鸟类 63 种，中国和澳大利亚共同保护的鸟类 14 种，中国和日本共同保护的鸟类 55 种；最少的为鱼类，有 108 种；国家一级重点保护陆生野生动物 17 种；省级重点保护动物 63 种。

8.2.2　鄱阳湖国家湿地公园旅游业规划与发展概况

1. 鄱阳湖国家湿地公园的发展史

2008 年，鄱阳县政府根据鄱阳湖生态经济区的设计思想，提出了建设鄱阳湖国家湿地公园的构想，并于当年获批国家级湿地公园（试点）。2009 年，鄱阳湖国家湿地公园开始接待游客。鄱阳湖国家湿地公园不断开发，相关旅游设施和景点不断完善。2011 年，鄱阳湖国家湿地公园荣获“江西省十大新旅游景区”“江西先进旅游景区”称号。2013 年，鄱阳湖国家湿地公园被国家旅游局评为国家 AAAA 级景区。2015 年，鄱阳湖国家湿地公园被授予“国家生态旅游示范区”“全省旅游标准化示范单位”称号。短短几年，鄱阳湖国家湿地公园获得飞速发展。2013 年，湿地公园旅游人数突破 200 万。为了扩展旅游项目，鄱阳湖国家湿地公园举行了中华龙舟大赛、帐篷观鸟季、环鄱阳湖骑行等活动。随着鄱阳湖基础设施的完善、旅游服务质量的提高、旅游景点的多样化，鄱阳湖国家湿地公园的发展前景将更加广阔。

2. 鄱阳湖国家湿地公园的总体规划概况

鄱阳湖国家湿地公园的总体布局理念是“城在园边，园在城中”，即城园融为一体。“城在园边”是指鄱阳县将形成县城和鄱阳湖国家湿地公园等景点的格局。“园在城中”是指鄱阳湖国家湿地公园在鄱阳县县城之中。按照《江西鄱阳湖国家湿地公园总体规划》，鄱阳湖国家湿地公园可分为鄱阳湖文化水城、八大功能分区、两大廊道、四大可持续发展基质和十大基础建设工程。八大功能分区是指汉池湖水禽栖息地保护与保育区、角丰圩湿地恢复与重建区、青山湖人工湿地利用示范区、珠湖水源湿地保护与保育区、东湖城市湿地休闲区、白沙洲自然湿地展示区、鄱阳湖文化水城和管理服务区。两大廊道是指从观鸟大堤至防洪大堤的“绿色廊道”（以下简称“绿廊”）和鄱阳县县城至青山湖、珠湖之间的“蓝色廊道”（以下简称“蓝廊”）。四大可持续发展基质都是从保护湿地的角度来考虑的，分别为保护保育基质、循环利用基质、恢复与重建基质和绿色旅游基质。十大基础建设工程是从不同角度考虑建设的。从旅游者娱乐角度建立鄱阳湖文化水城工程，从保护鸟类角度建设水禽保护工程，从湿地退化角度建设湿地恢复工程，从保护水资源角度建设珠湖水源地保护与保育工程，从湿地资源的合理开发与利用角度建设湿地综合利用示范工程，从发展湿地绿色旅游角度建设湿地生态旅游发展工程，从湿地资源科研角度建设湿地科研监测与宣教工程，从环境保护角度建设环境保护工程，从资源充分利用角度建立社区共同建管工程，从旅游设施条件改善角度建设基础建设工程。

鄱阳湖国家湿地公园八大功能分区（包含鄱阳湖文化水城）的划分如下：

（1）汉池湖水禽栖息地保护与保育区

该区域为保护湿地公园的核心区，区域范围涉及县城范围内所有的湿地。该区域的建立是为了给鸟类提供栖息场所、旅游者给鸟类喂食的场所和鸟类受伤后修养疗伤的场所，从而保护湿地公园的水禽资源。

（2）角丰圩湿地恢复与重建区

该区建立的目的是修复角丰圩区域内已经退化的湿地资源。采取退耕还湖、种植湿地植物和放养湿地动物等机械和生物措施来恢复湿地生态环境，保护湿地生态体统的稳定性。

（3）珠湖水源湿地保护与保育区

该区域主要涉及珠湖区域，目的是为鄱阳县提供良好、安全的水资源。

（4）白沙洲自然湿地展示区

该区域为鄱阳湖国家湿地公园的重要旅游区域之一。每到冬季，许多候鸟会选择在白沙洲栖息，这里环境幽美、视野广阔，是观鸟旅游的好去处。

（5）青山湖人工湿地利用示范区

该区域是对鄱阳湖国家湿地公园的湿地资源状况进行研究的区域，主要研究湿地生产方向，为湿地的合理开发利用指明方向。

（6）东湖城市湿地休闲区

该区域紧靠鄱阳县鄱阳镇，是城市和湿地公园的交汇区域，也是湿地公园的重要区域之一，具有休闲观光功能。

（7）鄱阳湖文化水城

鄱阳湖文化水城是鄱阳湖国家湿地公园的标志性建筑。它是鄱阳湖国家湿地公园的商业文化中心。鄱阳湖文化水城给旅游者提供了解湿地文化、见闻民族风情、品尝鄱阳美食、购买当地特产和体验鄱阳湖梦幻风景等的场所。

（8）管理服务区

该区域是鄱阳湖国家湿地公园管理服务中心，主要是为旅游者提供更好的旅游服务和对鄱阳湖国家湿地公园进行合理的管理。

3. 鄱阳湖国家湿地公园的规划原则与依据

（1）鄱阳湖国家湿地公园的规划原则

1）生态原则：为湿地可持续发展而规划。在进行鄱阳湖国家湿地公园规划时，要充分考虑鄱阳湖国家湿地公园资源的可持续性，不要为了近期的利益而放弃长远的规划。要以保护湿地环境为最基本的前提，在保护湿地环境可持续发展的前提下，发展湿地旅游业。

2）因地制宜原则：为湿地科普教育与娱乐结合而规划。建立鄱阳湖国家湿地公园最初的目的是减少湿地的退化、保护湿地资源。湿地公园不同于其他一般景区的最大特点是科普教育价值。

（2）鄱阳湖国家湿地公园的规划依据

规划时需要参考的依据包括《湿地公约》、《野生动物保护法》、《环境保护法》、《生物多样性公约》、《中华人民共和国自然保护区条例》（以下简称《自然保护区条例》）和《森林和野生动物类型自然保护区管理办法》等。

4. 鄱阳湖国家湿地公园旅游景点分布

（1）内湖景点

1）斗笠山。斗笠山为鄱阳湖国家湿地公园的最高峰。从远处看，山峰外形像斗笠，故称为斗笠山。斗笠是农民在辛苦劳作时为减轻酷暑而戴的一种“帽子”，是鄱阳人民勤劳的象征。斗笠山峰上植物的颜色会随着四季而发生变化。从远处看，好像一个斗笠在四季中变幻不同的颜色。

2）饶娥女神。饶娥是孝道的化身。鄱阳人民为纪念古代十二烈女之一的饶娥而打造了饶娥铜像。

3）龙吼山。龙吼山因山脉外形像张嘴大吼的龙而命名。它是元朝末年朱元璋和陈友谅为争夺鄱阳湖水域而进行的一次战略决战中朱元璋的驻军之地。山上有洪门城堡的遗址，具有历史纪念价值。

4）鹤园。鹤园位于鄱阳湖湿地科学园内，是饲养鹤鹳的地方。旅游者可以到鹤园观看鹤鹳跳舞。鹤园也是中央电视台多次录制节目的取景地。

5）鄱阳湖湿地科学园。鄱阳湖湿地科学园是鄱阳湖国家湿地公园的重要组成部分，于 2010 年 12 月竣工，也是我国最大的湿地科学园。鄱阳湖湿地科学园分为四大区域，分别为天之区（鸟之天堂）、地之区（植物及非物质文化宝库）、水之区（水之泽园）和信息中心。主要建设内容包括科研楼、内外湖码头、湿地科学馆、水生植物园、麋鹿苑、鹤园、天鹅湖、鄱阳居、鄱阳书屋、木船港湾、鸟类环志站、观鸟长廊、高空观湖平台、水族馆、采摘园等基础设施。科学园规划建设总面积为 403 亩。鄱阳湖湿地科学园通过收集和研究湿地公园、湿地生态系统的相关文献和实物，为旅游者形象具体地讲解保护湿地的重要性。鄱阳湖湿地科学园也展示了鸟之天堂、植物及非物质文化宝库和水之泽国，通过这 3 个层次的影像来宣传鄱阳湖国家湿地公园。

6）天鹅湖。天鹅湖为人工喂养候鸟基地，湖中有丹顶鹤、蓑羽鹤、东方白鹳、大白天鹅、灰天鹅等。许多天鹅在天鹅湖中常年生活、表演、生育后代，这进一步恢复和补充了鄱阳湖湿地鸟类种群结构，并为科普教育提供了真实案例。

7）人鱼道。人鱼道两侧是很厚的半潜式玻璃栏杆，人游其中可产生置身在水中的感觉。旅游者在此可近距离观察鄱阳湖鱼类的生活习性。

8）竹溪三岛。竹溪三岛村中的明代寺庙永青殿已经有 400 多年的历史。村中渔民每次捕鱼出发前都去永青殿祭祀湖神，祈愿能平安回归。竹溪三岛环境幽美，钟灵毓秀，是旅游休闲的好去处。

（2）外湖景点

香油洲又称为鄱阳湖草海。香油洲名字源自两个传说。第一个传说：在香油洲这个地方的村民广泛种植芝麻，家家户户都用芝麻磨香油，以致在很远的地方就可以闻到香油味。因此，这个地方就被称为香油洲。第二个传说：在水量比较充足的时候，香油洲这个地方的草会被淹没。当水退了后，草也长高了，在光照下，草上就像有一层油，据说还可闻到清香味。因此，大家称它为香油洲。香油洲，到底来自哪个传说已不可考，但它的传说被当地人流传下来。

5. 游客量及旅游收入状况

2008 年，鄱阳湖国家湿地公园被批准为国家级湿地公园（试点）后，鄱阳湖国家湿地公园的规划、开发、建设被提上日程。2009 年，鄱阳湖国家湿地公园开始接待游客。随着湿地公园知名度的提升和景区设施的完善，来鄱阳湖国家湿地公园游玩的旅游者越来越多。2013 年，来鄱阳县旅游的人数达 622 万，其中鄱阳湖国家湿地公园接待旅游者突破 200 万人次，比上年同期增长 85 万人次。2013 年，鄱阳县全年旅游收入为 43.2 亿元，其中鄱阳湖国家湿地公园的门票收入达 3536 万元（表 8.10）。按照旅游人数的增长速度，预计在 2020 年将达到并长期保持 500 万人次/年以上。假定平均每人旅游消费为 400 元，那么旅游总收入为 20 亿元。

表 8.10　鄱阳湖国家湿地公园接待旅游者人次和门票收入情况（2011～2016 年）

年份	旅游者/万人次	同比增长/%	门票收入/万元
2011	62.3		824
2012	115	84.5	2090
2013	200	73.9	3536
2014	276	38.1	4883
2015	365	37.2	6699
2016	450	23.8	8374

资料来源：江西省统计局，2015. 鄱阳统计年鉴 2014[M]. 南昌：江西统计出版社；网络数据整理。

8.3　鄱阳湖国家湿地公园旅游生态足迹的计算与结果分析

根据本书构建的旅游生态足迹模型，作者列出了所需要的各种资料数据，并进行了有针对性的数据资料的搜集。本章资料来源分为以下几类。

1）基础数据，主要有鄱阳县人均日生活消费量、上饶市原煤和液化石油气的人均日消耗量、湿地公园的土地类型。这些信息来源于《上饶统计年鉴》《鄱阳统计年鉴》《鄱阳县志》，以及上饶市统计信息网、鄱阳湖国家湿地公园网、上饶旅游信息网等相关官方网站。

2）调查资料，主要有各种餐饮设施、交通设施、游览设施、娱乐设施的名称和建成地面积；各种住宿设施（星级酒店、旅馆等）床位数和游客住宿时间的长短；游客的来源。调查对象包括游客、住宿设施管理人员、鄱阳湖国家湿地公园旅游景区旅客中心 2 楼的工作人员及鄱阳县旅游局、鄱阳县志办公室的工作人员。

3）标准数据，主要有各种食物消费的全球平均产量、煤气的全球平均生态足迹、化石能源地的单位生态足迹、均衡因子、产量因子。这些信息来源于《国际统计年鉴》及相关参考文献资料。

8.3.1 鄱阳湖国家湿地公园的旅游生态足迹的计算分析

1. 基于消费结构的旅游生态足迹计算

（1）鄱阳湖国家湿地公园的旅游餐饮生态足迹计算

旅游餐饮生态足迹由 3 个方面构成，分别是餐饮设施生态足迹、食物消费生态足迹、餐饮能耗生态足迹。鄱阳湖国家湿地公园的旅游餐饮生态足迹的计算公式见式（8.7）。

1）餐饮设施生态足迹。据实地考察收集来的资料，鄱阳湖国家湿地公园内提供餐饮服务但不提供住宿的餐饮设施有白沙洲饭店、湿地野生鱼馆、渔人码头酒店、车门饭店、周家饭店、渔夫人家、不老菜馆、西湖农庄、珠湖乡莲花洲旅游饭店及义太生态农庄10 处，这 10 处餐饮设施的建成地总面积约为 1.57hm^2。随着鄱阳湖国家湿地公园知名度的提高，到鄱阳湖国家湿地公园旅游的人数逐渐增加，2013 年达到 200 万人次，均衡因子为 2.21，则鄱阳湖国家湿地公园旅游餐饮设施的建成地面积的生态足迹为 3.47hm^2，人均生态足迹为 $3.47/(200\times10^4)$ hm^2=1.73×10^{-6} hm^2。

2）食物消费生态足迹。由于资料有限，没查询到鄱阳县地区的人均日生活消费量的相关信息。通过查询《上饶统计年鉴 2014》，可查询到 2013 年上饶地区人均年生活消费量，然后计算可得人均日生活消费量。已知鄱阳县归上饶市管辖，而鄱阳湖国家湿地公园在鄱阳县，可以用上饶地区人均日生活消费量作为鄱阳湖国家湿地公园的人日均生活消费量。由于来鄱阳湖国家湿地公园旅游的旅游者大部分来自鄱阳县附近城市，来回消耗时间相对较短。目前鄱阳湖国家湿地公园旅游景点较少，旅游花费时间较短。现假定旅游者平均旅游时间为 1 天。计算结果如表 8.11 所示。

表 8.11　鄱阳湖国家湿地公园的食物消费生态足迹（2013 年）

食物项目	人均日消费量/kg	土地类型	均衡因子	游客食物消费量/kg	全球平均产量/（kg/hm^2）	生态足迹总量/hm^2	人均生态足迹/$10^{-4}hm^2$
粮食	0.5229	耕地	2.21	1 045 800	3362.28	687.396	3.43 698
蔬菜及制品	0.3166	耕地	2.21	633 200	18 000	77.7429	0.388 715
植物油	0.0227	耕地	2.21	45 400	1636.49	61.3105	0.306 553
肉禽及制品	0.0555	草地	0.49	111 000	107	508.318	2.541 589
蛋类及制品	0.0129	草地	0.49	25 800	400	31.605	0.158 025
奶和奶制品	0.0105	草地	0.49	21 000	502	20.498	0.102 49
水产品	0.0160	水域	0.36	32 000	29	397.241	1.986 205
食糖	0.0216	耕地	2.21	43 200	70 877.7	1.3469	0.006 735
饮料	0.0326	耕地	2.21	65 200	50 595	2.8479	0.014 24
水果及制品	0.0349	耕地	2.21	69 800	10 599.8	14.5529	0.072 765
合计						1802.8591	9.014 295

资料来源：全球平均产量数据来自杨桂华，李鹏，2005．测度旅游可持续发展的新方法[J]．生态学报（6）：1475-1480．

3）餐饮能耗生态足迹。根据实地调查，鄱阳湖国家湿地公园地区饭店主要消耗原煤和液化石油气，而原煤和液化石油气的人均日消耗量在《上饶统计年鉴 2014》中可查。计算结果见表 8.12。

表 8.12　鄱阳湖国家湿地公园的餐饮能耗生态足迹（2013 年）

能源类型	人均日消费/$10^{-4}t$	土地类型	均衡因子	能源消耗总量/t	折算系数/（GJ/t）	全球平均能源足迹/（GJ/hm^2）	生态足迹总量/hm^2	人均生态足迹/10^{-4} hm^2
原煤	0.8277	化石能源地	1.34	165.54	20.934	55	63.0075	0.315
液化石油气	0.189	化石能源地	1.24	37.8	47.472	71	25.2738	0.126
合计							88.2813	0.441

4）鄱阳湖国家湿地公园的旅游餐饮生态足迹汇总。鄱阳湖国家湿地公园的旅游餐饮生态足迹一般由餐饮设施、食物消费、餐饮能耗的生态足迹之和构成，计算结果见表 8.13。

表 8.13　鄱阳湖国家湿地公园的旅游餐饮生态足迹汇总（2013 年）

组成部分	生态足迹总量/hm^2	人均生态足迹/$10^{-4}hm^2$	百分比/%
餐饮设施	3.47	0.0173	0.183
食物消费	1802.859	9.014 295	95.157
餐饮能耗	88.2813	0.441	4.660
合计	1894.61	9.472 595	100

（2）鄱阳湖国家湿地公园的旅游住宿生态足迹

旅游住宿生态足迹由两部分构成，分别是住宿设施生态足迹、住宿服务能耗生态足迹。鄱阳湖国家湿地公园的旅游住宿生态足迹的计算公式见式（8.8）。

据 Gössling 等（2002）的研究，在一、二星级酒店，每个床位所占的建成地面积为 100m^2；在三、四星级酒店，每个床位所占的建成地面积为 300m^2；在五星级酒店，每个床位所占的建成地面积为 2000m^2；在公共旅馆，每个床位所占的建成地面积为 100m^2，在私人旅馆，每个床位所占的建成地面积 50m^2；在游轮，每个床位的所占的建成地面积为 15m^2。经济宾馆每个床位的能耗为 0.04GJ；三、四星级酒店每个床位的能耗为 0.07GJ；五星级酒店每个床位的能耗为 0.11GJ；公共旅馆每个床位的能耗为 0.04GJ；私人旅馆每个床位的能耗为 0.03GJ；游轮每个床位的能耗为 0.04GJ。

1）住宿设施生态足迹的计算。根据实地调查，由于湿地公园离鄱阳县较近，旅游者大多在鄱阳县休息。根据实地调查，目前鄱阳湖国家湿地公园有 4 家星级酒店：先锋商务酒店（三星级）、湖都饭店（四星级）、鄱阳宾馆（四星级标准），共有 320 间客房、626 个床位；饶州饭店（五星级标准酒店），共有 215 间客房、422 个床位。9 家经济宾馆：国土宾馆、汉庭酒店上饶鄱阳湖店、金怡大酒店、上饶鄱阳美夜精品宾馆、饶州大酒店、7 天酒店鄱阳建设路店、京都宾馆、名都宾馆、汇远商务酒店，共有 237 间客房，466 个床位。计算结果见表 8.14。

表 8.14 鄱阳湖国家湿地公园的旅游住宿设施生态足迹计算（2013 年）

级别	床位/个	每个床位建成地面积/m^2	土地类型	均衡因子	生态足迹总量/hm^2	人均生态足迹/10^{-4}hm^2
三、四星级酒店	626	300	建成地	2.21	41.5038	0.2058
五星级酒店	422	2000	建成地	2.21	186.5240	0.9326
经济宾馆	466	100	建成地	2.21	10.2986	0.5149
合计					238.3264	1.6533

2）住宿服务能耗生态足迹的计算。住宿服务能耗主要是煤气的消耗，已知煤气的全球平均能源足迹为 93GJ/hm^2。每个床位能耗见旅游住宿生态足迹的计算部分。计算结果见表 8.15。

表 8.15 鄱阳湖国家湿地公园住宿能耗生态足迹汇总（2013 年）

级别	床位/个	每个床位的能耗/GJ	总能耗/GJ	土地类型	均衡因子	全球平均能源足迹/hm^2	生态足迹总量/（GJ/hm^2）	人均生态足迹/10^{-4}hm^2
三、四星级酒店	626	0.07	43.82	化石能源地	1.1	93	0.259	0.001 29
五星级酒店	422	0.11	46.42	化石能源地	1.1	93	0.2745	0.001 37
经济宾馆	466	0.04	18.64	化石能源地	1.1	93	0.1102	0.000 55
合计							0.6437	0.003 21

注：①假定住宿人员都是游客；②假定每家住宿设施的人均住宿率为 50%。

3）鄱阳湖国家湿地公园的旅游住宿生态足迹汇总。鄱阳湖国家湿地公园的旅游住宿生态足迹为住宿服务能耗生态足迹和住宿设施生态足迹之和，计算结果见表 8.16。

表 8.16　鄱阳湖国家湿地公园的旅游住宿生态足迹汇总（2013 年）

类别	生态足迹总量/hm^2	人均生态足迹/$10^{-4}hm^2$	百分比/%
住宿设施	238.3264	1.6533	99.73
住宿服务能耗	0.6437	0.003 21	0.27
合计	238.9701	1.656 51	100

（3）鄱阳湖国家湿地公园的旅游交通生态足迹

鄱阳湖国家湿地公园的旅游交通生态足迹由两部分构成，分别是交通设施生态足迹和交通能耗生态足迹。旅游者去鄱阳湖国家湿地公园常用的交通工具主要为长途汽车和小轿车。鄱阳县当地人坐公交可直达鄱阳湖国家湿地公园，由于距离很近，公交比较低耗，本章鄱阳县当地人旅游交通足迹可不做计算。

1）交通设施生态足迹。鄱阳湖国家湿地公园内只设有汽车临时停车场，停车场设立在游客服务中心门前一片大约 600km^2 的空地上。院内停车建成地面积较小，不列入计算。游客去鄱阳湖国家湿地公园的交通工具主要为长途汽车和小轿车。根据调查资料，鄱阳县汽车站面积是 12 576km^2，面积较小，而且汽车站大多数停留的是非旅游人员的车辆。故在此难以判断旅游者所占汽车站的建成地面积，而且其面积较小，可不列入计算。现假定鄱阳湖国家湿地公园交通设施生态足迹为 0。

2）交通能耗生态足迹。鄱阳湖国家湿地公园的客源主要来自湿地公园周围的城市（主要来源城市为南昌市、九江市、鹰潭市、上饶市），偶尔有些来自周边省市的游客。由于客源的不稳定性，难以找到具体的客源分布情况，现以鄱阳湖国家湿地公园到南昌市、九江市、鹰潭市、上饶市的平均距离作为旅游者的旅游平均距离，经计算得旅游者的旅游平均距离为 150km。计算结果见表 8.17。

表 8.17　鄱阳湖国家湿地公园的旅游交通能耗生态足迹汇总（2013 年）

类型	人数/万人	距离/km	单位生态足迹/（$10^{-4}hm^2/km$）	土地类型	均衡因子	生态足迹总量/hm^2	人均生态足迹/$10^{-4}hm^2$
长途汽车	134	150	0.170	化石能源地	1.34	4578.78	22.8939
小轿车	66	150	0.455	化石能源地	1.34	5903.37	29.516 85
合计						10 482.15	52.410 75

资料来源：单位生态足迹的数据来自章锦河，张捷，2004．旅游生态足迹模型及黄山市实证分析[J]．地理学报，59（5）：763-771．

3）鄱阳湖国家湿地公园的旅游交通生态足迹汇总。鄱阳湖国家湿地公园的旅游交通生态足迹为交通设施生态足迹和交通能耗生态足迹之和，鄱阳湖国家湿地公园旅游交通生态足迹总量为 10 482.15hm^2，人均生态足迹为 5.241 075×10^{-3}hm^2，长途汽车和小轿车的生物生产性土地类型为化石能源地。

（4）鄱阳湖国家湿地公园的旅游游憩生态足迹

鄱阳湖国家湿地公园的旅游游憩生态足迹由两部分组成，分别为游览设施生态足迹和游览能耗生态足迹。相对完善的景区景点为水上丝绸之路起点码头、瓦屑坝移民胜地、鄱阳湖温泉度假村、芝山森林公园、龟山、爱斯尼岛湿地观赏区、鄱阳湖湿地科学园、斗笠山、天鹅湖等。鄱阳湖国家湿地公园的旅游游憩生态足迹的计算公式见式（8.10）。

1）游览设施生态足迹。鄱阳湖国家湿地公园的游览有水上游览陆上游览两种方式。水上游览从游客中心码头坐煤油游船到达乌金汗旅游码头大约需要 30min。到达目的地后，旅游者开始路上游览，欣赏天鹅湖和鄱阳湖湿地科学园等。根据实地调查，总游览设施建成地面积较小，约为 2hm^2，如果景区处在旺季，游客会占用大量的游览设施面积，剩下的游览设施面积更小，可不做计算，现假定鄱阳湖国家湿地公园游览设施生态足迹为 0。

2）游览能耗生态足迹。2014 年，鄱阳湖国家湿地公园风景区共有煤油游船 25 艘。游船均来自湖南浏阳船舶制造厂。其中，小煤油游船有 23 艘（煤油容量为 90L），大煤油游船有 2 艘（煤油容量为 270L）。根据煤油的折标系数和折标煤系数（折标系数来源 http://bbs.instrument.com.cn/shtml/20060404/382952），计算可得容量为 90L 的煤油游船的能耗量为 4.4802×10^{-3}GJ；容量 270L 的煤油游船的能耗量为 0.134 406GJ。已知煤油的全球平均足迹为 93GJ/hm^2，可计算出小煤油游船能耗生态足迹总量为 0.138 079 7hm^2，大煤油游船能耗生态足迹总量为 3.602 08×10^{-2}hm^2，则计算可得煤油游船游览能耗生态足迹总量为小煤油游船能耗生态足迹和大煤油游船能耗生态足迹之和，即 0.174 100 5hm^2，游览能耗人均生态足迹为 8.705×10^{-8}hm^2。

3）旅游游憩生态足迹汇总。鄱阳湖国家湿地公园的旅游游憩生态足迹为游览设施生态足迹、游览能耗生态足迹之和，旅游游憩生态足迹的生物生产性土地类型为化石能源地。根据以上计算可得，鄱阳湖国家湿地公园的旅游游憩生态足迹为 0.174 100 5hm^2，人均游憩生态足迹为 8.705×10^{-8}hm^2。

（5）鄱阳湖国家湿地公园的旅游购物生态足迹

旅游购物生态足迹由两部分组成，分别是购物设施生态足迹和商品消费生态足迹。

根据实地调查，鄱阳湖国家湿地公园内主要购物点集中在鄱阳湖湿地科学园中的鄱阳湖土特产店和游船码头旁的鄱阳湖国家湿地公园超市。这两家购物点旅游产品较少、种类不多，而且大多数旅游产品的知名度不高，购物者很少。旅游产品以水产品为特色产品，除几种来自江西省金鄱生态农业有限责任公司生产的水产品包装携带方便外，大多数旅游产品是散装称重的，携带不方便，影响了旅游者购买的热情。鄱阳湖国家湿地公园内缺乏大型高档的特产超市，应加大旅游产品的深开发，挖掘旅游产品，尤其是水产品的生产研发。随着鄱阳湖国家湿地公园的开发建设，旅游人数逐渐增加，建设大型高档特产超市很有必要。鄱阳湖国家湿地公园旅游购物生态足迹的计算公式见式（8.11）。

1）购物设施生态足迹。鄱阳湖湿地科学园中的鄱阳湖土特产店和游船码头旁的鄱阳湖国家湿地公园超市，占地面积约为 0.05hm^2，均衡因子为 2.21，可计算鄱阳湖国家湿地公园旅游购物设施生态足迹为 0.1105hm^2，那么人均生态足迹为 5.525×10^{-8}hm^2/人。

2）商品消费生态足迹。2013 年，鄱阳县旅游综合收入为 43.2 亿元。其中，鄱阳湖国家湿地公园的门票收入达 3536 万元。旅游者购物累计为 691 万元，人均消费为 3.455 元。鄱阳湖国家湿地公园购物点的旅游产品不多，但各具当地特色，有别具特色的藕丸子、海参饼、豆腐乳、脱胎漆器、春不老菜、鄱阳湖纯天然银鱼、酒糟鱼、饶州酒等。在鄱阳湖土特产店内，调查发现由于酒糟鱼、酒香鱼等水产品包装精美、携带方便、价格合适，是旅游者的首选。按土特产店内价格，江西省金鄱生态农业有限责任公司生产的一袋 700g 酒糟鱼特产的价格为 68 元。计算得出其单价约为 97.14 元/kg。为了计算方便，现假定旅游者购买的均是酒糟鱼特产，那么平均每人购买酒糟鱼为 3.445/97.14kg=0.035kg。根据《鄱阳统计年鉴 2014》，可知 2013 年鄱阳县有 50 万亩（1 亩=666.7m^2）水产品，产量可达 156 383t，其中鱼类为 11 508t。可计算得出 2013 年鄱阳县鱼类水产品的年均生产能力为 345.24kg/hm^2。

商品消费生态足迹总量为 72.993hm^2，人均生态足迹为 $3.649\,65\times10^{-5}$hm^2。

3）鄱阳湖国家湿地公园的旅游购物生态足迹汇总。鄱阳湖国家湿地公园的旅游购物生态足迹为购物设施建成地的生态足迹和旅游者购物消费的生态足迹之和，计算结果见表 8.18。

表 8.18 鄱阳湖国家湿地公园的旅游购物生态足迹汇总（2013 年）

项目	生态足迹总量/hm^2	人均生态足迹/10^{-4}hm^2	百分比/%
购物设施	0.1105	0.000 552 5	0.15
商品消费	72.993	0.364 965	99.85
合计	73.1035	0.365 515	100

（6）鄱阳湖国家湿地公园的休闲娱乐生态足迹

鄱阳湖国家湿地公园的休闲娱乐生态足迹由娱乐设施生态足迹和休闲娱乐能耗生态足迹构成。鄱阳湖国家湿地公园的休闲娱乐生态足迹的计算公式见式（8.12）。

鄱阳湖国家湿地公园内大多数的休闲娱乐活动不消耗能源，如钓鱼、看百雁起飞表演、拍照摄影等。有些消耗能源，如观看3D电影，但由于游客旅游时间较短，很少有游客去看3D电影。因此，总体来说，休闲娱乐活动对能源的消耗很小，基本可以忽略。因此，假定鄱阳湖国家湿地公园的休闲娱乐能耗生态足迹为0。

1）娱乐设施生态足迹。鄱阳湖国家湿地公园的休闲娱乐活动包括室内的鄱阳湖湿地科学园表演、鄱阳湖湿地科普教育、鄱阳湖湿地科学园3D影院等，还包括室外的一些拍照摄影、绘画、钓鱼等活动。其中，鄱阳湖湿地科学园位于鄱阳湖国家湿地公园内，项目建设总面积为403.2亩，约为26.9hm^2。根据调查，室内娱乐设施建成地面积约为26.9hm^2，室外娱乐设施建成地面积约为35.6hm^2，均衡因子为2.21，计算可得鄱阳湖国家湿地公园的娱乐设施生态足迹总量为138.125hm^2，人均娱乐设施生态足迹为6.906 25×10^{-5}hm^2。

2）鄱阳湖国家湿地公园的休闲娱乐生态足迹汇总。由上面计算可知，鄱阳湖国家湿地公园休闲娱乐生态足迹总量为138.125hm^2，人均休闲娱乐生态足迹为6.906 25×10^{-5}hm^2，休闲娱乐的生物生产性土地类型为建成地。

2. 鄱阳湖国家湿地公园的旅游生态足迹的汇总

鄱阳湖国家湿地公园的旅游生态足迹总量由6个部分构成，分别为旅游餐饮、旅游住宿、旅游购物、旅游交通、旅游游憩和休闲娱乐生态足迹，计算结果见表8.19。

表8.19　鄱阳湖国家湿地公园的旅游生态足迹汇总（2013年）

类型	生态足迹总量/hm^2	人均生态足迹/10^{-4}hm^2	百分比/%
旅游餐饮	1894.61	9.4726	14.8458
旅游住宿	238.97	1.6565	1.8725
旅游交通	10 482.15	52.4108	82.1362
旅游游憩	0.17	0.0009	0.0013
旅游购物	7.88	0.0394	0.0618
休闲娱乐	138.13	0.6906	1.0824
合计	12 761.91	64.2708	100

注：表中数据为四舍五入后的结果。

3. 鄱阳湖国家湿地公园的旅游生态承载力的计算

根据《鄱阳县志》、《鄱阳统计年鉴》、鄱阳湖国家湿地公园旅客中心和鄱阳县旅游局等提供的资料，鄱阳湖国家湿地公园区域具有林地、耕地、水域、草地及建成地5种土地类型。鄱阳湖国家湿地公园的旅游生态承载力计算见表8.20。

表 8.20　鄱阳湖国家湿地公园的旅游生态承载力计算（2013 年）

土地类型	面积/hm^2	均衡因子	产量因子	旅游生态承载力/hm^2	人均生态承载力/（$10^{-4}hm^2$/人）	百分比/%
林地	27.5	1.34	0.61	22.4785	0.112 393	0.1
耕地	2856.8	2.21	1.66	10 480.4565	52.402 282 5	41.7
水域	27 947.1	0.36	1	10 060.956	50.304 78	40.0
草地	4321.2	0.49	0.19	401.465 82	2.007 329 1	1.6
建成地	1141.4	2.21	1.66	4187.340 04	20.9367	16.6
扣除生物多样性土地面积后合计	36 285			22 134.376	110.671 88	100

4. 鄱阳湖国家湿地公园的旅游生态盈余/赤字的计算

旅游生态承载力与旅游生态足迹之差即为旅游生态盈余/赤字。旅游生态盈余/赤字的计算模型为

$$TES/TED=TEC-TEF \tag{8.14}$$

计算结果见表 8.21。

表 8.21　鄱阳湖国家湿地公园的 TES/TED（2013 年）

项目	旅游生态承载力（TEC）	旅游生态足迹（TEF）	生态盈余/赤字（TES/TED）
总量/hm^2	22 134.376	12 761.91	9372.47
人均值/$10^{-4}hm^2$	110.671 88	64.2708	46.4011

8.3.2　鄱阳湖国家湿地公园的旅游生态足迹的结果分析

1. 基于消费结构的旅游生态足迹的结果分析

2013 年，鄱阳湖国家湿地公园的旅游生态足迹为 12 761.91hm^2，人均旅游生态足迹为 6.427 08×$10^{-3}hm^2$。旅游交通生态足迹占鄱阳湖国家湿地公园的总生态足迹的 82.1362%，是其主要组成部分。旅游餐饮生态足迹在湿地公园各类生态足迹中排名第二，占总生态足迹的 14.845 8%。旅游交通生态足迹和旅游餐饮生态足迹共占生态足迹总量的 95.982%，说明要减少总生态足迹的量，主要是减少旅游交通生态足迹和旅游餐饮生态足迹的量。旅游住宿生态足迹和休闲娱乐生态足迹分别占总生态足迹的 1.8725%和 1.0824%，比例最小的是旅游购物生态足迹和旅游游憩生态足迹，分别占了总生态足迹的 0.0618%和 0.0013%，说明旅游购物和旅游游憩对鄱阳湖国家湿地公园的生态环境影响最小。

（1）鄱阳湖国家湿地公园的旅游餐饮生态足迹分析

2013 年，鄱阳湖国家湿地公园的旅游餐饮生态足迹为 1894.61hm^2，在各类消费性生态足迹中排名第二，约占生态足迹总量的 14.8458%。在旅游餐饮生态足迹的构成中，食物消费的生态足迹所占旅游餐饮生态足迹的比例最大，为 95.16%（图 8.3）。在食物消费中，旅游者食物的消费主要为粮食、肉类及其制品、鱼虾等水产品。这是因为旅游者喜欢在旅游活动中品尝旅游景区的特色美食。由于旅游活动比较消耗体力，需要旅游者补充所需的物质和能量，这就要求旅游者对饮食的选择倾向于含有高能量、丰富营养物质的肉类和水产品。这就是一般在旅游景区内，食物消费中肉类及其制品、鱼虾等水产品的需求量较大的原因。

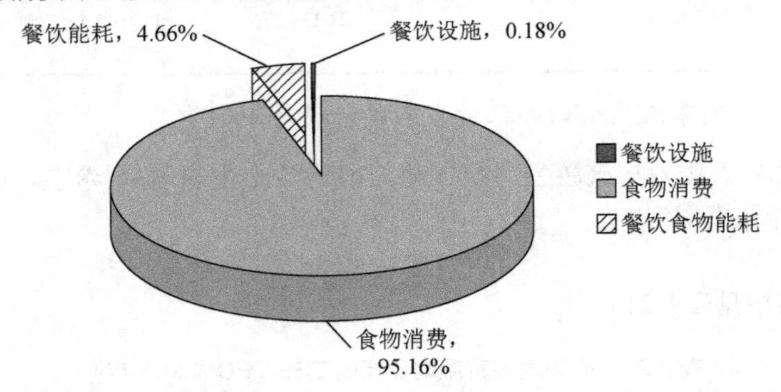

图 8.3　鄱阳湖国家湿地公园的旅游餐饮生态足迹各部分所占百分比

但是，从景区的可持续发展角度来考虑，需要减少旅游活动的生态足迹。就旅游餐饮生态足迹而言，食物消费所占旅游餐饮生态足迹的比例最大，而粮食、肉类及其制品、鱼虾等水产品的生态足迹是旅游餐饮生态足迹主要组成部分。根据食物链能量的转化定律，食物链高级的动物吃食物链低的植物时，植物的物质和能量不能完全转换为动物的物质的能量，会有一部分物质和能量损失。因此，较少食物消费的生态要求调整饮食结构，多吃绿色产品，少吃肉类和水产品。这样补充自身能量的同时，可以减少食物消费的生态足迹。

（2）鄱阳湖国家湿地公园的旅游住宿生态足迹分析

2013 年，鄱阳湖国家湿地公园的旅游住宿生态足迹为 238.9701hm^2，人均旅游住宿生态足迹为 $1.656\,51\times10^{-4}hm^2$。旅游住宿生态足迹是总足迹的 1.8725%。旅游住宿生态足迹有两部分内容，分别是住宿设施生态足迹和住宿服务能耗生态足迹。其中住宿设施生态足迹比重较大，为 99.73%。这说明旅游者对住宿设施的选择对旅游住宿生态足迹的影响较大（图 8.4）。

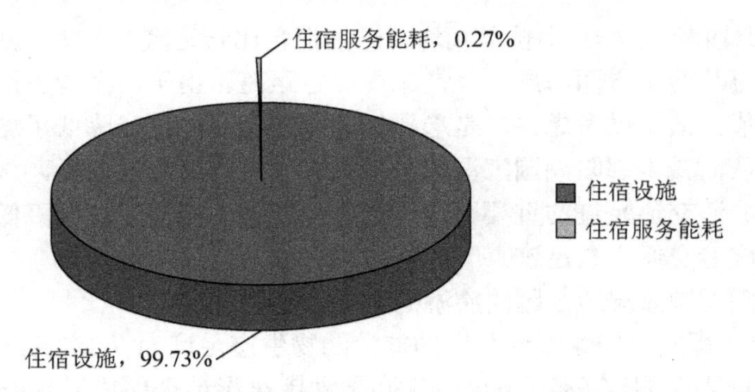

图 8.4　鄱阳湖国家湿地公园的旅游住宿足迹各部分所占百分比

在计算分析住宿设施生态足迹时，每个床位的高档次的住宿设施的生态足迹比低档次的住宿设施的生态足迹要大。这是因为高档的住宿设施提供更多的服务，如给旅游者更宽敞的休息场所、更舒服的床，这些对住宿设施建成地面积提出了要求。一般来说，同一地区高档的住宿设施平均每个床位建成地面积更大。有些高档住宿设施提供更多耗能服务，如洗衣服务，而低档住宿设施的条件有限，消耗能量比高档住宿设施要少。因此，档次越高的住宿设施平均每人产生的住宿生态足迹就越高。根据以上分析，要想减少住宿设施的生态足迹应减少高档住宿设施的消费，增加低档住宿设施的入住率。对旅游者来说，调整住宿结构，选择相对低档住宿设施，有利于减少住宿设施的生态足迹。从住宿设施经营者角度考虑，提高能源利用率，应减少每人的住宿设施能源消耗量。通过以上分析，降低旅游住宿生态足迹的两个途径是经营者提高住宿设施的能源利用率和旅游者调整住宿结构。但是事实上，随着鄱阳湖国家湿地公园的持续发展，鄱阳湖附近可能存在酒店档次不高、不能满足日益增长的旅游者需求的情况。从旅游业更好的发展的角度来看，经营者应增加高档住宿设施的数量。从保护湿地脆弱的生态系统的角度来看，经营者应减少高档住宿设施的数量。根据分析计算，可知目前鄱阳湖国家湿地公园处在强发展阶段，湿地公园环境承载力远大于旅游者的生态足迹。这就要求在保护湿地环境的基础上，合理增加高档住宿设施的数量。

（3）鄱阳湖国家湿地公园的旅游交通生态足迹分析

2013 年，鄱阳湖国家湿地公园的旅游交通生态足迹为 10 482.15hm^2，约占鄱阳湖国家湿地公园的旅游生态足迹总量的 82.136 2%，旅游交通生态足迹在 6 类消费性旅游生态足迹中总量最多。经鄱阳湖国家湿地公园的旅游交通生态足迹计算分析，交通设施生态足迹比较小，可忽略不计。鄱阳湖国家湿地公园的旅游交通生态足迹等于交通能耗生态足迹。交通能耗生态足迹通过交通生态足迹来间接影响鄱阳湖国家湿地公园的旅游生态足迹。在旅游交通足迹分析的计算中，虽然乘坐小轿车的人数不到乘坐长途汽车的一半，但是小轿车的能源消耗生态足迹比长途汽车的大。这是因为小轿车相对长途汽车来说是高能耗的。在相同的外部条件下（相同的路段和距离），小轿车人均能源的消耗比长途汽车的大。减少交通能耗生态足迹，可从两个方面考虑：一是减少旅行距离。由于旅游者去湿地公园的距离都是固定值，故不做考虑。二是选择低耗能的交通工具，降低了旅游交通能耗生态足迹，从而减少鄱阳湖国家湿地公园的总的生态足迹。此外，旅游规模的大小也是影响旅游交通足迹的重要因子，通过控制旅游规模也可以降低鄱阳湖国家湿地公园的旅游交通生态足迹。

（4）鄱阳湖国家湿地公园的旅游购物生态足迹分析

2013 年，鄱阳湖国家湿地公园的旅游购物生态足迹为 7.8825hm^2，人均旅游购物生态足迹为 3.945 25×10^{-6}hm^2，在鄱阳湖国家湿地公园旅游生态足迹中约占0.06%。湿地公园购物设施比较少，只有两个面积较小的特产超市，购物设施生态足迹较小。在旅游购物生态足迹中，主要是商品消费生态足迹，它占总购物生态足迹的 98.59%。2013 年，在鄱阳湖国家湿地公园，人均购物消费仅为 3.455 元。旅游者购买力较低主要有两个方面的原因。第一，湿地公园内购物设施少，集购物娱乐一体化的鄱阳湖文化城还没建立。第二，湿地公园仅有的两个购物超市里，商品比较少，旅游者可选择空间小。许多特产还处在初步加工阶段，携带不方便。游客的购买力增强会导致旅游购物生态足迹的增加，但是购物生态足迹在旅游生态足迹中所占比重较小。因此，在不影响湿地公园可持续发展的情况下，我们建议提高旅游者的购买能力，主要原因有两点。一是提高消费者的购买力，提高旅游管理部门的收入，有利于促进湿地公园旅游业的发展。二是提高消费者的购买力有利于提高当地经济水平，增加当地居民的收入。

（5）鄱阳湖国家湿地公园的旅游游憩和休闲娱乐生态足迹分析

2013 年，鄱阳湖国家湿地公园的旅游游憩生态足迹约为 0.17hm^2，人均生态足迹约为 9×10^{-8}hm^2，它在总的旅游生态足迹中所占比重最小，仅为鄱阳湖国家湿地公园旅游生态足迹的 0.0013%。鄱阳湖国家湿地公园的休闲娱乐生态足迹是138.13hm^2，人均生态足迹为 6.906×10^{-5}hm^2，在鄱阳湖国家湿地公园的旅游生态足迹中约占 1.08%。在整个旅游生态足迹中，旅游游憩和休闲娱乐生态足迹所占比重较小。这有两个方面原因。第一，鄱阳湖国家湿地公园起步较晚，有些基础设施还处在开发建设阶段。第二，湿地公园在建设观光娱乐设施上投入不足。尽管观光娱乐设施增加会导致其建成地面积变大，其旅游生态足迹将会变大。但是，我们仍建议增加观光娱乐设施的建设。因为旅游游憩和休闲娱乐生态足迹很小，一定程度上增加观光娱乐设施对整个鄱阳湖国家湿地公园的旅游生态足迹影响很小。在鄱阳湖国家湿地公园的生态承载力范围内的生态足迹可保证鄱阳湖国家湿地公园的可持续发展。观光娱乐设施增多，一是可以吸引更多的旅游者，有利于为鄱阳湖国家湿地公园的吸引较多的客源。二是鄱阳湖国家湿地公园的观光娱乐设施增多，交通更加方便，减少了旅游者逗留时间，在一定程度上缓解了鄱阳湖国家湿地公园的交通压力，有利于鄱阳湖国家湿地公园的可持续发展。

2. 基于土地类型的鄱阳湖国家湿地公园的旅游生态足迹的结果分析

2013 年，在鄱阳湖国家湿地公园旅游生态足迹的 6 种土地类型中，化石能源地在总的旅游生态足迹中所占比重最大，为 82.8%。其次是耕地 6.6%、水域 3.2%、草地 4.4%、建成地 3.0%，林地生态足迹为 0（图 8.5）。

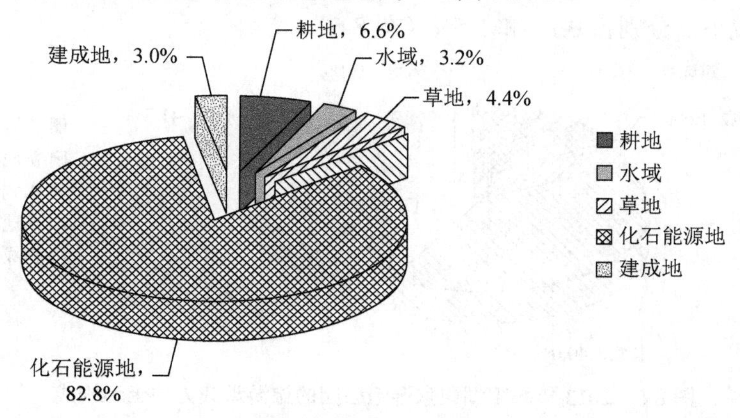

图 8.5　2013 年鄱阳湖国家湿地公园的生态足迹的土地类型构成

在构成生态足迹的 6 种土地类型中，化石能源地需求量所占比重最大。化石能源地主要为旅游餐饮、旅游住宿、旅游交通和旅游游憩活动中所消耗的能源。要想降低化石能源地的生态足迹，就要从降低这 4 种旅游活动的能耗生态足迹入手。在这 4 种旅游活动中，旅游交通能耗生态足迹最大，是最需要减少的。可通过提倡使用绿色环保交通工具和提高化石燃料的利用率来解决。鄱阳湖国家湿地公园本身的化石能源地面积很小，不足以支付所消耗的化石能源。随着湿地公园旅游人数的增加，消耗的化石能源也会增多。这样会导致鄱阳湖国家湿地公园的能源需求对外依赖性比较强，不利于鄱阳湖国家湿地公园的可持续发展。我们提倡使用绿色能源和提高能源利用率，以减少对化石能源的消耗。

在构成生态足迹的 6 种土地类型中，耕地所占比重为 6.6%，草地和水域所占比重分别为 4.4%和 3.2%。水域和草地生态足迹之和所占总的生态足迹的 7.6%，水域和草地对应的消费对象为水产品和肉类及其制品。耕地对应的消费对象为粮食、蔬菜等。水域和草地的生态足迹之和大于耕地的生态足迹，说明旅游者对肉类及其制品和水产品的消费要比粮食和蔬菜的高。旅游者这种消费习惯会导致生态系统的压力变大。我们提倡健康消费、绿色饮食。建成地在旅游生态足迹中所占的比重为 3.0%，建成地为各种建筑设施的面积。在本章中，有些建成地（如鄱阳湖国家湿地公园的停车场所）面积所产生的生态足迹相对较小，可忽略不计。为了方便统计和计算，仅计算对生态足迹影响较大的建成地面积。因此，计算的建成地面积比实际偏小。

3. 鄱阳湖国家湿地公园的旅游生态承载力的结果分析

2013 年，鄱阳湖国家湿地公园旅游生态承载力，按土地类型划分为耕地、林地、水域、建成地、化石能源地、草地 6 种旅游生态承载力。其中耕地和水域，分别占总的旅游生态承载力的 41.7%和 40.0%。建成地的比重为 16.6%。林地和草地的比重较小，分别占 0.1%和 1.6%（图 8.6）。

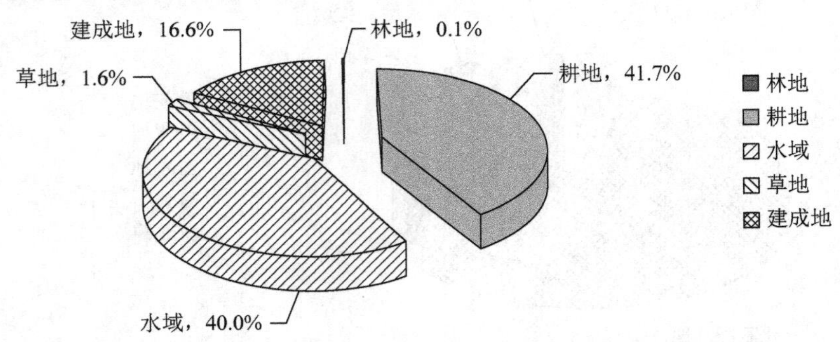

图 8.6　2013 年鄱阳湖国家湿地公园的旅游承载力的土地构成

通过对旅游生态足迹与旅游生态承载力在同一土地类型上的对比分析可知，同一土地类型的生态足迹和生态承载力没有一定的规律。化石能源地和草地需求多、供给少。建成地、耕地、林地和水域供给多而需求少。在生态承载力范围内，可以针对景区内的建成地、耕地、林地和水域土地利用率较低的特点，合理开发利用（表 8.22）。

表 8.22　鄱阳湖国家湿地公园的旅游生态足迹和旅游承载力比较

土地类型	旅游生态足迹/hm^2	旅游承载力/hm^2
耕地	845.2	5
水域	405.0	10 061.0
草地	560.4	401.5
林地	0	22.5
化石能源地	10 571.3	0
建成地	380.0	4187.3

4. 鄱阳湖国家湿地公园的旅游生态盈余/赤字的结果分析

2013 年，鄱阳湖国家湿地公园的旅游生态足迹为 12 761.91hm^2，人均旅游生态足迹为 6.427 08×$10^{-3}$$hm^2$；旅游承载力为 22 134.376$hm^2$，人均旅游承载力为 0.110 671 88$hm^2$。通过旅游生态足迹和旅游生态承载力的比较，得出 2013 年鄱阳湖国家湿地公园的生态承载力高于旅游生态足迹，说明鄱阳湖国家湿地公园为生态盈余，鄱阳湖国家湿地公园的旅游业处于可持续发展状态。目前，鄱阳湖国家

湿地公园仍处于开发阶段，有巨大开发潜力。

5. 鄱阳湖国家湿地公园的旅游生态足迹的指数分析

生态足迹指数是指该区域旅游的承载力与旅游生态足迹的之差和旅游生态承载力的比值，可判断该区域旅游可持续发展水平的高低。计算公式见式（8.13）。

根据表 8.5 的内容可知，TEC=22 134.376，TEF=12 761.91。生态足迹指数 TEFI=(22 134.376−12 761.91)/12 761.91 ≈ 0.734 ∈ (0.6,1)。可知，目前鄱阳湖国家湿地公园为强可持续发展阶段，发展潜力很大。

8.4　鄱阳湖国家湿地公园旅游业发展的建议

本章基于鄱阳湖国家湿地公园旅游资源的特点和旅游生态足迹的分析，针对湿地公园旅游业可持续发展的目标，提出了相关对策。

8.4.1　调整消费结构，合理安排食材

通过对鄱阳湖国家湿地公园的旅游餐饮生态足迹的分析，食物消费生态足迹占湿地公园旅游餐饮生态足迹的比重较大。这是因为旅游者在进行旅游活动中食用了大量的肉类和水产品。从鄱阳湖国家湿地公园的可持续发展角度考虑，旅游者应降低肉类和水产品的消费，减少食物消费生态足迹的总量，间接减少总的生态足迹的量。但在实际旅游过程中，旅游活动会消耗很多体力，旅游者需要吸收丰富的营养物质，需要食用肉类和水产品的消费。这就需要旅游者注重饮食习惯，合理安排饮食。

8.4.2　改善能源结构，使用绿色能源

旅游交通生态足迹是由交通设施生态足迹和交通能耗生态足迹两部分组成的。在本章的计算分析中，我们知道，旅游交通生态足迹在鄱阳湖国家湿地公园旅游生态足迹中的比例最大，而在计算旅游交通生态足迹时，因为旅游交通设施建成地面积较小，未将其列入计算。鄱阳湖国家湿地公园的交通生态足迹在旅游生态总足迹中所占比重最大。因此，我们可通过降低鄱阳湖国家湿地公园的交通生态足迹来降低总的旅游生态足迹。随着鄱阳湖国家湿地公园知名度的提高和基础设施逐渐完善,来鄱阳湖国家湿地公园的外省旅游人数会逐渐增加，旅游者的旅游平均距离也增加，鄱阳湖国家湿地公园的旅游交通足迹也会逐渐变大。旅游者可从以下两个方面改善能源结构，降低鄱阳湖国家湿地公园的旅游生态足迹。第一，修建宽阔平坦的公路。这是因为鄱阳湖国家湿地公园的所在的鄱阳县没通火车，大多数旅游者来鄱阳湖国家湿地公园旅游是乘坐客车或者小轿车。车辆行驶的公路状况的好坏直接决定了到达目的地花费的时间长短和能源消耗的多少，从

而影响鄱阳湖国家湿地公园的交通生态足迹的大小。如果道路状况太差，行驶相同的路程机动车将会消耗更多的能源。此外，机动车在状况较差的道路行驶，会增加汽车尾气的排放，污染大气环境，同时会减少机动车的使用寿命。第二，提倡旅游者使用低耗能的交通工具。通过 8.3 节的分析，我们了解，小轿车相对于客车是高能耗的。景区内游船也可使用天然气等清洁能源代替现用柴油。因此，有关部门应大力宣传旅游者选择低耗能的交通工具对鄱阳湖国家湿地公园的旅游交通生态足迹的影响，间接地影响周围环境的基本知识。

8.4.3　严格控制旅游者的规模

随着鄱阳湖国家湿地公园的进一步发展，鄱阳湖国家湿地公园的知名度的提高，来鄱阳湖国家湿地公园的旅游人数逐渐增加，旅游者对旅游服务质量的要求不断提高。这就需要鄱阳湖国家湿地公园建设更多的服务设施（如高档住宿设施和餐饮设施），这样必然会导致生态足迹总量增加，对鄱阳湖国家湿地公园的脆弱的生态环境产生进一步的威胁。因此，在发展旅游业的同时要兼顾对湿地资源的保护。旅游者规模扩大、住宿设施和其他服务接待设施等级提高会影响景区生态环境。然而，鄱阳湖国家湿地公园生态系统较为脆弱。如果开发建设时不注意生态环境的保护，生态系统遭到了破坏，鄱阳湖国家湿地公园将失去旅游吸引力，不利于鄱阳湖国家湿地公园的可持续发展。随着鄱阳湖国家湿地公园知名度和影响力的不断扩大，2011～2013 年每年游客量都以 8.40%以上的增幅递增，因此相关部门必须利用合理的分流和疏导方法、合理安排旅游线路、提高游览效率、降低滞留时间、用市场手段限量出售景区门票或根据旅游淡旺季适时调整门票价格等措施来控制游客数量等。

8.4.4　合理开发湿地资源，开展各种旅游活动

在鄱阳湖国家湿地公园周围景点中，湿地公园弥补了周围没有湿地景点的缺憾。为完善周围的旅游景点，鄱阳湖国家湿地公园周围可开展一些娱乐活动，如鄱阳湖龙舟大赛、环鄱阳湖骑行等。在保护湿地资源的同时，合理地开发利用湿地资源，为环鄱阳湖经济区的发展尽一份力。

8.4.5　携手其他景区，形成旅游品牌

鄱阳湖国家湿地公园可携手周围的三清山、庐山、龙虎山、黄山四大景区带动整个地区的旅游业的发展，可以通过发行景区联票，出台各种优惠措施等鼓励游客体验湿地旅游，和周围旅游景区的旅游资源互补。

第 9 章　鄱阳湖湿地周边县（市、区）旅游发展潜力比较

9.1　旅游发展评价目标

鄱阳湖周边濂溪区、庐山市、德安县、永修县、新建区、南昌县、进贤县、余干县、鄱阳县、都昌县、湖口县 11 个县（市、区），由于濂溪区和庐山市的行政边界在 2016 年进行了调整，濂溪区的数据由原来的庐山区替代、庐山市的数据由原来的星子县替代、新建区的数据由原来的新建县替代，共青城市纳入永修县范围内。通过筛选定量评价指标，以县域为单位，利用 ArcGIS 软件将所有指标按照一定权重值输入 ArcGIS 运行空间进行叠加运算。根据运算结果，结合资源特色和政策环境，对鄱阳湖周边县（市、区）的旅游发展潜力进行评价，提出县域旅游可持续发展方向，为旅游发展规划和政策制定提供参考。

9.2　旅游发展评价指标及说明

综合专家咨询结果、游客问卷调查结果和江西省基本省情，选取了 6 个方面的要素作为鄱阳湖周边县（市、区）的旅游发展潜力的评价指标（表 9.1 和表 9.2）。

表 9.1　指标含义

总指标	分指标	复合指标	说明	单位
旅游发展潜力	区位条件	地理区位	研究区域中心点至一线、二线城市中心点的距离	km
		交通区位	研究区域中心点至高速铁路车站（以下简称高铁站）、高速公路出入口的距离	km
	基础条件	交通优势度	区域内各类道路面积占国土面积的比例的评定等级	
		旅游星级饭店保有量	区域内拥有二星级以上饭店的数量的评定等级	
	经济条件	可支配收入	区域内上年度农民人均可支配收入	元
		预算收入	政府公共财政预算收入	元
	生态条件	森林覆盖率	区域内森林面积占国土面积的比例	%
		水密度指数	区域内水域面积占国土面积的比例	%
	资源条件	A 级景区	根据现有的 A 级景区（取最高等级）计算	
		自然保护区	自然保护区（取最高等级）的情况	
	气候条件	平均温度	采用夏季（7 月）和冬季（1 月）的日平均温度	℃
		相对湿度	采用夏季（7 月）和冬季（1 月）的日平均相对湿度	%

表 9.2　指标说明及标准

总指标	分指标	复合指标	具体指标	指标说明及赋值				
				10 分	7 分	5 分	3 分	1 分
旅游发展潜力	区位条件	地理区位	一线城市/km	<200	201～300	301～400	401～500	>500
			二线城市/km	<50	51～100	101～200	201～300	>300
		交通区位	高铁站/km	有高铁站	<100	101～150	151～200	>200
			高速公路/km	有高速公路出入口	<50	51～100	101～150	>150
	基础条件	交通优势度		高	较高	中	较低	低
		旅游星级饭店保有量	综合得分	>100	51～100	21～50	11～20	<10
	经济条件	可支配收入	农民/万元	>1.5	1.4～1.5	1.1～1.3	0.6～1.0	<0.6
			城镇/万元	>3.0	2.6～3.0	2.4～2.5	2.0～2.3	<2.0
		预算收入	公共财政/亿元	>40	30.1～40	21.1～30	10.1～20	<10
	生态条件	森林覆盖率	%	>80.0	65.01～80	50.01～65	35.01～50	<35.0
		水密度指数	%	>20.0	15.01～20	10.01～15	5.01～10	<5.0
	资源条件	A 级景区		AAAAA	AAAA	AAA	AA	A
		自然保护区		国家级	省级		县级	
	气候条件	平均温度	夏季/℃	≤20	20.1～23	23.1～26	26.1～29	>29.1
			冬季/℃	≥16	13.1～16	10.1～13	5.1～10	≤5
		相对湿度	夏季/%	50～60	61～70	71～80	<50	>80
			冬季/%	50～60	61～70	71～80	<50	>80

9.2.1　区位条件指标

由于旅游是一种高水平消费方式，一线、二线城市是主要客源地，因此选择研究区域中心点至一线、二线城市中心点的距离作为地理区位指标。问卷调查数据显示，自驾游和乘坐高铁是旅游者出行的主要交通方式，所占比例分别是 66%和 57%。因此，选择研究区域中心点至高铁站、高速公路出入口的距离作为交通区位指标。评价过程中主要是计算所处区域中心在地理空间上与国内主要城市中心和主要交通干线（高铁站、高速公路出入口）的距离。

9.2.2　基础条件指标

基础条件指标包括交通优势度指标和旅游星级饭店保有量指标。交通优势度是指区域内各类道路面积占国土面积的比例的评定等级，旅游星级饭店保有量是指区域内拥有二星级以上饭店的数量的评定等级。

9.2.3　经济条件指标

旅游产业是一项前期投入较大的产业，经济基础较好对于旅游基础设施的完善和建设非常有利，因此选取可支配收入和预算收入两个指标。评估过程中主要计算区域内上年度农民人均可支配收入和政府公共财政预算收入情况。

9.2.4　生态条件指标

生态条件是指所处区域自然生态环境的状况，根据《中华人民共和国森林法》可知，森林具有蓄水保土、调节气候、改善环境和提供林产品的作用和功能，因此森林覆盖率高的区域，自然灾害性较低，气候舒适性和环境美观性都较好。水体具有景观功能和净化功能，水系发达的区域，一般景观效果较好，净化功能也较强。评估过程中主要计算森林覆盖率和水密度指数两个指标。

9.2.5　资源条件指标

旅游产业的发展在一定程度上依赖于良好而独特的旅游资源。特别是 A 级景区，根据《旅游景区质量等级评定与划分》中的服务质量与环境质量评分细则，A 级景区在旅游交通、游览、旅游安全、卫生、邮电服务、旅游购物、综合管理、资源和环境的保护等方面都具有一定的优越性，是旅游资源较好的区域。根据《自然保护区条例》，自然保护区一般具有特殊保护价值的海域、海岸、岛屿、湿地、内陆水域、森林、草原和荒漠；重大科学文化价值的地质构造、著名溶洞、化石分布区、冰川、火山、温泉等自然遗迹；典型的自然地理区域、有代表性的自然生态系统区域及已经遭受破坏但经保护能够恢复的同类自然生态系统区域；珍稀、濒危野生动植物物种的天然集中分布区域等。因此，自然保护区的资源条件较好。评估过程中主要根据现有的 A 级景区（取最高等级）和自然保护区（取最高等级）的情况进行评价。

9.2.6　气候条件指标

问卷调查结果显示，“气候舒适”是游客关注度除“住宿清洁卫生”外的第一高，占比为 57%。气候条件指所处区域的气候特征，根据江西省的气候特点，夏季尤其是 7 月非常炎热，冬季尤其是 1 月非常寒冷。评估过程中主要计算夏季（7 月）和冬季（1 月）的日平均温度和日平均相对湿度指标。

9.3　旅游发展评价的数据来源及说明

用于评价的数据主要以江西省各地市的统计年鉴（2016 年）中 2015 年的社会经济数据和环境保护、林业、气象、农业等部门的 2014 年数据为准。交通优势度由国家基础地理信息中心（http://ngcc.sbsm.gov.cn/）发布的地图提取计算所得，旅游星级饭店保有量数据截至 2016 年 12 月 28 日，数据来源于江西省旅游网。

9.3.1　区位条件

1. 地理区位

地理区位主要是指研究区域中心点至一线城市（北京、上海、广州和深圳）（表9.3），以及二线城市（杭州、合肥、武汉、长沙、福州）（表9.4）中心点的区域。

表9.3　距离一线城市的区域

距离	个数	县（市、区）名单
500km内	1	鄱阳县
500km外	11	濂溪区、庐山市、德安县、永修县、新建区、南昌县、进贤县、余干县、鄱阳县、都昌县、湖口县

表9.4　距离二线城市的区域

距离	个数	县（市、区）名单
50km内	5	南昌县、新建区、永修县、进贤县、余干县
100 km内	7	南昌县、都昌县、鄱阳县、永修县、新建区、进贤县、余干县
200 km内	10	南昌县、庐山市、濂溪区、德安县、都昌县、鄱阳县、永修县、新建区、进贤县、余干县
300 km内	11	南昌县、庐山市、濂溪区、德安县、都昌县、鄱阳县、永修县、新建区、进贤县、余干县、湖口县

2. 交通区位

（1）高速公路

江西全省境内高速公路里程达6000km，省会南昌至九江（通往安徽省、湖北省），南至吉安，赣州（通往广东省、福建省），西至萍乡（通往湖南省、重庆市），东至抚州、上饶（通往浙江省、上海市）的高速公路已建成通车，可通往全国各地。现有南昌环城高速、昌九高速公路、梨温高速公路、昌金高速公路、昌赣高速公路、赣粤高速公路、沪昆高速公路、九江绕城高速、G70福银高速公路、G56杭瑞高速、九瑞高速公路、G45大广高速公路、永武高速公路、彭湖高速公路、修平高速公路、G35济广高速公路、G76厦蓉高速公路、G45大广高速公路、S66赣韶高速公路、赣州绕城高速公路、G45大广高速武吉段（武宁—吉安）、泰井高速公路、G72泉南高速公路石吉段（石城—吉安）、井睦高速公路、安景高速公路、G60沪昆高速公路（昌金段）、G72泉南高速公路（吉莲段）、S89上莲高速公路、S38昌栗高速公路、抚吉高速公路、抚金高速公路、京福高速公路、沪瑞高速公路等45条，基本实现了县县通高速。

（2）高铁

截至2015年年底，江西全省境内建成通车的高铁线有两条，分别是沪昆线和合福线。其中，沪昆线在江西境内由东向西分别设有玉山站、上饶站、弋阳站、鹰潭站、抚州站、进贤站、南昌站、高安站、新余站、宜春站和萍乡站，合福线在江西境内由北向南分别设有婺源站、德兴站和上饶站。

9.3.2 基础条件

1. 交通优势度

按照各类道路面积占国土面积的比例，将区域交通优势度划分为高等、较高等、中等、较低等、低等5个等级。11个县（市、区）的交通优势度以濂溪区最高，都昌县最低（表9.5）。

表9.5　鄱阳湖周边县（市、区）交通优势度等级

地名	德安县	都昌县	湖口县	进贤县	濂溪区	南昌县	鄱阳县	新建区	庐山市	永修县	余干县
等级	较高等	低等	中等	中等	高等	较高等	较低等	较高等	中等	中等	较低等

2. 旅游星级饭店拥有量

根据星级饭店的级别，五星级饭店赋值为10分，四星级饭店赋值为7分，三星级饭店赋值为4分，二星级饭店赋值为1分，将区域内所拥有的饭店加权，所得分数即为区域内饭店评价结果。

$$F = 10\sum H_5 + 7\sum H_4 + 4\sum H_3 + \sum H_2 \tag{9.1}$$

式中，F 为县（市、区）饭店评价结果；H_i 为饭店的代号，H_5 为5星级饭店，以此类推。

9.3.3 经济条件

1. 可支配收入

（1）农村居民可支配收入

2014年，江西省鄱阳湖周边10个县（市、区）中，农村居民可支配收入为5460（都昌县）～14 058元（濂溪区），最高值与最低值有将近3倍的差距，表明农民可支配收入的区域差异比较明显。

（2）城镇居民可支配收入

2014年，江西省鄱阳湖周边10个县（市、区）中，城镇居民可支配收入为17 297（鄱阳县）～27 950元（濂溪区），最高值与最低值有将近1.5倍的差距，没有农村居民可支配收入差距明显，但是区域差异也较大。

2. 财政预算

2014年，江西省鄱阳湖周边10个县（市、区）中，政府公共财政预算收入

为 87 858 万（庐山市）～524 013 万元（南昌县），最高值与最低值有将近 6 倍的差距，表明政府公共财政预算收入的区域差异非常明显。

9.3.4　生态条件

1. 森林覆盖率

江西省 99 个县（市、区）中，除东湖区、西湖区、青云谱区和珠山区外，其他 95 个县（市、区）的森林覆盖率为 9.75%（南昌县）～57.47%（德安县），最高值与最低值有近 6 倍的差距，表明森林覆盖率的区域差异非常明显。

2. 水密度指数

基于 2015 年 6～8 月江西省的遥感影像数据，江西省 99 个县（市、区）中，水密度指数为 0.84%（德安县）～23.67%（庐山市），最高值与最低值有超过 20 倍的差距，表明水密度指数的区域差异非常明显。

9.3.5　资源条件

1. A 级景区

庐山市拥有 5A 景区 1 处，其他县（市、区）拥有 4A、3A、2A 景区。

2. 自然保护区

庐山市、永修县、新建区分别拥有国家级自然保护区各 1 处，其他县（市、区）也分别拥有省级自然保护区和县级自然保护区。

9.3.6　气象条件

1. 平均温度

基于 1959～2015 年的气象信息数据分析，7 月多年平均温度为 22.48℃（庐山区）～29.94℃（南昌县），最高值与最低值相差超过 7℃，表明 7 月的多年平均温度的区域差异比较明显。1 月多年平均温度为 0.27℃（庐山市）～5.51℃（新建县），最高值与最低值相差超过 5℃，表明 1 月的多年平均温度的区域差异比较明显。

2. 相对湿度

基于 1959～2015 年的气象信息数据分析，7 月多年平均相对湿度为 71.93%（进贤县）～83.61%（庐山区），最高值与最低值相差近 30%，表明 7 月的多年平均相对湿度的区域差异比较明显。1 月多年平均相对湿度为 71.17%（庐山市）～81.57℃（余干县），最高值与最低值相差近 10%，表明 1 月的多年平均相对湿度的区域差异不是十分明显。

9.4　评 价 方 法

叠加运算过程中，分指标和复合指标的权重根据 Delphi 法（专家咨询法）和层次分析法（analytic hierarchy process，AHP）得出，具体指标以同等权重进行叠加。

9.4.1　Delphi 法

Delphi 法，是采用背对背的通信方式征询专家小组成员的预测意见，经过几轮征询，使专家小组的预测意见趋于集中，最后做出符合市场未来发展趋势的预测结论的方法。本章主要利用 Delphi 法向专家咨询有关旅游发展的指标，以确保评价指标的可行性、全面性和科学性。

9.4.2　AHP 法

AHP 法是美国著名运筹学家、匹兹堡大学教授 Satty 于 20 世纪 70 年代提出的，是解决多因素复杂系统，特别是难以描述的社会系统的一种定量与定性相结合的分析方法。其基本思想是根据问题的性质和要求达到的目标，将问题按层次分析成各个组成因素，通过两两比较的方法确定诸因素之间的相对重要性（权重）、下一层次因素的重要性，即同时考虑本层次和上一层次的权重因子，这样一层层计算下去，直至最后一层。比较最后一层各个因素相对于最高层的重要性的权重值，进行排序、决策。AHP 法引入中国后，很快应用到环境影响、城市规划、经济管理等许多领域。

同一个层级的各指标对上一级指标影响的重要程度不同，因此本章根据不同的重要程度，对系统中每一个指标进行比较，并采用 1～9 的标度法分别赋值。运用 AHP 法计算软件构建两两进行比较的判断矩阵，以 $\boldsymbol{A}$ 作为目标，a_i、a_j（$i, j=1,2,3,\cdots,n$）表示元素，a_{ij} 表示指标 a_i 对于指标 a_j 的相对重要程度的值，构造判断矩阵 $\boldsymbol{A}$ 如下：

$$\boldsymbol{A}=(a_{ij})_{n\times n}=\begin{bmatrix} a_{11} & a_{12} & a_{13} & \cdots & a_{1n} \\ a_{21} & a_{22} & a_{23} & \cdots & a_{2n} \\ a_{31} & a_{32} & a_{33} & \cdots & a_{3n} \\ \vdots & \vdots & \vdots & & \vdots \\ a_{n1} & a_{n2} & a_{n3} & \cdots & a_{nn} \end{bmatrix} \tag{9.2}$$

根据式（9.2）构造各判断矩阵，分别求出最大特征值 $\lambda_{\max}$ 及其所对应的特征向量 $\boldsymbol{M}$。对特征向量 $\boldsymbol{M}$ 进行无量纲化后所求的数值即为各项指标的权重值，运用式（9.3）对判断矩阵 $\boldsymbol{A}$ 进行一致性检验，判断所求权重值是否合理。其中，CR 为判断矩阵的随机一致性比率，CI 为偏离一致性指标，计算公式如下：

$$\mathrm{CI} = (\lambda_{\max} - n) / (n-1) \tag{9.3}$$

$$\mathrm{CR=CI/RI} \tag{9.4}$$

式中，RI 为平均随机一致性指标值，在 1～9 阶判断矩阵中，RI 值见表 9.6。

表 9.6 平均随机一致性指标值

n	1	2	3	4	5	6	7	8	9
RI	0.00	0.00	0.58	0.90	1.12	1.24	1.32	1.41	1.45

注：当 CR≤0.10 时，则认为判断矩阵 ***A*** 具有满意的一致性；当 CR>0.10 时，则认为判断矩阵 ***A*** 不符合随机一致性指标，需要对其进行调整，以达到满意的一致性。

9.5 评价结果

9.5.1 Delphi 法评价结果

经过 2 次专家背靠背的网络通信，分别邀请了 48 位专家和 20 位专家对指标的比较进行了评价和打分，最终确定各个指标的两两比较结果见表 9.7。

表 9.7 Delphi 法专家评价结果（分指标）

指标/行列比分值	区位条件	基础条件	经济条件	生态条件	资源条件	气候条件
区位条件	1	5	5	1/2	1/5	5
基础条件		1	3	1/3	1/3	1/2
经济条件			1	1/5	1/7	1/3
生态条件				1	1	5
资源条件					1	5
气候条件						

9.5.2 AHP 法评价结果

根据专家对指标两两比较结果，通过 AHP 法得出各个指标的权重，见表 9.8。

表 9.8 指标权重

指标	权重	指标	权重	指标	权重
区位条件	0.1936	地理区位	0.25	水密度指数	0.25
基础条件	0.0692	交通优势度	0.75	旅游星级饭店保有量	0.25
经济条件	0.0341	交通区位	0.75	A 级景区	0.75
生态条件	0.2662	可支配收入	0.75	自然保护区	0.25
资源条件	0.3645	财政预算	0.25	平均温度	0.75
气候条件	0.0724	森林覆盖率	0.75	相对湿度	0.25

注：分指标的 CI= 0.120 577，CR=0.097 24；复合指标的 CI= 0，CR=0。表明判断矩阵具有满意的一致性。

9.5.3　区位条件评价结果

当前区位优势比较明显的县（市、区）主要有新建区等 3 个，其共同优势是有高铁站分布，距离一线和二线城市的距离较近，交通便利性和客源市场丰富性方面具有较大的优势（表 9.9）。

表 9.9　区位条件评价结果

区位等级	县（市、区）	主要特点
一级区位	新建区、进贤县、南昌县	有高铁站或距离较近，与一线和二线城市的距离较近
二级区位	余干县、永修县、庐山市	距离高铁站较近，与一线和二线城市的距离较近
三级区位	鄱阳县、都昌县、德安县、濂溪区、湖口县	距离高铁站和一线、二线城市的距离较远

9.5.4　基础条件评价结果

基础条件主要包括交通优势度和旅游星级饭店保有量加权数，当前的评价结果表明，庐山市的优势比较明显，主要是庐山市的旅游星级饭店保有量加权数比较高（表 9.10）。

表 9.10　基础条件评价结果

区位等级	县（市、区）	主要特点
一级区位	庐山市	旅游星级饭店保有量加权数比较高
二级区位	新建区、南昌县、德安县、濂溪区	交通优势度比较明显
三级区位	永修县、进贤县、湖口县、余干县、鄱阳县、都昌县	交通优势度不明显，旅游星级饭店保有量加权数比较低

9.5.5　经济条件评价结果

经济条件主要包括可支配收入和财政预算，当前的评价结果表明，南昌县、濂溪区、新建区的优势比较明显，它们的共同特点是可支配收入都较高（表 9.11）。

表 9.11　经济条件评价结果

区位等级	县（市、区）	主要特点
一级经济	南昌县、濂溪区、新建区	可支配收入和财政预算都较高
二级经济	进贤县、永修县、德安县、湖口县	可支配收入和财政预算都一般
三级经济	庐山市、鄱阳县、余干县、都昌县	可支配收入和财政预算都较低

9.5.6　生态条件评价结果

生态优势较为明显的区域主要是庐山市，其特点是森林覆盖率高，水域面积大（表 9.12）。

表 9.12　生态条件评价结果

区位等级	县（市、区）	主要特点
一级生态	庐山市	森林覆盖率高、水域面积大
二级生态	德安县、永修县、鄱阳县	森林覆盖率较高、水域面积较大
三级生态	进贤县、湖口县、濂溪区、余干县、都昌县、南昌县、新建区	森林覆盖率较低

9.5.7　资源条件评价结果

资源条件评价结果优势比较明显的是庐山市，其特点是拥有国家 5A 级景区和国家级自然保护区（表 9.13）。

表 9.13　资源条件评价结果

区位等级	县（市、区）	主要特点
一级资源	庐山市	拥有国家 5A 级景区和国家级自然保护区
二级资源	永修县、新建区、进贤县	拥有国家 5A 级景区或国家级自然保护区
三级资源	德安县、鄱阳县、湖口县、濂溪区、南昌县、余干县、都昌县	拥有国家 4A 级景区或省级、县级自然保护区

9.5.8　气象条件评价结果

气象条件评价结果表明，庐山市优势比较明显，主要表现为庐山市夏季温度与其他县（市、区）相比明显偏低，适合消暑，而其他县（市、区）的评价结果差异不显著（表 9.14）。

表 9.14　气象条件评价结果

区位等级	县（市、区）	主要特点
一级资源	庐山市	夏季温度较低
二级资源	新建区、德安县、鄱阳县、湖口县、南昌县	冬季、夏季湿度适宜
三级资源	进贤县、濂溪区、余干县、永修县、都昌县	夏季温度偏高

9.5.9　综合评价结果

综合分析区位条件、基础条件、经济条件、生态条件、资源条件和气候条件 6 个评价要素，得出了鄱阳湖周边 11 个县（市、区）的旅游发展潜力的综合评价结果。其中，庐山市的优势较为明显，发展潜力较大；新建区、南昌县、德安县、濂溪区、永修县、进贤县 6 个县（区）的优势比较明显，发展潜力一般；湖口县、余干县、鄱阳县、都昌县 4 个县的优势不明显，发展潜力较低（表 9.15）。

表 9.15　旅游发展潜力评价结果

区位等级	县（市、区）	主要特点
一级潜力区	庐山市	资源禀赋高、交通便利、区位优势明显、生态环境优良
二级潜力区	新建区、南昌县、德安县、濂溪区、永修县、进贤县	资源禀赋较好、交通较为便利、生态环境较好
三级潜力区	湖口县、余干县、鄱阳县、都昌县	资源禀赋不高、区位优势欠缺

旅游发展潜力评价是基于当前的客观条件所做出的定量评价，反映的是各个县（市、区）旅游发展的资源禀赋和区位条件优势，是旅游发展的先天条件，具有行业的竞争优势。然而，旅游产业在某种程度上属于创意性产业，因此基于客观条件的评价结果并不能决定旅游发展的态势和前景，旅游的发展在不利的客观条件下，通过不断创造、不断创新和不断创意，也可以发展成为知名景区，受到海内外游客的欢迎。

9.6　旅游发展对策

根据各个县（市、区）的资源禀赋和发展潜力评价结果，基于旅游产业的发展规律和旅游学科的自身特点，各个县（市、区）的旅游发展路径也存在差异。因此，我们提出旅游发展的 5 条对策。

9.6.1　分区域

分区域是基于旅游产业发展的地理空间差异性，根据各个县（市、区）的区位条件，结合自身的资源禀赋、生态承载力和发展现状提出的。我们将 11 个县（市、区）的旅游发展分为 3 个发展区域，分别是旅游优先发展区、旅游潜在发展区和旅游适度发展区（表 9.16）。

表 9.16　不同发展区的旅游发展特征

项目	旅游优先发展区	旅游潜在发展区	旅游适度发展区
县（市、区）	庐山市	新建区、南昌县、德安县、濂溪区、永修县、进贤县	湖口县、余干县、鄱阳县、都昌县
客源市场	国际、国内两个市场	省内、省外两个市场	县城和部分周边县（市、区）
旅游产品	乡村旅居、高端度假酒店、体育赛事、影视拍摄、商务会议、节事活动和产品展销活动等	农家乐、乡村休闲度假、休闲农业	观光型旅游、宗教旅游、中医药旅游、旅游扶贫等
发展措施	制定旅游发展市场相关的法律法规，加大市场的执法、监督与管理力度，维持公平、公正、公开的市场秩序	制定相应的扶持政策，完善基础设施和人才储备，加强品牌的塑造，加大产业引资、投资力度	政府、社会和企业的全力打造

续表

项目	旅游优先发展区	旅游潜在发展区	旅游适度发展区
发展模式	市场主导	“市场+政府”主导	政府主导
发展要素	创意型	“资源+创意”型	资源型

1）旅游优先发展区主要是指庐山市。旅游优先发展区具备旅游发展的诸多优势，如交通和地理区位较好，旅游资源和生态环境较为优越，旅游市场发展较为成熟，在国内外具有一定的知名度，旅游产业基本成为社会经济的优势产业，旅游产业就业人数占有较大比例。对于旅游优先发展区，要完善旅游发展市场相关的法律法规，加强市场的执法、监督与管理，维持公平、公正、公开的市场贸易秩序，促进旅游产业健康可持续发展。旅游优先发展区的旅游客源市场辐射较广，包括国际、国内两个市场，因此客源较广、游客消费水平比较高。旅游优先发展区较适合发展高水平、高档次、高品质的旅游产品，如健康养生、高端度假、体育赛事、影视拍摄、商务会议、节事活动和产品展销活动等。

2）旅游潜在发展区主要包括新建区、南昌县、德安县、濂溪区、永修县、进贤县。旅游潜在发展区的主要优势是自然资源和生态环境禀赋较好，主要劣势是旅游市场发展还处于初步阶段，旅游品牌还未树立，旅游产业还未成为社会经济的优势产业，旅游产业就业人数占比较小等。旅游潜在发展区需要政府制定相应的扶持政策，完善基础设施和人才储备，加强品牌的塑造，加大产业引资、投资力度。旅游潜在发展区的客源市场辐射较广，包括省内、省外两个市场，游客消费水平较高，较适合发展农家乐、乡村休闲度假、休闲农业等中档次的旅游产品，这类旅游产品重在游客的体验和参与，品味地方特色的乡土食品，开展研学旅游和农事体验。

3）旅游适度发展区主要指湖口县、余干县、鄱阳县、都昌县。旅游适度发展区在地理和交通区位、自然资源和生态环境等方面的优势都不是非常明显，也同样存在着旅游市场发展还不成熟、没有知名的旅游品牌、旅游产业在社会经济中的占比较小、社会就业人口参与旅游产业的比例较低等问题。这些区域发展旅游的先天条件不足，需要政府、社会和企业的全力打造，只有部分县（市、区）在有条件的情况下可以适度发展旅游产业。这几个县适宜发展的旅游产品主要是围绕鄱阳湖湿地开发出的具有区域特色的旅游产品，如渔家乐、水上运动等。

9.6.2　分阶段

分阶段是指旅游发展在市场、产品等方面存在不同的发展层次而出现不同的发展阶段。对于旅游市场较为成熟、旅游品牌知名度较高的县（市、区），如庐山市，可以发展层次较高的旅游产品。对于旅游市场不太成熟、旅游品牌尚未树立的县（市、区），如湖口县、鄱阳县等，可以发展观光型旅游产品。

9.6.3　分群体

分群体主要是指基于客源市场对游客群体进行划分。一般认为，狭义的旅游市场就是指客源市场，而旅游市场的形成所具备的 4 个因素，即旅游者、旅游购买力、旅游购买欲望、旅游购买权利都与客源市场密切相关（田里，2006）。根据县（市、区）的地理区位特征，将旅游市场划分为 3 个类型，分别是一级客源市场、二级客源市场和三级客源市场（表 9.17）。一级客源市场理论游客量近 3000 万人，城镇居民可支配收入超过 40 000 元，达到 44 770.5 元，是江西省各地区城镇人均可支配收入的近 2 倍，至南昌市直线平均距离约为 600km，乘坐飞机至南昌市耗时约 1h，乘坐高铁至南昌市耗时约 4h，通过高速公路至南昌市耗时约 8h。一级客源市场至江西省的上饶市、赣州市直线距离不足 500km，是这些地区旅游发展的主要客源市场。二级客源市场理论游客量达到约 2309 万人，城镇居民可支配收入超过 33 000 元，达到 33 435 元，是江西省各地区城镇居民可支配收入的 1.5 倍，至南昌市直线平均距离约 377km，乘坐飞机至南昌市耗时约不足 1h，乘坐高铁至南昌市耗时约 2h，通过高速公路至南昌市耗时约 4h。二级客源市场至江西省周边地区的萍乡市、九江市距离不足 200km，是这些地区旅游发展的主要客源市场。三级客源市场理论游客量近 2000 万人，城镇人均可支配收入超过 24 000 元，至南昌市直线距离平均约 174km，乘坐高铁至南昌市耗时约 1h，通过高速公路至南昌市耗时约 2h（赣州市约 4.5h）。

表 9.17　旅游客源市场

项目	一级客源市场		二级客源市场		三级客源市场	
	区域	数值	区域	数值	区域	数值
理论游客量/万人	上海市	1299.5	南昌市	371.3	景德镇市	101.5
	杭州市	404.3	武汉市	827.3	萍乡市	122.1
	深圳市	332.2	长沙市	303.5	九江市	236.0
	广州市	842.4	福州市	197.4	新余市	78.3
			合肥市	271.4	鹰潭市	62.2
			厦门市	338.0	赣州市	374.2
					吉安市	217.9
					宜春市	237.7
					抚州市	173.0
					上饶市	306.7
	合计	2878.4	合计	2308.9	合计	1 909.6
城镇居民可支配收入/元	上海市	47 710	南昌市	29 091.0	景德镇市	26 625
	杭州市	44 632	武汉市	33 270.4	萍乡市	26 019
	深圳市	40 948	长沙市	36 826.4	九江市	25 077
	广州市	45 792	福州市	32 451.0	新余市	27 626

续表

项目	一级客源市场		二级客源市场		三级客源市场	
	区域	数值	区域	数值	区域	数值
城镇居民可支配收入/元			合肥市	29 348.0	鹰潭市	24 591
			厦门市	39 625.1	赣州市	22 935
					吉安市	24 797
					宜春市	23 221
					抚州市	23 101
					上饶市	24 656
	均值	44 770.5	均值	33 435.3	均值	24 864.8
至南昌市直线距离/km	上海市	610	南昌市	0	景德镇市	130
	杭州市	450	武汉市	260	萍乡市	230
	深圳市	700	长沙市	290	九江市	120
	广州市	670	福州市	440	新余市	135
			合肥市	380	鹰潭市	120
			厦门市	515	赣州市	330
					吉安市	200
					宜春市	180
					抚州市	90
					上饶市	200
	均值	607	均值	377	均值	174

注：数据来源于各地统计年鉴（2015），人口数为当地城镇户籍人口数。

9.6.4 分层次

分层次是指在旅游发展过程中，旅游产品具有差异性。旅游产品是指旅游市场上，由旅游经营者向旅游者提供的，满足其一次旅游活动所需的各种物品和服务的总和（田里，2006）。因此，旅游产品差异性体现在旅游物品和服务的差异性上，是旅游业供给侧结构性改革的有效手段。供给侧结构性改革将通过市场配置资源和更为有利的产业政策，增加有效供给，促进中高端产品开发，优化旅游供给结构，推动旅游业由低水平供需平衡向高水平供需平衡提升。旅游产品包括基本旅游产品和非基本旅游产品，基本旅游产品涵盖传统旅游产业的六要素，即“食、住、行、游、购、娱”；非基本旅游产品除涵盖传统六要素的部分产品类型，还包括新六要素，即“商、养、学、闲、情、奇”。

旅游产品差异性开发要基于市场导向原则、综合效益原则和可持续发展原则。市场导向原则包括两层含义：一是旅游市场定位，二是目标市场需求状况分析。任何旅游产品的开发不可能迎合所有旅游者的需求，因此客源市场的定位非常重要，江西旅游有 3 个层次的客源市场，因此要针对 3 个层次的客源市场推出差异性的旅游产品（表 9.18）。综合效益原则是指在旅游产品开发过程中，在保证旅游企业获得经济效益的同时，强调产品开发带来的社会效益和生态效益。可持续发展原则是指在旅游产品开发过程中对资源的利用既要满足当前发展需求，也要顾及后代的需求。此外，旅游产品的差异性开发要考虑旅游产品的生命周期性，充分认识旅游产品生命周期的客观规律，运用有效措施延长旅游产品生命周期。

表 9.18　旅游产品策略

产品名称	产品类型	目标客源	产品定价	典型县（市、区）
自然景观游览、渔家乐	观光型旅游产品	二级、三级客源市场	人均消费 100 元/天	湖口县、余干县、鄱阳县、都昌县
宗教活动	特种型旅游产品	一级、二级、三级客源市场	人均消费 200 元/天	庐山市、永修县
"亲子"互动游、休闲农业、农家乐	参与型旅游产品	一级、二级、三级客源市场	人均消费 500 元/天	新建区、南昌县、德安县、濂溪区、永修县、进贤县
温泉疗养、森林浴、禅修	康体型旅游产品	一级、二级客源市场	人均消费 2000 元/天	庐山市
高端休闲度假	享受型旅游产品	一级、二级客源市场	人均消费 2000 元/天	庐山市

9.6.5　分目标

分目标是指旅游发展所体现的社会功能，包括产业融合目标、产业转型目标和产业扶贫目标。旅游推动产业融合发展是在具有一定优势产业的县（市、区），如农业大县南昌县，以"旅游+"为引领，推动农村第一、第二、第三产业与旅游业的融合发展，构建复合型、集约化的多业态农业工业经济体系。旅游推动产业转型发展是在传统产业衰落、资源枯竭的县（市、区），如余干县，通过旅游产业发展活化资源，创新社会经济发展路径。旅游产业扶贫是在国家贫困县（市、区），如都昌县，实施旅游扶贫，推进旅游增收富民，在旅游精准扶贫方面取得新突破。

参 考 文 献

艾尤尔·亥热提，2015．艾比湖湿地土壤氮素空间异质性分析[D]．乌鲁木齐：新疆师范大学．

艾尤尔·亥热提，王勇辉，海米提·依米提，2014．艾比湖湿地土壤碱解氮的空间变异性分析[J]．土壤，46（5）：819-824．

白军红，等，2003．霍林河流域湿地土壤碳氮空间分布特征及生态效应[J]．应用生态学报，14（9）：1494-1498．

白军红，等，2006a．向海芦苇沼泽湿地土壤铵态氮含量的季节动态变化[J]．草业学报，15（1）：117-119．

白军红，等，2006b．湿地土壤氮素研究概述[J]．土壤，38（2）：143-147．

曹辉，陈秋华，2007．福州市旅游生态足迹动态[J]．生态学报，27（11）：4686-4695．

曹文宣，2008．有关长江流域鱼类资源保护的几个问题[J]．长江流域资源与环境，17（2）：163-164．

曹新向，2007．信息经济学：旅游地生态安全评价模型及实证研究[J]．中国学术期刊文摘（8）：278-279．

陈格君，2013．鄱阳湖湿地土壤碳、氮分布特征及其来源分析[D]．南昌：东华理工大学．

陈玲玲，严伟，陆鑫，2011．基于生态足迹模型的南京市旅游可持续发展评估及对策研究[J]．生态经济（中文版）（12）：157-161．

楚义芳，1992．旅游的空间经济分析[M]．西安：陕西人民出版社．

崔保山，杨志峰，2006．湿地学[M]．北京：北京师范大学出版社．

崔凤军，2001．风景旅游区的保护和管理[M]．北京：中国旅游出版社．

崔奕波，李钟杰，2005．长江流域湖泊的渔业资源与环境保护[M]．北京：科学出版社．

丁文魁，1988．风景名胜研究[M]．上海：同济大学出版社．

董丽，2011．泰安市旅游饭店生态足迹研究[M]．济南：山东师范大学．

董巍，等，2004．生态旅游承载力评价与功能分区研究：以金华市为例[J]．复旦学报（自然科学版），43（6）：1024-1029．

冯学刚，1999．旅游管理容量的理论、方法与实践[D]．南京：南京大学．

葛刚，等，2010a．鄱阳湖典型湿地土壤有机质及氮素空间分布特征[J]．长江流域资源与环境，19（6）：619-622．

葛刚，等，2010b．鄱阳湖水利枢纽工程与湿地生态保护[J]．长江流域资源与环境，19（6）：606-613．

官少飞，2009．江西渔业发展三十年[M]．南昌：江西科学技术出版社．

郭华，张琦，2011．近50年来长江与鄱阳湖水文相互作用的变化[J]．地理学报，66（5）：609-618．

郭晓旭，邓虹，2009．浅论我国湿地保护立法[J]．法制与社会（6）：60-61．

郭宇冈，等，2014．鄱阳湖渔业资源保护与天然捕捞渔民转产行为研究[J]．求实（2）：67-70．

国家发展和改革委员会，2011．鄱阳湖生态经济区七成重大项目开建[EB/OL]．（2011-11-25）[2014-04-10]．http://dqs.ndrc.gov.cn/zbjq/201112/ t20111228_453243.html．

韩光伟，2008．四川二郎山国家森林公园旅游生态足迹实证研究[D]．雅安：四川农业大学．

郝文芳，等，2008．植被生物量的研究进展[J]．西北农林科技大学学报（自然科学版），36（2）：175-182．

何欢，等，2013．上海市旅游生态足迹分析[J]．长江流域资源与环境，22（11）：1375-1381．

洪一江，胡成钰，官少飞，2003．鄱阳湖沼虾资源的初步调查[J]．水生态学杂志，23（3）：38-39．

胡和兵，2007．安徽省池州市生态经济可持续发展评价[J]．中国农学通报，23（8）：431-435．

胡茂林，吴志强，刘引兰，2011．鄱阳湖湖口水域鱼类群落结构及种类多样性[J]．湖泊科学，23（2）：246-250．

胡细英，2007．鄱阳湖湿地资源综合开发利用[J]．经济地理，27（4）：625-628．

胡振鹏，2012．白鹤在鄱阳湖越冬生境特性及其对湖水位变化的响应[J]．江西科学，30（1）：30-35．

户朝雪，秦安臣，2014．国内旅游生态足迹研究进展[J]．河北林果研究，29（4）: 425-429．

贾治邦，2009．加强湿地保护维护生态平衡[EB/OL].（2009-02-03）[2017-07-28]．http://www.forestry.gov.cn/portal/main/s/197/content-3258.html．

江西省山江湖开发治理委员会办公室，等，2015．鄱阳湖科学考察（总报告）[R]．南昌：江西省山江湖开发治理委员会办公室．

江西省水文局，2007．江西水系[M]．武汉：长江出版社．

姜高珍，等，2013．Landsat 系列卫星对地观测 40 年回顾及 LDCM 前瞻[J]．遥感学报，17（5）：1033-1048．

姜红，刘礼堂，郑喜森，2013．鄱阳湖水域渔业资源现状调查及主要保护对策[J]．渔业现代化，40（1）：68-72．

姜明，吕宪国，杨青，2006．湿地土壤及其环境功能评价体系[J]．湿地科学，4（3）：168-173．

蒋依依，等，2007．旅游地生态持续性评价及其空间分异分析：以云南省丽江纳西族自治县为例[J]．资源科学，29（3）:117-123．

李长春，等，1990．鄱阳湖虾类资源最大持续产量及其开发利用的研究[J]．江西科学（4）：28-33．

李洪波，等，2012．武夷山旅游生态足迹的动态分析[J]．华侨大学学报（哲学社会科学版），12（1）：56-66．

李俊，杜靖川，夏爽，2015．新疆那拉提镇旅游生态足迹分析[J]．生态经济，31（1）：150-153．

李颀拯，2015．鄱阳湖变鄱阳“河”近 10 年枯水期多次被“拉长”[EB/OL]．（2015-01-05）[2017-07-28]．http://www.sd.xinhua net.com/news/2015-01/05/c_1113884266.htm．

李偲，等，2011．基于生态足迹模型的喀纳斯景区旅游可持续发展测度[J]．干旱区资源与环境，25（4）：39-44．

廖富强，等，2008．鄱阳湖典型湿地生态环境脆弱性评价及压力分析[J]．长江流域资源与环境，17（1）：133-137．

刘礼明．2012．鄱湖风韵[M]//朱虹．江西风景独好．南昌：二十一世纪出版社．

刘玲，2000．旅游环境承载力研究[M]．北京：中国环境科学出版社．

刘青，等，2012．鄱阳湖湿地生态修复理论与实践[J]．北京：科学出版社．

刘辛田，高玉泉，刘加林，2014．湖南娄底市旅游生态足迹趋势分析[J]．冰川冻土，36（3）：751-758．

刘辛田，高玉泉，盛正发，2013．旅游生态足迹动态变化探讨：以湖南娄底市为例[J]．生态经济：学术版（2）：311-314．

刘信中，叶居新，2000．江西湿地[M]．北京：中国林业出版社．

刘勇，2011-06-21．水涨了，鱼却少了小了开捕了，渔民还在打工[N]．江西日报，C1 版．

刘勇，2011-11-23．阅读鄱阳湖：频闹水荒，渔民改行问出路[N]．江西日报，C1 版．

刘占昆，吴玉平，2011．鄱阳湖禁渔期结束渔民愁无鱼可捕（图）[EB/OL].（2011-06-21）[2017-08-02]. http://www.chinanews.com/sh/2011/06-21/3127255.shtml?1308703867．

刘自娟，张文秀，贾林平，2007．四川省可持续发展的生态足迹研究[J]．中国生态农业报，15（2）：155-159．

鲁丰先，等，2006．旅游生态足迹初探：以嵩山景区 2005 年“五一”黄金周为例[J]．人文地理，21（5）：31-35．

罗艳菊，吴章文，2005．鼎湖山自然保护区旅游者生态足迹分析[J]．浙江农林大学学报，22（3）：330-334．

马维伟，等，2017．甘南尕海湿地退化过程中植被生物量变化及其季节动态[J]．生态学报，37（15）：5091-5101．

马玉香，刘旭玲，王世杰，2010．基于旅游生态足迹模型的新疆旅游可持续发展研究[J]．安徽农业科学，38（28）：15886-15889．

孟繁斌，2006．基于生态足迹分析方法的旅游可持续发展研究[D]．泉州：华侨大学．

米红，张文璋，2000．实用现代统计分析方法及 SPSS 应用[M]．北京：当代中国出版社．

闵骞，2007．鄱阳湖区干旱的定量判别与变化特征[J]．水资源研究，28（1）：5-7．

闵骞，闵聃，2010．鄱阳湖区干旱演变特征与水文防旱对策[J]．水文，30（1）：84-88．

纳列什·辛格，乔纳森·吉尔曼，2000．让生计可持续[J]．国际社会科学杂志（中文版）（4）：123-129.
倪晋仁，殷康前，赵智杰，1998．湿地综合分类研究：Ⅰ.分类[J]．自然资源学报，13（3）：214-221.
牛振国，等，2009．中国湿地初步遥感制图及相关地理特征分析[J]．中国科学D辑：地球科学，39（2）：188-203.
潘耀忠，等，2004．中国陆地生态系统生态资产遥感定量测量[J]．中国科学D辑：地球科学，34（4）：375-384.
《鄱阳湖研究》编委会，1988．鄱阳湖研究[M]．上海：上海科学技术出版社.
青烨，等，2015．若尔盖高寒退化湿地土壤碳氮磷比及相关性分析[J]．草业学报，24（3）：38-47.
沈国状，廖静娟，2016．SAR数据湿地植被生物量反演方法研究进展[J]．遥感信息，31（3）：1-8.
舒肖明，2008．浙江省旅游星级饭店生态足迹计算与分析[J]．商场现代化（7）：320-321.
苏守德，1992．鄱阳湖成因与演变的历史论证[J]．湖泊科学，4（1）：40-47.
孙道玮，等，2002．生态旅游环境承载力研究：以净月潭国家森林公园为例[J]．东北师大学报（自然科学），34（1）：66-71.
孙京波，2012．鄱阳湖湖区“三渔”问题探析[J]．江西农业学报，24（4）：201-203.
孙志高，刘景双，牟晓杰，2010．三江平原小叶章湿地土壤中硝态氮和铵态氮含量的季节变化特征[J]．农业系统科学与综合研究，26（3）：277-282.
谭学界，赵欣胜，2006．水深梯度下湿地植被空间分布与生态适应[J]．生态学杂志，25（12）：1460-1464.
田里，2006．旅游经济学[M]．北京：高等教育出版社.
田迅，等，2004．松嫩平原湿地植被对生境干-湿交替的响应[J]．湿地科学，2（2）：122-127.
万荣荣，等，2014．长江中游通江湖泊江湖关系研究进展[J]．湖泊科学，26（1）：1-8.
王建林，等，2014．青藏高原高寒草原生态系统土壤碳磷比的分布特征[J]．草业学报，23（2）：9-19.
王建平，等，2008．水产养殖自身污染及其防治的探讨[J]．浙江海洋学院学报（自然科学版），27（2）：192-196.
王瑞，等，2011．洪泽湖农场土壤碱解氮含量的地统计学和GIS分析[J]．安徽农业科学，39（31）：19122-19126.
王绍强，于贵瑞，2008．生态系统碳氮磷元素的生态化学计量学特征[J]．生态学报，28（8）：3937-3947.
王树功，黎夏，周永章，2004．湿地植被生物量测算方法研究进展[J]．地理与地理信息科学，20（5）：104-109.
王苏斌，郑海涛，邵谦谦，2003．SPSS统计分析[M]．北京：机械工业出版社.
王苏民，窦鸿身，1998．中国湖泊志[M]．北京：科学出版社.
王晓鸿，樊哲文，崔丽娟，2004．鄱阳湖湿地生态系统评估[M]．北京：科学出版社.
王晓鸿，鄢帮有，吴国琛，2006．山江湖工程[M]．北京：科学出版社.
王雪，赵雪峰，赵学军，2017．三峡工程运行前后鄱阳湖倒灌特性对比分析[J]．长江工程职业技术学院学报，34（1）：9-15.
王亚娟，2013．吐鲁番市旅游生态足迹分析与研究[J]．乌鲁木齐：新疆师范大学.
魏卓，等，2003．长江江豚对八里江江段的利用及其栖息地现状的初步评价[J]．动物学报，49（2）：163-170.
文传浩，杨桂华，2002．自然保护区生态旅游环境承载力综合评价指标体系初步研究[J]．农业环境科学学报（4）：365-368.
文思标，曾南京．2008.对鄱阳湖保护区湿地与候鸟监测的几点建议[J]．江西林业科技（2）：54-55.
邬建国，2000．景观生态学：格局、过程、尺度与等级[M]．北京：高等教育出版社.
吴桂平，叶春，刘元波，2015．鄱阳湖自然保护区湿地植被生物量空间分布规律[J]．生态学报，35（2）：361-369.
吴隆杰，2006．基于渔业生态足迹指数的渔业资源可持续利用测度研究[D]．青岛：中国海洋大学.
吴建东，李凤山，BURNHAM J，2013．鄱阳湖沙湖越冬白鹤的数量分布及其与食物和水深的关系[J]．湿地科学，11（3）：305-312.
吴仁，2011．鄱阳湖禁渔期结束鱼既少又小渔民难兴奋[EB/OL].（2011-06-23）[2017-07-28]．http://jj.jxnews.com.cn/

system/2011/06/23/011695945.shtml.

席建超，等，2004．旅游消费生态占用初探：以北京市海外入境旅游者为例[J]．自然资源学报，19（2）：224-229.

夏全斌，等，1983．春季提早水淹对钉螺卵胚发育影响的实验观察[J]．湖南医学院学报，8（4）：367-371.

夏少霞，等，2016．鄱阳湖湿地现状问题与未来趋势[J]．长江流域资源与环境，25（7）：1103-1111.

夏少霞，于秀波，范娜，2010．鄱阳湖越冬季候鸟栖息地面积与水位变化的关系[J]．资源科学，32（11）：2072-2078.

肖复明，张学玲，蔡海生，2010．鄱阳湖湿地景观格局时空演变分析[J]．人民长江，41（19）：56-59.

肖雄，2011．基于生态足迹模型的旅游环境承载力研究：以长阳清江风景名胜区为例[D]．武汉：华中科技大学：2-3.

谢冬明，等，2011a．鄱阳湖湿地水位变化的景观响应[J]．生态学报，31（5）：1269-1276.

谢冬明，等，2011b．鄱阳湖湿地生态功能重要性分区研究[J]．湖泊科学，23（1）：136-142.

谢冬明，金国花，2016．鄱阳湖湖岸带景观变化[J]．生态学报，36（17）：5488-5555.

谢钦铭，李云，熊国根，1995．鄱阳湖底栖动物生态研究及其底层鱼产力的估算[J]．江西科学（3）：161-170.

熊冬平，等，2010．鄱阳湖南矶湿地国家级自然保护区生态旅游开发构想[J]．林业建设（2）：41-45.

徐涵秋，唐菲，2013．新一代 Landsat 系列卫星：Landsat 8 遥感影像新增特征及其生态环境意义[J]．生态学报，33（11）：3249-3257.

徐志宇，等，2012．基于县域的三大粮食作物生产优势的空间特征分析[J]．中国农业大学学报，17（5）：21-29.

杨富亿，等，2011．鄱阳湖的自然渔业功能[J]．湿地科学，9（1）：82-89.

杨桂华，李鹏，2005．旅游生态足迹：测度旅游可持续发展的新方法[J]．生态学报，25（6）：1475-1480.

杨娟，杨扬，2009．兴文世界地质公园小岩湾景区旅游生态足迹研究[J]．四川地质学报（s1）：43-49.

杨吝译，2005．水产养殖（Aquaculture）对环境的影响[J]．现代渔业信息，20（7）：7-10.

杨琪，2003．生态旅游区的环境承载量分析与调控[J]．林业调查规划，28（2）：73-77.

杨青，刘吉平，2007．中国湿地土壤分类系统的初步探讨[J]．湿地科学，5（2）：111-116.

于航，2008．森林公园型自然保护区生态功能与价值分析[D]．长春：吉林大学.

于航，白景峰，2013．净月潭森林公园旅游生态足迹分析[J]．中国人口·资源与环境，23（s1）：125-127.

于君宝，等，2002．典型黑土 pH 值变化对微量元素有效态含量的影响研究[J]．水土保持学报，16（2）：93-95.

张方方，等，2011．鄱阳湖湿地出露草洲分布特征的遥感研究[J]．长江流域资源与环境，20（11）：1361-1367.

余冬保，等，1995．春季水淹对钉螺卵发育影响观察[J]．中国血吸虫病防治杂志，7（3）：134-137.

张利娟，2008．鄱阳湖区水位变化对血吸虫病传播的影响[D]．北京：中国疾病预防控制中心.

张胜，张彬，2013．关于鄱阳湖湿地生态补偿政策的调研报告[J]．农村财政与财务（6）：16-17.

张堂林，李钟杰，2007．鄱阳湖鱼类资源及渔业利用[J]．湖泊科学，19（4）：434-444.

张小栓，等，2007．我国水产养殖水污染成因及其对策研究[J]．中国渔业经济（5）：30-33.

张燕萍，等，2014．鄱阳湖区克氏原螯虾捕捞种群结构分析[J]．江西水产科技（2）：6-9.

张一群，杨桂华，2009．人造型景区生态足迹研究：以昆明世博园为例[J]．北京第二外国语学院学报，31（1）：51-58.

章锦河，张捷，2004．旅游生态足迹模型及黄山市实证分析[J]．地理学报，59（5）：763-771.

赵红红，1983．苏州旅游环境容量问题初探[J]．城市规划（3）：46-53.

赵俊晔，2004．冬小麦植株-土壤氮素循环及产量与品质形成生理基础的研究[D]．济南：山东农业大学.

赵赞，李丰生，2008．国内外生态旅游环境承载力相关研究综述[J]．商业时代（5）：96-98.

周承东，2015．中国湿地资源·江西卷[M]．北京：中国林业出版社.

周国忠，2007．旅游生态足迹研究进展[J]．生态经济（2）：92-95.

朱海虹，等，1997．鄱阳湖：水文、生物、沉积、湿地、开发整治[M]．合肥：中国科学技术大学出版社．

朱虹，2012．鄱阳湖风韵[M]．北京：二十一世纪出版社．

朱文标，2009．鄱阳湖休渔有人偷捕[EB/OL]．（2009-04-14）[2017-08-02]. http://www.jxnews.com.cn/jxrb/system/2009/04/14/ 011079244.shtml.

AMBASTHA K, HUSSAIN S A, BADOLA R, 2007. Resource dependence and attitudes of local people toward conservation of Kabartal wetland: a case study from the Indo-Gangetic plains[J]. Wetlands ecology and management, 15(4): 287-302.

ART C L，2006. The Ramsar Convention manual: a guide to the Convention on Wetlands (Ramsar, Iran, 1971)[R]. Gland: Ramsar Convention Secretariat Gland Switzerland.

ASUNCIÓN R, HÉCTOR E M, ESCALANTE A H, 2011. Stakeholder analysis and social-biophysical interdependencies for common pool resource management: La Brava Wetland (Argentina) as a case study[J]. Environmental management, 48(3): 462-474.

COLE V, SINCLAIR A J, 2002. Measuring the ecological footprint of a Himalayan tourist centre[J]. Mountain research and development (29): 132-141.

COLIN H, 2002. Sustainable tourism and the touristic ecological footprint[J]. Environment, development and sustainability, 4(1): 7-20.

DE GROOT R，et al.，2006. Valuing wetlands: guidance for valuing the benefits derived from wetland ecosystem services[R]. Gland, Switzerland: Ramsar Convention Secretariat.

DØRGE J, 1994. Modelling nitrogen transformations in freshwater wetlands. Estimating nitrogen-retention and removal in natural wetlands in relation to their hydrology and nutrient loadings[J]. Ecological modelling, 75-76(37): 409-420.

DOWNING J A, et al., 1999. The impact of accelerating land-use change on the N-cycle of tropical aquatic ecosystems: current conditions and projected changes[J]. Biogeochemistry, 46(1-3): 109-148.

GERBENS-LEENES P W, NONHEBEL S, IVENS W P M F, 2002. A method to determine land requirements relating to food consumption patterns[J]. Agriculture ecosystems & environment, 90(1): 47-58.

GÖSSLING S，et al.，2002. Ecological footprint analysis as a tool assess tourism sustainability[J]. Ecological economics, 43(2-3): 199-211.

IRONS J R, DWYER J L, BARSI J A, 2012. The next Landsat satellite: the landsat data continuity mission[J]. Remote sensing of environment, 122(4):11-21.

LEE Y J, 1999. Sustainable wetland management strategies under uncertainties[J]. The environmentalist, 19(1): 67-79.

MARTIN J F, REDDY K R, 1997. Interaction and spatial distribution of wetland nitrogen processes[J]. Ecological modelling, 105(1): 1-21.

MCGARIGAL K, et al., 2012. Fragstats: spatial pattern analysis program for categorical and continuous maps[D]. Amherst: University of Massachusetts.

MITSCH W J, GOSSELIN J G, 2000. Wetlands[M]. New York: Van Nostrand Reinhold Company Inc.

MUNRO D A, HOLDGATE M W, 1991.Caring for the earth: a strategy for sustainable living[M]. Lordon: Routledge.

MWAKAJE A G. 2009. Wetlands, livelihoods and sustainability in Tanzania[J]. African journal of ecology, 47 (s1): 179-184.

MWAKUBO S M, IKIARA M M, ABILA R, 2007, Socio-economic and ecological determinants in wetland fisheries in the Yala Swamp[J]. Wetlands ecology and management, 15(6): 521-528.

NABAHUNGU N L, VISSER S M, 2011. Contribution of wetland agriculture to farmers' livelihood in Rwanda[J].

Ecological economic, 71(1): 4-12.

NORUSIS M J, 2012. IBM SPSS statistics 19 advanced statistical procedures companion[M]. New Jersey: Upper Saddle River Prentice Hall.

PRESCOTT C E, CHAPPELL N H, VESTERDAL L, 2000. Nitrongen turnover in forest floors of coastal Douglas-fir atsites differing in soil nitrogen capital[J]. Ecology, 81(7): 1878-1886.

TODD M J, et al., 2010. Hydrological drivers of wetland vegetation community distribution within Everglades National Park, Florida[J]. Advances in water resources, 33(10) : 1279-1289.

TURNER R K, et al., 2000. Ecological-economic analysis of wetlands: scientific integration for management and policy[J]. Ecological economics, 35 (1): 7-23.

WACKERNAGEL M, et al., 2002. Tracking the ecological overshoot of the human economy[J]. PNAS(Proceedings of the national academy of sciences of the United States of America),99(14): 9266-9271.

WANTZEN K M, ROTHHAUPT K O, MÖRTL M, et al., 2008. Ecological effects of water-level fluctuations in lakes:an urgent issue[J]. Hydrobiologia, 613(1): 1-4.

XIE D M, JIN G H, ZHOU Y M, et al., 2013. Study on ecological function zoning for Poyang Lake Wetland: a Ramsar site in China[J]. Water policy, 15(6): 922-935.